[改訂新版]
Android SDK
ポケットリファレンス

重村浩二——著

技術評論社

●ご注意：ご購入・ご利用の前に必ずお読みください

　本書に記載された内容は情報の提供のみを目的としています。したがって、本書を用いた運用は必ずお客様自身の責任と判断によって行ってください。これらの情報の運用の結果について、技術評論社および著者はいかなる責任も負いません。

　本書記載の情報は 2018 年 6 月 20 日現在のものを掲載していますので、ご利用時には変更されている場合もあります。また、ソフトウェアに関する記述は、特に断わりのないかぎり、2018 年 6 月 20 日現在でのバージョンをもとにしております（「本書の使い方」参照）。ソフトウェアはバージョンアップされる場合があり、本書での説明とは機能内容や画面図などが異なってしまうこともあり得ます。本書ご購入の前に、必ずバージョン番号をご確認ください。

　以上の注意事項をご承諾いただいた上で、本書をご利用願います。これらの注意事項をお読みいただかずにお問い合わせいただいても、技術評論社および著者は対処しかねます。あらかじめご承知おきください。

● 本文中に記載されている製品の名称は、すべて関係各社の商標または登録商標です。
● 本文中に ™、®、© は明記しておりません。

はじめに

　Androidは最初のバージョンが公開されてから10年経過しました。本書の初版が発売された2014年から4年の月日が流れましたが、その間もAndroidは毎年大きく進化し続けています。

　あらためまして、本書をお手に取っていただき、誠にありがとうございます。本書はAndroidアプリケーション開発を行うエンジニアの方に向けて書いたリファレンス本です。初版もまだ利用は可能ですが、初版はサンプルソースプロジェクトがEclipseをもととしており、紹介しているメソッドも非推奨となった箇所も見られることから、今回の改訂に至りました。初版と同様の使い勝手のままに、最新の状態にアップデートをしています。実現したい機能のイメージがあれば目次から、メソッドの使い方を確認したい場合には巻末の索引から調べられることも初版と同様になるよう留意しながら作り上げました。

　Androidの進化は毎年アグレッシブに行われ、エンジニアの方は最新の情報を追いかける必要があります。しかし、書籍という形を取っている都合上、頻繁なアップデートは行えません。そのため、本書はAndroidの初心者の方から中級者の方をターゲットとし、Androidが公開された当初から続く基礎部分に重きをおいて解説しています。コンパクトな体裁にこだわりつつ、読者の方が長く手元に置いて使い続けられるように、取り上げる内容も厳選しました。初版から実装方法が変わっている箇所については現在の実装方法に合わせ、サンプルコードも含めてAndroid Oreoまで対応できる状態にしてあります。Android Pにアップデートが入っても、基礎的な部分はそのまま利用可能でしょう。本書が読者の皆さんのアプリケーション開発の一助となることができれば筆者として望外の喜びです。

　最後に、初版に引き続き感謝の言葉を。本書を執筆するにあたり、いつも私を支えてくれる妻の桂子と、元気を与えてくれる娘のともみに、感謝の意を表します。

2018年6月吉日

重村 浩二

本書の使い方

▶ 動作検証環境について

本書の解説、およびサンプルソースコードの動作環境は、**表1**の環境で行っています。解説と動作確認はAndroid 8.1をもとに行っていますが、一部の動作確認は、Android P DP3で行っています。

▼表1 動作検証環境

環境	バージョン
Mac PC	macOS X Sierra バージョン10.12.6
Android Studio	3.1
JDK	1.8
Android SDK	compileSdkVersion 27
Androidエミュレータ	Android 8.1

▶ 本書の紙面構成

1 カテゴリー
2 目的、用途
3 メソッドの構文（レイアウトの構文などにも変化：下図）

4 クラス名
5 API Level（詳細は次ページ）
6 メソッドの引数
7 メソッドで使われる定数
8 定数のクラス
9 メソッドの解説
10 サンプルソースコード

「サンプルプロジェクト」および「ソース」は、本書で提供するサンプルソースファイルのプロジェクト名とソースファイル名。なお、サンプルコード中の ↴ は、本来1行のところを複数行に折り返して記載していることを表す

11 サンプルソースコードを実行した結果

画面の一部分を切り取って掲載している場合もあり

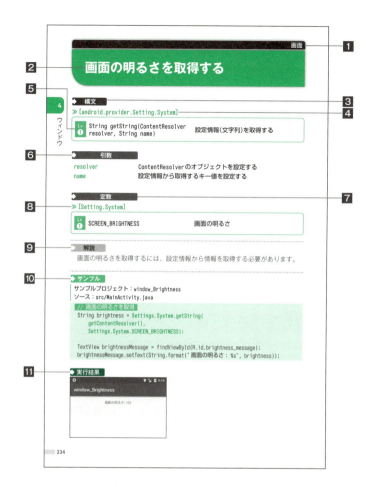

Android APIのレベル（API Level）について

AndroidはOSのバージョンアップにともなって新機能が追加されていきます。そのためアプリケーション開発時に、どこまでの機能を使うかを選択する（ターゲットAPIを決める）必要があります。この判断基準として設定されているのがAPI Levelです。Android OSがリリースされるたびにAPI Levelが設定されます。OSのバージョンとAPI Levelの対応は**表2**のようになります。

なお、バージョンの古いOSに最新の機能を対応させるための仕組みとして、サポートライブラリがあります。現在はサポートライブラリを利用することが一般的となり、Android PからはAndroid extension libraries（AndroidX）へと置き換わっていくことになるでしょう。

▼表2　Android OSのバージョンとAPI Levelの対応

OSのバージョン	API Level	コードネーム
4.4	19	KitKat
4.4	20	
5.0	21	Lollipop
5.1	22	
6.0	23	Mashmallow
7.0	24	Nougat
7.1	25	
8.0	26	Oreo
8.1	27	
9.0	28	P

● サンプルソースファイルについて

　本書で解説されているサンプルソースファイルは、以下のリンク先にあるGitHub
サイトからダウンロード可能です。

サンプルソースダウンロードサイト：

https://github.com/shige0501/android-sdk-pokeri-v2

　サンプルソースファイルはAndroid Studioのプロジェクトファイルとして提供し
ています。GitHubリポジトリをチェックアウトして、Android Studioで参照したい
プロジェクトをインポートしてください。

　サンプルプロジェクトは各Chapterごとに分けて格納しています。本書内でも、
別のChapterのサンプルコードをもとに解説している場合はChapter名を明記す
るようにしています。探すときの参考としてください。

目次

本書の使い方 iv

Chapter 1　レイアウト　　　1

共通 2
　レイアウトの概要 2
　LinearLayout を表示する 4
　TableLayout を表示する 5
　FrameLayout を表示する 7
　RelativeLayout を表示する 8
　ConstraintLayout を表示する 11
　GridLayout を表示する 13
　共通化したレイアウトを読み込む 16
スペース 18
　スペース（空白）を表示する 18

Chapter 2　アプリケーション全般　　　19

アクティビティ 20
　アクティビティの概要 20
　アクティビティのライフサイクル 21
コンテキスト 23
　システムレベルのサービスを取得する 23
フラグメント 25
　フラグメントを表示する 25
　フラグメントのライフサイクル 28
　動的にフラグメントを追加／変更する 30
　リストフラグメントを表示する 32
　リストフラグメントでクリックされたイベントを受け取る 33
　ダイアログフラグメントを利用する 34
ツールバー 36
　ツールバーの概要 36

ツールバーを表示する	37
ツールバーの表示を設定する	38
Upボタンを有効化する	40

権限 42
パーミッションを確認する	42
権限の許可をユーザに要求する	44

全般 46
アプリケーション全体で保持するデータを管理する	46

Chapter 3　**UI**　　　　　　　　　　　　　**49**

共通 50
ウィジェットを取得する（1）	50
ウィジェットを取得する（2）	51
Viewのクリックを処理する	53
レイアウトとウィジェットの幅と高さを指定する	55
ウィジェットのマージンを指定する	56
COLUMN Androidで利用できる単位	57
ウィジェットのパディングを指定する	58
ウィジェットの位置を指定する	59
ウィジェットの重みづけを指定する	61

テキスト 62
テキストを表示する	62
テキストを取得／変更する	63
フォントのスタイルを変更する	65
オリジナルのフォントに変更する	67
エディットテキストを表示する	68

トースト 70
トーストを表示する	70
カスタマイズしたトーストを表示する	72

ボタン 74
ボタンを表示する	74
画像付きボタンを使用する	75
ラジオボタンを使用する	76
ラジオボタンが選択されたときのイベントを処理する	77

トグルボタンを表示する 78

チェックボックス 79
チェックボックスを表示する 79
チェック状態の変化を処理する 80

レーティングバー 81
レーティングバーを表示する 81
レーティングバーの星の数の変化を処理する 82

時計 83
アナログ時計を表示する 83
デジタル時計を表示する 83

Webビュー 84
Webビューを表示する 84
URLを読み込む 85
HTMLソースを読み込む 87
Webページの「前のページに戻る」「次のページに進む」を実装する 88
JavaScriptの実行を有効化する 89
リンクの呼び出しを自作WebViewで行えるようにする 90
Webページの読み込み開始／終了を検知する 91
ピンチ操作による拡大／縮小を有効化する 92

リストビュー 93
リストビューを表示する 93
リストのデータを設定する 94
リストが空のときのビューを設定する 95
リストビューのクリックイベントを処理する 96
リストビューの表示位置を指定する 97
リストビューの先頭／最後尾に要素を追加する 98
スクロールの最後尾を検知する 99
折り畳み可能なリストビューを表示する 100
折り畳み可能なリストビューのクリックイベントを処理する 103
PullToRefreshを表示する 105
PullToRefreshのイベントを処理する 106

RecyclerView 108
RecyclerViewを表示する 108
RecyclerViewと紐付けるデータを設定するアダプタを定義する 110
RecyclerViewのデータを設定する 113

ix

RecyclerViewのクリックを処理する	115
区切り線を描画する	117

グリッドビュー ... 118
グリッドビューを表示する ... 118
セルがクリックされたときの画像を設定する ... 120
セルがクリックされたときのイベントを処理する ... 121

クロノメーター ... 122
クロノメーターを表示する ... 122
クロノメーターを制御する ... 123

シークバー ... 124
シークバーを表示する ... 124
シークバーの最大値、初期値を設定する ... 125
シークバーが動かされたときのイベントを処理する ... 126

スピナー ... 127
スピナーを表示する ... 127
スピナーに表示項目を設定する ... 128
スピナーのドロップダウンリスト選択時に処理する ... 130

スクロールビュー ... 131
スクロールビューを追加する ... 131
スクロールバーの表示位置を設定する ... 132

ピッカー ... 133
日付ピッカーを表示する ... 133
日付ピッカーが選択されたときのイベントを処理する ... 134
時刻ピッカーを表示する ... 136
時刻ピッカーが選択されたときのイベントを処理する ... 137
数値ピッカーを表示する ... 138
数値ピッカーの最大値と最小値を指定する ... 139
数値ピッカーの数値が変更されたときのイベントを処理する ... 140

ダイアログ ... 141
アラートダイアログを表示する ... 141
日付ピッカーダイアログを表示する ... 144
時刻ピッカーダイアログを表示する ... 146

通知 ... 148
NotificationChannelを設定する ... 148
Notificationを表示する ... 150

ステータスバー上に通知を表示する 153

通知領域に通知を表示する 154

通知に使用するプロパティを設定する 155

消せない通知を表示する 156

通知に大きい画像を表示する 157

通知に大きいテキストを表示する 159

通知に複数行のテキストを表示する 161

通知のUIをカスタマイズする 163

通知にボタンを追加する 166

ポップアップウィンドウ 168

ポップアップウィンドウを表示する 168

リストポップアップウィンドウを表示する 170

ドラッグ＆ドロップ 173

ドラッグ＆ドロップを行う 173

カレンダー 177

カレンダーを表示する 177

カレンダーの日付が変更されたときのイベントを処理する 178

スイッチ 179

スイッチを表示する 179

スイッチが切り替えられたときのイベントを処理する 180

メニュー 181

メニューのレイアウトを設計する 181

メニューを追加する 183

メニューの選択を処理する 185

メニューの表示方法を指定する 186

ポップアップメニューを表示する 188

ポップアップメニューの選択を処理する 190

コンテキストメニューを表示する 192

コンテキストメニューの選択を処理する 194

HOMEウィジェット 195

HOMEウィジェットの概要 195

HOMEウィジェットの設定を行う 196

マニフェストにHOMEウィジェットの設定を行う 198

HOMEウィジェットへの通知を処理する 200

HOMEウィジェットを更新する 202

プリファレンス画面	204
プリファレンス画面を作成する	204
プリファレンス画面上のレイアウトをカテゴリ化する	206
プリファレンス画面にラベルを表示する	207
プリファレンス画面にチェックボックスを追加する	208
プリファレンス画面にエディットテキストを追加する	209
プリファレンス画面にリストを追加する	210
プリファレンス画面に複数選択リストを追加する	211
プリファレンス画面にスイッチを追加する	212
着信音／通知音／アラーム音を設定する	213
イベント処理	215
クリックイベントを処理する	215
長押しイベントを処理する	216
タッチイベントを処理する	217
ViewPager	218
ViewPagerで画面切り替えを行う	218
ナビゲーションビュー	222
ナビゲーションビューを表示する	222
ナビゲーションビューのメニューイベントを処理する	228
COLUMN 本書で取り上げたオープンソースライブラリ・ソースコード	230

Chapter 4　ウィンドウ　231

画面	232
画面の幅と高さを取得する	232
画面の明るさを取得する	234
画面のScreen ONをキープする	235
スリープに入らないように設定する	236
ウィンドウ	238
フルスクリーンで表示する	238
スタイル	240
スタイルを設定する	240
テーマ	242
テーマを設定する	242
向き	243
画面の向きを取得する	243

画面の向きを設定する... 244

画面の向きを変更したとき、Activityが破棄されないようにする........... 246

COLUMN 参考情報 248

Chapter 5 グラフィックス 249

イメージビュー 250
画像を表示する 250

画像リソースを変更する 251

ビットマップ形式の画像を表示する 252

Drawable形式の画像を表示する 253

Uri形式の画像を表示する 255

キャンバス 256
キャンバスに描画する 256

点を描画する 257

線を描画する 258

円を描画する 259

楕円を描画する 260

弧を描画する 261

四角形を描画する 262

テキストを描画する 263

ビットマップ 264
InputStream形式のデータをビットマップで読み込む 264

端末内のビットマップ画像を読み込む 265

リソース上のビットマップを読み込む 266

ビットマップを回転させる 267

ビットマップを拡大／縮小する 269

ビットマップのサイズを取得する 271

ビットマップ画像を保存する 272

サーフェイスビュー 274
サーフェイスビューを表示する 274

壁紙 276
壁紙の設定を変更する.. 276

ライブ壁紙 278
ライブ壁紙を登録する.. 278

Chapter 6 マルチメディア　　　　　　　　　　　　　　　　**283**

トーンジェネレータ 284
　　トーン音を鳴らす 284
音量 287
　　音量を調整する 287
　　音量調整コントロールを制御するソースを指定する 289
　　音楽を鳴らす 290
　　音を録音する 294
動画 297
　　動画を再生する 297
アニメーション 298
　　Tweenアニメーションを行う 298
　　フレームアニメーションを行う 301
　　プロパティアニメーションを行う 303
　　アクティビティ移動時にフェードイン／フェードアウトする 305
その他 306
　　ギャラリーにファイルを反映する 306
　　　　COLUMN コミュニティ 308

Chapter 7 ストレージ　　　　　　　　　　　　　　　　　　**309**

全般 310
　　データ格納へのディレクトリパスを取得する 310
プリファレンス 311
　　プリファレンスを取得する 311
　　プリファレンスからデータを読み込む 313
　　プリファレンスにデータを書き込む 314
assets 316
　　AssetManagerを取得する 316
　　assets上のファイルを取得する 317
　　assetsディレクトリ内のファイル一覧を取得する 319
ファイル 320
　　ファイルの情報を読み込む 320
　　ファイルの情報を書き込む 322
データベース 325

SQLiteを利用する 325

SQLiteを操作する 327

クリップボード 331

クリップボードからテキストを取得する 331

クリップボードにテキストを設定する 332

ローダ 334

ローダを利用してデータを読み込む 334

コンテンツプロバイダ 337

コンテンツプロバイダの概要 337

コンテンツプロバイダのデータを検索する 337

コンテンツプロバイダのデータを挿入／更新／削除する 339

連絡先の情報を取得する 340

カレンダーを取得／登録／更新／削除する 342

COLUMN ▶ 新旧のメソッドを呼び出すときのエラーへの対処方法 346

Chapter 8　マップ　347

Googleマップ 348

Google Maps Android APIの概要 348

GoogleマップのAPIキーを取得する 350

Googleマップを表示する 353

マップを動的に追加する 355

指定した位置のマップを表示する 356

Googleマップ上にピン状のマーカーを表示する 358

マップ操作のイベントを処理する 360

航空写真を表示する 362

渋滞状況を表示する 364

現在の位置情報を表示する 364

GoogleマップのUI表示を設定する 367

マップ上に画像をオーバーレイ表示する 368

マップ上に画像をタイル表示する 371

Googleマップ上の現在位置を設定する 373

マップ上にポリゴンを描画する 375

マップ上に線を描画する 377

xv

Chapter 9 デバイス 379

全般 380
利用可能なデバイス機能を確認する 380

ハードキー 385
キーイベントを処理する 385
HOMEボタンが押されたことを検知する 387

センサ 388
センサを利用する 388

イヤホン 391
イヤホンの接続有無を取得する 391

位置情報 392
位置情報を取得する 392
住所と位置情報の変換を行う 397

Bluetooth 399
Bluetoothが利用可能かチェックする 399
Bluetoothを有効化／無効化する 401

Wi-Fi 403
Wi-Fiの状態を取得する 403
Wi-Fiを有効化／無効化する 405
Wi-Fiの状態変化を検知する 407

バッテリー 409
バッテリーの状態を取得する 409

電話 412
通話履歴を取得する 412
電話がかかってきたことを検知する 415
SMSを取得する 418
SMSを送信する 420

バイブレーション 423
バイブレーションを実行する 423

通信 425
Web上からデータを取得する 425

マルチスレッド 427
Handlerを利用する 427
AsyncTaskを利用する 429

Chapter 10　サービス間連携　431

インテント 432
インテントの基礎 432
画面遷移を行う（明示的な呼び出し） 433
暗黙的なインテントを呼び出す 436
アラーム 446
指定した時間に処理を行う 446
ブラウザ 448
文字列の暗黙的インテントを送信する 448
テキスト読み上げ 449
テキストを読み上げる 449
ダウンロード 451
ファイルをダウンロードする 451
共有 454
テキストの共有を処理する 454
画像の共有を処理する 455
ソフトキーボード 457
アプリ起動時にソフトキーボードを表示する 457
入力完了後、ソフトキーボードを隠す 458
サービス 459
サービスを作成する 459

Chapter 11　システム　461

マニフェスト 462
アプリのバージョン情報を取得する 462
パッケージ情報 464
インストール済みパッケージ一覧を取得する 464
ブート完了時の通知を検知する 465
カウントダウンタイマーを利用する 467
Androidのバージョン情報を取得する 469
デバッグ用 472
ログを取得する 472

xvii

Chapter 12 リソース 473

リソース 474
リソースを管理する情報を取得する 474
文字列リソースを定義する 475
色リソースを定義する 476
アニメーションリソースを定義する 477
文字列の配列リソースを定義する 479
数値リソースを定義する 480
レベル別画像リソースを定義する 481
ライブ壁紙用リソースを定義する 482

索引 483

Chapter **1**

レイアウト

Android SDK Pocket Reference

レイアウトの概要

▶ レイアウトとは

Androidでは基本的に、画面の実装をレイアウトとして作成します。

ロジック部分とレイアウト部分を分けることで、プログラマとデザイナが分業を行うことも可能になります。レイアウトの実装は、Android標準で提供されている「Layout Editor」(**図1**)を用いてグラフィカルに構築するか、XMLでコーディングする(**図2**)ことができます。「Layout Editor」のほうが直観的でわかりやすく、Google I/O 2018ではConstraintLayout 2.0を利用してLayout Editorで画面を作成することが推奨されました。今後の画面作成はLayout Editorで作成することが主流となっていくでしょう。しかし、画面の細かい調整では依然としてXMLを利用することもあるかと思います。どちらも利用できるようにしておきましょう。

XMLでコーディングするには、画面下部のタブを「Text」に切り替えます。

▼図1 Layout Editor

▼図2　XMLでのレイアウト定義

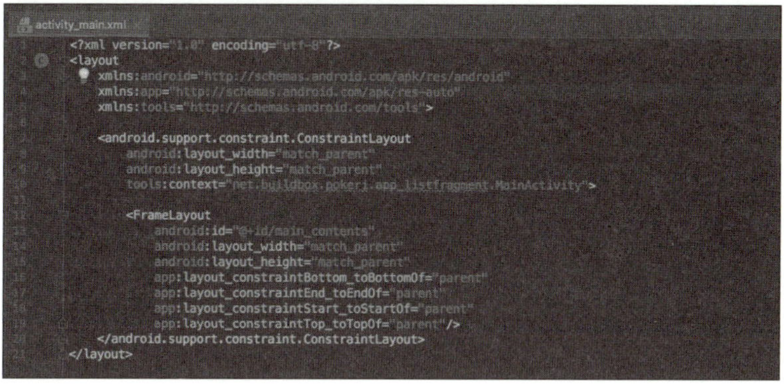

```xml
<?xml version="1.0" encoding="utf-8"?>
<layout
    xmlns:android="http://schemas.android.com/apk/res/android"
    xmlns:app="http://schemas.android.com/apk/res-auto"
    xmlns:tools="http://schemas.android.com/tools">

    <android.support.constraint.ConstraintLayout
        android:layout_width="match_parent"
        android:layout_height="match_parent"
        tools:context="net.buildbox.pokeri.app_listfragment.MainActivity">

        <FrameLayout
            android:id="@+id/main_contents"
            android:layout_width="match_parent"
            android:layout_height="match_parent"
            app:layout_constraintBottom_toBottomOf="parent"
            app:layout_constraintEnd_toEndOf="parent"
            app:layout_constraintStart_toStartOf="parent"
            app:layout_constraintTop_toTopOf="parent"/>
    </android.support.constraint.ConstraintLayout>
</layout>
```

● レイアウトの階層構造

レイアウトは階層構造で定義します（**図3**）。レイアウトで全体の枠組みを組み立て、その中にウィジェットを組み込んで画面を構築します。

▼図3　レイアウトの階層構造

● レイアウト実装時の属性指定

レイアウトを実装する際には、ウィジェットと同様に大きさや位置などの情報を指定する必要があります。これらの指定方法については、第3章の「共通」カテゴリ（P.50～61）を参照してください。

LinearLayout を表示する

共通

→ レイアウト　Lv❶

```
<LinearLayout></LinearLayout>
```

→ レイアウト属性

 android:orientation　　レイアウトの表示方向

→ 定数

● android:orientation

Lv❶	vertical	垂直方向
	horizontal	水平方向（デフォルト）

→ 解説

LinearLayoutは、ウィジェットを直線上に並べることができるレイアウトです。orientationの属性を設定することで、レイアウト内のウィジェットが並ぶ方向が定義されます。

→ サンプル

サンプルプロジェクト：layout_LinearLayout
ソース：res/layout/activity_main.xml

```xml
<LinearLayout
    xmlns:android="http://schemas.android.com/apk/res/android"
    android:layout_width="match_parent"
    android:layout_height="match_parent"
    android:orientation="vertical">
    <TextView
        ……省略……
        android:text="@string/hello_world"/>
    <TextView
        ……省略……
        android:text="@string/hello_world_ja"/>
    <TextView
        ……省略……
        android:text="@string/welcome_to_android"/>
</LinearLayout>
```

→ 実行結果

共通

TableLayout を表示する

1
レイアウト

▶ **レイアウト** `Lv 1`

```
<TableLayout>
  <TableRow></TableRow>
</TableLayout>
```

▶ **レイアウト属性**

● TableLayout

| Lv 1 | android:shrinkColumns | 表示列を折り返して、狭い列で表示するように制御する。カンマ区切りで複数列を指定可 |
| | android:stretchColumns | レイアウトの列に余裕がある場合、指定した列を最大とする。カンマ区切りで複数行を指定可 |

● TableRowの子要素のウィジェットに設定

| Lv 1 | android:layout_span | 指定した数のセルを結合する |
| | android:layout_column | セルの表示位置を指定する(0から開始) |

▶ **解説**

　TableLayoutはHTMLの <table> のように、表形式の画面デザインに向いたレイアウトです。等間隔にコンテンツを並べたい場合などに活用しやすくできています。

　TableLayoutでは、<TableLayout> と <TableRow> の親子関係で組み立てます。<TableRow> で行が追加され、中に要素を指定することで、各項目を指定できます。

　行内で隣接するセルどうしを結合したい場合は、サンプルにあるように、結合するセル数をandroid:layout_span属性で指定します。

▶ **サンプル**

サンプルプロジェクト：layout_TableLayout
ソース：res/layout/activity_main.xml

```
<TableLayout
    xmlns:android="http://schemas.android.com/apk/res/android"
    android:layout_width="match_parent"
```

5

```xml
    android:layout_height="match_parent">
<TableRow>
    <!-- layout_column で左から2番目の位置を指定 -->
    <Button
        ……省略……
        android:layout_column="1"
        android:text="2"/>
    <Button
        ……省略……
        android:text="3"/>
</TableRow>
<TableRow>
<Button
    ……省略……
    android:text="4"/>
<!-- 隣のセルと結合 -->
<Button
    android:layout_span="2"
    android:text="5"/>
</TableRow>
<TableRow>
    <Button
        ……省略……
        android:text="7"/>
    <Button
        ……省略……
        android:text="8"/>
    <Button
        ……省略……
        android:text="9"/>
</TableRow>
</TableLayout>
```

➡ 実行結果

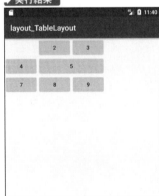

FrameLayout を表示する

共通

→ レイアウト　Lv(1)

```
<FrameLayout></FrameLayout>
```

→ 解説

FrameLayoutは画面左上を基準に、子要素として配置したウィジェットが画面上に配置されるレイアウトです。レイアウト属性で画面上の配置位置を変更できます。また、ウィジェットどうしを重ね合わせた表示が容易にできます。

→ サンプル

サンプルプロジェクト：layout_FrameLayout
ソース：res/layout/activity_main.xml

```xml
<FrameLayout
        xmlns:android="http://schemas.android.com/apk/res/android"
        android:layout_width="match_parent"
        android:layout_height="match_parent" >
    <TextView
            android:layout_width="wrap_content"
            android:layout_height="wrap_content"
            android:layout_gravity="center|top"          ← FrameLayout上でウィジェットの表示位置を制御している（「関連」を参照）
            android:text=" 画面上部にメッセージを表示しています。"/>
    <Button
            android:layout_width="match_parent"
            android:layout_height="wrap_content"
            android:layout_gravity="bottom"
            android:text=" 配置のみのボタン "/>
</FrameLayout>
```

→ 実行結果

関連　「ウィジェットの位置を指定する」…… P.59

1

レイアウト

共通

RelativeLayout を表示する

→ **レイアウト**　　`Lv 1`

`<RelativeLayout></RelativeLayout>`

→ **レイアウト属性**

● RelativeLayoutの子要素のウィジェットに設定

	android:layout_centerInParent	画面中央に配置
	android:layout_alignParentLeft	親の左辺と揃うように配置
	android:layout_centerHorizontal	水平方向で中央となるように配置
	android:layout_alignParentRight	親の右辺と揃うように配置
	android:layout_alignParentTop	親の上辺と揃うように配置
	android:layout_centerVertical	垂直方向で中央となるように配置
	android:layout_alignParentBottom	親の底辺と揃うように配置
	android:layout_toLeftOf	指定したウィジェットの左に配置
	android:layout_toRightOf	指定したウィジェットの右に配置
	android:layout_above	指定したウィジェットの上に配置
Lv ❶	android:layout_below	指定したウィジェットの下に配置
	android:layout_alignLeft	指定したウィジェットの左辺と揃うように配置
	android:layout_alignRight	指定したウィジェットの右辺と揃うように配置
	android:layout_alignTop	指定したウィジェットの上辺と揃うように配置
	android:layout_alignBottom	指定したウィジェットの底辺と揃うように配置
	android:layout_alignBaseline	指定したウィジェットのベースラインと揃うように配置
	android:layout_alignWithParentIfMissing	指定したウィジェットが見つからないとき、親を基準として配置

	android:layout_alignParentStart	親の開始位置と揃うように配置
	android:layout_alignParentEnd	親の終了位置と揃うように配置
	android:layout_alignStart	指定したウィジェットが開始位置となるように配置
Lv ⑰	android:layout_alignEnd	指定したウィジェットが終了位置となるように配置
	android:toStartOf	指定したウィジェットを開始位置となるように配置
	android:toEndOf	指定したウィジェットを終了位置となるように配置

解説

RelativeLayoutは、ウィジェットを相対的に配置するレイアウトです。基準となるウィジェットを配置し、"@id/[ウィジェットID]"で相対的な位置を指定して配置します。

Android Studio 3.1からレガシー扱いとなり、ConstraintLayoutへの置き換えが推奨されています。

サンプル

サンプルプロジェクト：layout_RelativeLayout
ソース：res/layout/activity_main.xml

```
<RelativeLayout
    xmlns:android="http://schemas.android.com/apk/res/android"
    xmlns:tools="http://schemas.android.com/tools"
    android:layout_width="match_parent"
    android:layout_height="match_parent"
    tools:context=".MainActivity">
    <Button
        android:id="@+id/center_button"
        android:layout_width="wrap_content"
        android:layout_height="wrap_content"
        android:layout_centerInParent="true"
        android:text=" 中央 "/>
    <Button
        android:id="@+id/left_button"
        android:layout_width="wrap_content"
        android:layout_height="wrap_content"
        android:layout_centerVertical="true"
        android:layout_toLeftOf="@id/center_button"
        android:layout_toStartOf="@id/center_button"
        android:text=" 左側 "/>
    <Button
```

```
        android:layout_width="wrap_content"
        android:layout_height="wrap_content"
        android:layout_above="@id/left_button"
        android:layout_alignEnd="@id/left_button"
        android:layout_alignRight="@id/left_button"
        android:text=" 左上 "/>
</RelativeLayout>
```

実行結果

共通

1
レイアウト

ConstraintLayout を表示する

→ **レイアウト** `Lv 1`

```
<android.support.constraint.ConstraintLayout>
</android.support.constraint.ConstraintLayout>
```

→ **レイアウト属性**

Lv ①	layout_constraintLeft_toLeftOf	左側に位置するウィジェットを指定
	layout_constraintRight_toRightOf	右側に位置するウィジェットを指定
	layout_constraintTop_toTopOf	上側に位置するウィジェットを指定
	layout_constraintBottom_toBottomOf	下側に位置するウィジェットを指定

解説

ConstraintLayoutはAndroid StudioのLayout Editorを使って画面を作成するために用意されたレイアウトです。Google I/O 2018ではRelativeLayoutの代わりにConstraintLayoutを利用することが推奨されるようになりました。

→ **サンプル**

サンプルプロジェクト：layout_ConstraintLayout
ソース：app/build.gradle

```
dependencies {
    implementation "com.android.support.constraint:constraint-layout: ↴
$constraint_layout_version"
}
```

ソース：res/layout/activity_main.xml

```
<android.support.constraint.ConstraintLayout
    xmlns:android="http://schemas.android.com/apk/res/android"
    xmlns:app="http://schemas.android.com/apk/res-auto"
    xmlns:tools="http://schemas.android.com/tools"
    android:layout_width="match_parent"
    android:layout_height="match_parent"
    tools:context=".MainActivity">

    <TextView
        android:layout_width="wrap_content"
```

11

```
        android:layout_height="wrap_content"
        android:text="Hello World!"
        app:layout_constraintBottom_toBottomOf="parent"
        app:layout_constraintLeft_toLeftOf="parent"
        app:layout_constraintRight_toRightOf="parent"
        app:layout_constraintTop_toTopOf="parent"/>

</android.support.constraint.ConstraintLayout>
```

▶ 実行結果

共通

GridLayout を表示する

レイアウト Lv (7)

```
<android.support.v7.widget.GridLayout>
</android.support.v7.widget.GridLayout>
```

レイアウト属性

Lv 7	app:columnCount	横方向のセル数
	app:rowCount	縦方向のセル数

● GridLayoutの子要素のウィジェットに設定

	app:layout_column	横方向のセル位置(0から開始)
	app:layout_columnSpan	横方向で結合するセル数(0から開始)
Lv 7	app:layout_row	縦方向のセル位置(0から開始)
	app:layout_rowSpan	縦方向で結合するセル数(0から開始)
	app:layout_gravity	セル内のウィジェットの位置

解説

GridLayoutは格子状のレイアウトを組むことができます。図1にあるように、columnCountとrowCountで全体のセル数を指定し、各ウィジェットでlayout_columnとlayout_rowを指定して、位置を指定します。セルを結合したい場合には、columnSpanとrowSpanを指定します(図2)。GridLayoutを利用するにはサンプルにあるように、app/build.gradleでライブラリの読み込みを指定する必要があります。

▼図1 GridLayoutの仕組み

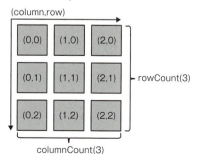

▼図2 セルの結合を行った場合の仕組み

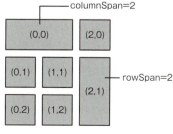

1

レイアウト

→ サンプル

サンプルプロジェクト：Chapter01/layout_GridLayout
ソース：app/build.gradle

```
dependencies {
    implementation "com.android.support:gridlayout-v7:$support_library_version"
}
```

ソース：res/layout/activity_main.xml

```
<android.support.v7.widget.GridLayout
    xmlns:android="http://schemas.android.com/apk/res/android"
    xmlns:app="http://schemas.android.com/apk/res-auto"
    android:layout_width="match_parent"
    android:layout_height="wrap_content"
    app:columnCount="3"
    app:rowCount="3">
    <Button
        android:layout_width="128dp"
        android:layout_height="64dp"
        android:text="1, 2"
        app:layout_column="0"
        app:layout_row="0"
        app:layout_columnSpan="2" />
    <Button
        android:layout_width="64dp"
        android:layout_height="64dp"
        android:text="3"
        app:layout_column="2"
        app:layout_row="0" />
    <Button
        android:layout_width="64dp"
        android:layout_height="64dp"
        android:text="4"
        app:layout_column="0"
        app:layout_row="1" />
    <Button
        android:layout_width="64dp"
        android:layout_height="64dp"
        android:text="5"
        app:layout_column="1"
        app:layout_row="1" />
    <Button
        android:layout_width="64dp"
        android:layout_height="128dp"
        android:text="6, 9"
        app:layout_column="2"
        app:layout_row="1"
        app:layout_rowSpan="2" />
    <Button
```

14

```xml
        android:layout_width="64dp"
        android:layout_height="64dp"
        android:text="7"
        app:layout_column="0"
        app:layout_row="2" />
    <Button
        android:layout_width="64dp"
        android:layout_height="64dp"
        android:text="8"
        app:layout_column="1"
        app:layout_row="2" />
</android.support.v7.widget.GridLayout>
```

▶ 実行結果

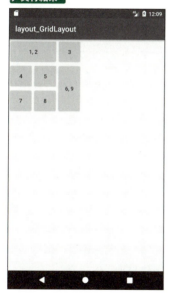

共通

1 レイアウト

共通化したレイアウトを読み込む

> **レイアウト**　　Lv ①

```
<include></include>
```

> **レイアウト属性**

 layout　　読み込むレイアウト

> **解説**

　<include>を使うことによって、作成済みのレイアウトを指定の場所に展開できます。これによって、複数のレイアウトから利用するレイアウトとして再利用できるようになります。

> **サンプル**

サンプルプロジェクト：layout_Include
ソース：res/layout/activity_main.xml

```xml
<FrameLayout
    xmlns:android="http://schemas.android.com/apk/res/android"
    android:layout_width="match_parent"
    android:layout_height="match_parent">
    <TextView
        android:layout_width="wrap_content"
        android:layout_height="wrap_content"
        android:layout_gravity="center|top"
        android:text=" 画面上部にメッセージを表示しています。"/>

    <include layout="@layout/activity_include"/>
</FrameLayout>
```

ソース：res/layout/activity_include.xml

```xml
<LinearLayout
    xmlns:android="http://schemas.android.com/apk/res/android"
    android:layout_width="match_parent"
    android:layout_height="match_parent"
    android:orientation="horizontal">
    <Button
        android:layout_width="match_parent"
        android:layout_height="wrap_content"
```

```
        android:layout_gravity="bottom"
        android:text="配置のみのボタン"/>
</LinearLayout>
```

➔ 実行結果

スペース（空白）を表示する

レイアウト Lv 4

```
<android.support.v4.widget.Space>
</android.support.v4.widget.Space>
```

解説

画面上に表示するウィジェットどうしの間に空白の領域を作成したい場合には、<Space>を利用します。

android:layout_width属性とandroid:layout_height属性で、大きさを指定して調整してください。

サンプル

サンプルプロジェクト：layout_Space
ソース：res/layout/activity_main.xml

```
<LinearLayout
    ……省略……
    android:orientation="vertical">
    <TextView
        ……省略……
        android:text="Hello, Android SDK Pocket Reference!"
        android:textSize="16sp"/>
    <android.support.v4.widget.Space
        android:layout_width="match_parent"
        android:layout_height="32dp"/>
    <TextView
        ……省略……
        android:text="Welcome!" android:textSize="16sp"/>
</LinearLayout>
```

実行結果

Chapter **2**

アプリケーション全般

Android SDK Pocket Reference

アクティビティ

アクティビティの概要

● アクティビティとは

　Androidで画面を表示するには、Activityを継承したクラスを作成し、その中で画面レイアウトの表示や、ユーザの操作で発生したイベントを処理するリスナーを登録する必要があります。アクティビティは、アプリケーションの起動や終了のタイミングを捕まえることができるようになっており、プログラム内部の初期化処理や終了時の後処理を呼び出す際にも利用されます（P.21参照）。もっとも基本となるのはActivityですが、これまでのAndroid SDKのアップデートで、現在はActivityを継承したAppCompatActivityを元に画面を作成することが一般的です。

● アクティビティを表示する

　アクティビティは、Android Studioでプロジェクトを作成したときに、自動で生成されるスケルトンプログラム（Empty Activity）に既に組み込まれています。MainActivity.javaを開けば、次のようなコードが実装されているでしょう。

```java
public class MainActivity extends AppCompatActivity {
    @Override
    protected void onCreate(Bundle savedInstanceState) {
        super.onCreate(savedInstanceState);
        setContentView(R.layout.activity_main);
    }
    ……省略……
}
```

　Activityの初期化処理は、onCreateメソッドが呼び出されるタイミングで実施するのが一般的です。onCreateメソッドをオーバーライドし、その中で画面レイアウトを指定したsetContentViewメソッドを呼び出します。

```java
void setContentView(int layoutResID)
```

アクティビティ

アクティビティのライフサイクル

2

アプリケーション全般

構文

≫［android.app.Activity］

Lv ①	void onCreate(Bundle savedInstanceState)	最初に呼び出される、初期化処理を行う
	void onRestart()	Activityの停止後、再開する直前に呼び出される
	void onStart()	画面が表示される直前に呼び出される
	void onResume()	ユーザからの入力が可能となる直前に呼び出される
	void onPause()	Activityから抜けようとしたときに呼び出される
	void onStop()	Activityが非表示となったときに呼び出される
	void onDestroy()	Activityが破棄されるときに呼び出される
	void onSaveInstanceState (Bundle outState)	Bundleを保存する
	void onRestoreInstanceState (Bundle savedInstanceState)	Bundle を復帰する

引数

outState	保存するオブジェクトの状態
savedInstanceState	保存されたオブジェクトの状態

解説

　アクティビティの状態が変化する各タイミングで、上記のメソッドが呼び出されます。特にデバイス制御を行う場合には、アクティビティの状態変化に合わせて、デバイスへのオブジェクトの開始／解放を行う必要があります。onPauseメソッドは場合によっては呼び出されない場合もあるので、注意が必要です。

サンプル

サンプルプロジェクト：app_ActivityLifecycle
ソース：src/MainActivity.java

```java
public class MainActivity extends AppCompatActivity {
    private static final String TAG = MainActivity.class.getSimpleName();
    ……省略……
    @Override
    protected void onStart() {
        super.onStart();
        Log.d(TAG, "call onStart()");
    }
    ……省略……
```

21

実行結果

```
Emulator Pixel_XL_API_25 Android 7.1.1, API 25 ▼    net.buildbox.pokeri.app_activitylifecycle (3105) ▼

logcat   Monitors ▼
    04-19 23:50:58.639 3105-3105/net.buildbox.pokeri.app_activitylifecycle D/MainActivity: call onPause()
    04-19 23:50:59.255 3105-3105/net.buildbox.pokeri.app_activitylifecycle D/MainActivity: call onStop()
    04-19 23:50:59.255 3105-3105/net.buildbox.pokeri.app_activitylifecycle D/MainActivity: call onDestroy().
    04-19 23:51:03.522 3105-3105/net.buildbox.pokeri.app_activitylifecycle D/MainActivity: call onCreate()
    04-19 23:51:03.523 3105-3105/net.buildbox.pokeri.app_activitylifecycle D/MainActivity: call onStart()
    04-19 23:51:03.524 3105-3105/net.buildbox.pokeri.app_activitylifecycle D/MainActivity: call onResume()
    04-19 23:51:08.961 3105-3105/net.buildbox.pokeri.app_activitylifecycle D/MainActivity: call onPause()
```

関連　「ログを取得する」…… P.472

コンテキスト

システムレベルのサービスを取得する

2 アプリケーション全般

構文

≫ [android.content.Context]

| Lv ① | Object getSystemService(String name) | システム提供のサービスを取得 |

引数

name　　　　　　　取得するサービス名

定数

● name

≫ [android.content.Context]

Lv ①	ACTIVITY_SERVICE, ALARM_SERVICE, AUDIO_SERVICE, CLIPBOARD_SERVICE, CONNECTIVITY_SERVICE, KEYGUARD_SERVICE, LAYOUT_INFLATER_SERVICE, LOCATION_SERVICE, NOTIFICATION_SERVICE, POWER_SERVICE, SEARCH_SERVICE, SENSOR_SERVICE, TELEPHONY_SERVICE, VIBRATOR_SERVICE, WALLPAPER_SERVICE, WIFI_SERVICE, WINDOW_SERVICE
Lv ③	INPUT_METHOD_SERVICE
Lv ④	ACCESSIBILITY_SERVICE
Lv ⑤	ACCOUNT_SERVICE
Lv ⑧	DEVICE_POLICY_SERVICE, DROPBOX_SERVICE, UI_MODE_SERVICE
Lv ⑨	DOWNLOAD_SERVICE, STORAGE_SERVICE
Lv ⑩	NFC_SERVICE
Lv ⑫	USB_SERVICE
Lv ⑭	TEXT_SERVICES_MANAGER_SERVICE, WIFI_P2P_SERVICE
Lv ⑯	INPUT_SERVICE, MEDIA_ROUTER_SERVICE, NSD_SERVICE
Lv ⑰	DISPLAY_SERVICE, USER_SERVICE
Lv ⑱	BLUETOOTH_SERVICE
Lv ⑲	APP_OPS_SERVICE, CAPTIONING_SERVICE, CONSUMER_IR_SERVICE, PRINT_SERVICE

23

Lv ㉑	APPWIDGET_SERVICE, BATTERY_SERVICE, CAMERA_SERVICE, JOB_SCHEDULER_SERVICE, LAUNCHER_APPS_SERVICE, MEDIA_PROJECTION_SERVICE, MEDIA_SESSION_SERVICE, RESTRICTIONS_SERVICE, TELECOM_SERVICE, TV_INPUT_SERVICE
Lv ㉒	TELEPHONY_SUBSCRIPTION_SERVICE, USAGE_STATS_SERVICE
Lv ㉓	CARRIER_CONFIG_SERVICE, FINGERPRINT_SERVICE, MIDI_SERVICE, NETWORK_STATS_SERVICE
Lv ㉔	HARDWARE_PROPERTIES_SERVICE, SYSTEM_HEALTH_SERVICE
Lv ㉕	SHORTCUT_SERVICE
Lv ㉖	COMPANION_DEVICE_SERVICE, STORAGE_STATS_SERVICE, TEXT_CLASSIFICATION_SERVICE, WIFI_AWARE_SERVICE

➡ サンプル

サンプルプロジェクト：Chapter09/device_WifiState
ソース：src/MainActivity.java

```
WifiManager wifiManager = (WifiManager) getSystemService(WIFI_SERVICE);
```

フラグメントを表示する

フラグメント

手順
① レイアウトに`<fragment>`タグを埋め込む。
② フラグメントのレイアウトファイルを作成する。
③ Fragmentを継承したクラスを実装する。

ウィジェット

≫ [android.support.v4.app.Fragment]

`<fragment></fragment>`

ウィジェット属性

Lv 4	android:id	識別用のID
	android:name	紐(ひも)づけるフラグメントのクラス(パッケージ指定)

解説

フラグメントを利用すると画面のUIを部品化し、再利用することができます。スマートフォンとタブレット両方にコンテンツを提供するような場合には、アクティビティで呼び出すフラグメントを切り替えて対応するなどします。

サンプル

サンプルプロジェクト：app_Fragment
ソース：res/layout/activity_main.xml

```xml
<LinearLayout
    xmlns:android="http://schemas.android.com/apk/res/android"
    xmlns:tools="http://schemas.android.com/tools"
    android:layout_width="match_parent"
    android:layout_height="match_parent"
    android:orientation="vertical"
    tools:context="net.buildbox.pokeri.app_fragment.MainActivity">

    <fragment
        android:id="@+id/fragment_top"
        android:name="net.buildbox.pokeri.app_fragment.fragment.TopFragment"
        android:layout_width="match_parent"
        android:layout_height="match_parent"
```

```
        android:layout_weight="1"/>

    <fragment
        android:id="@+id/fragment_bottom"
        android:name="net.buildbox.pokeri.app_fragment.fragment.BottomFragment"
        android:layout_width="match_parent"
        android:layout_height="match_parent"
        android:layout_weight="1"/>

</LinearLayout>
```

ソース：res/layout/fragment_top.xml

```
<RelativeLayout
    xmlns:android="http://schemas.android.com/apk/res/android"
    android:layout_width="match_parent"
    android:layout_height="match_parent">

    <DigitalClock
        android:layout_width="wrap_content"
        android:layout_height="wrap_content"
        android:layout_centerInParent="true"/>

</RelativeLayout>
```

ソース：res/layout/fragment_bottom.xml

fragment_top.xmlとほぼ同様の実装のため、省略。

ソース：src/MainActivity.java

```
public class MainActivity extends AppCompatActivity {

    @Override
    protected void onCreate(Bundle savedInstanceState) {
        super.onCreate(savedInstanceState);
        setContentView(R.layout.activity_main);
    }
}
```

ソース：src/fragment/TopFragment.java

```
public class TopFragment extends Fragment {

    @Override
    public View onCreateView(LayoutInflater inflater, ViewGroup container,
                             Bundle savedInstanceState) {
        // 用意したレイアウトのインフレート
        return inflater.inflate(R.layout.fragment_top, container);
```

    }
}

ソース：src/fragment/BottomFragment.java

TopFragment.javaとほぼ同様のため、省略。

▶ 実行結果

フラグメント

フラグメントのライフサイクル

> **構文**

≫ [android.support.v4.app.Fragment]

Lv ⑪	void onCreate(Bundle savedInstanceState)	システムがフラグメントを作成したときに呼び出される
	View onCreateView(LayoutInflater inflater, ViewGroup container, Bundle savedInstanceState)	フラグメントが画面描画を初めて行ったタイミングで呼び出される
Lv ⑬	void onViewCreated(View view, @Nullable Bundle savedInstanceState)	画面が生成されたタイミングで呼び出される
Lv ⑪	void onActivityCreated(Bundle savedInstanceState)	呼び出し元になるActivityのonCreateメソッドが完了したら呼び出される
	void onViewStateRestored(Bundle savedInstanceState)	フラグメントのビュー階層の状態が復元されるときに呼び出される
	void onStart()	フラグメントがユーザに見えるように生成されたタイミングで呼び出される
	void onResume()	アクティビティがバックグラウンドからフォアグラウンドに移るタイミングで呼び出される
	void onPause()	アクティビティがバックグラウンドに移ったか、もしくはアクティビティ内のフラグメントを変更する操作を行うことでユーザとの対話がされなくなった場合に呼び出される
	void onStop()	アクティビティが停止したか、もしくはアクティビティ内のフラグメントを変更する操作を行うことでユーザに表示されなくなった場合に呼び出される
	void onDestroyView()	フラグメントのリソースをクリアする場合に呼び出される
	void onDestroy()	フラグメントの状態が初期化される場合に呼び出される
Lv ㉓	void onAttach(Context context)	フラグメントがアクティビティから最初に取り付けられたときに呼び出される
Lv ⑪	void onDetach()	フラグメントがアクティビティからはがされる直前に呼び出される

引数	
context	コンテキスト
inflater	拡張するレイアウト
container	親のViewGroupオブジェクト
savedInstanceState	オブジェクトの状態を渡すBundleオブジェクト
view	生成されたViewオブジェクト

解説

　フラグメントのライフサイクルはアクティビティと同様で、フラグメントが表示されるタイミングに合わせて上記のメソッドがシステムから呼び出されます。アクティビティの呼び出しと密接に連携している点に注意してください。

　サンプルでは、Activityの呼び出しとフラグメントのライフサイクルに関するメソッドが呼び出されるタイミングで、ログを出力するようにしています。

サンプル

サンプルプロジェクト：app_FragmentLifecycle
ソース：src/fragment/MainFragment.java

```java
public class MainFragment extends Fragment {
    // ログ出力用タグ
    private static final String TAG = MainFragment.class.getSimpleName();

    @Override
    public void onAttach(Context context) {
        super.onAttach(context);
        Log.d(TAG, "call onAttach()");
    }

    ……省略……
}
```

実行結果

フラグメント

動的にフラグメントを追加／変更する

2

アプリケーション全般

構文

» [android.support.v4.app.FragmentTransaction]

Lv ❹

`FragmentTransaction add(int containerViewId, Fragment fragment)`	フラグメントの追加
`FragmentTransaction add(Fragment fragment, String tag)`	フラグメントの追加
`FragmentTransaction add(int containerViewId, Fragment fragment, String tag)`	フラグメントの追加
`FragmentTransaction attach(Fragment fragment)`	フラグメントのアタッチ
`int commit()`	トランザクションのコミット
`FragmentTransaction detach(Fragment fragment)`	フラグメントのデタッチ
`FragmentTransaction hide(Fragment fragment)`	フラグメントの非表示
`FragmentTransaction show(Fragment fragment)`	フラグメントの表示
`FragmentTransaction replace(int containerViewId, Fragment fragment, String tag)`	フラグメントの差し替え
`FragmentTransaction replace(int containerViewId, Fragment fragment)`	フラグメントの差し替え
`FragmentTransaction addToBackStack(String name)`	バックスタックに追加

» [android.support.v4.app.FragmentActivity]

Lv ❹

`FragmentManager getSupportFragmentManager()`	FragmentManager の取得

» [android.support.v4.app.FragmentManager]

Lv ❹

`FragmentTransaction beginTransaction()`	トランザクションの開始

引数

`containerViewId` フラグメントを追加する ViewGroup の ID
`fragment` 追加／変更する対象のフラグメント

30

| tag | タグ |
| name | バックスタックの状態か、nullを指定 |

解説

フラグメントを動的に追加/変更したい場合には、FragmentTransactionを用います。getSupportFragmentManagerメソッドでFragmentManagerを取得し、beginTransactionメソッドで動的な追加/変更を開始します。戻り値として返ってきたFragmentTransactionのオブジェクトに対して追加/変更を行い、commitメソッドを呼び出すことでフラグメントの追加が反映されます。

サンプル

サンプルプロジェクト：app_FragmentTransaction
ソース：src/MainActivity.java

```
// フラグメントの動的な追加
FragmentTransaction transaction = getSupportFragmentManager().beginTransaction();
transaction.add(R.id.main_contents, MainFragment.newInstance(++mCount), ⤵
MainFragment.TAG);
transaction.addToBackStack(null);
transaction.commit();
```

実行結果

フラグメント

リストフラグメントを表示する

構文

≫ [android.support.v4.app.ListFragment]

| Lv 4 | void setListAdapter(ListAdapter adapter) | 表示するリストのアダプタを設定する |

引数

adapter　　バインディングするListAdapterのオブジェクト

解説

ListViewと同等のものをフラグメントで実現するために、Fragmentを継承したListFragmentが用意されています。ListViewと同様に、ArrayAdapterを継承したクラスなどを用いてバインディングするデータを用意し、setListAdapterメソッドでアダプタと紐づけることでデータを表示できます。

サンプル

サンプルプロジェクト：app_ListFragment
ソース：src/MainActivity.java

```
// リストフラグメントの作成
String[] strColors = {"red", "blue", "green", "yellow", "orange"};
ArrayAdapter<String> adapter = new ArrayAdapter<>(
        this, android.R.layout.simple_list_item_1, strColors);

ColorListFragment fragment = ColorListFragment.newInstance();
fragment.setListAdapter(adapter);

// フラグメントの動的な追加
getSupportFragmentManager().beginTransaction()
        .add(R.id.main_contents, ↩
fragment, ColorListFragment.TAG)
        .commit();
```

実行結果

フラグメント

リストフラグメントでクリックされた イベントを受け取る

構文

≫ [android.support.v4.app.DialogFragment]

| Lv ⑪ | void onListItemClick(ListView l, View v, int position, long id) | リスト上のアイテムがクリックされたときに呼び出される |

引数

l	ListViewオブジェクト
v	Viewオブジェクト
position	クリックされたアイテムのポジション
id	クリックされたアイテムのID

解説

リストフラグメントでアイテムがクリックされたことを検知するには、ListFragmentを継承したクラスを用意し、onListItemClickメソッドをオーバーライドして処理を実装する必要があります。

サンプル

サンプルプロジェクト：app_ListFragment
ソース：src/fragment/ColorListFragment.java

```java
public class ColorListFragment extends ListFragment {
    public static final String TAG = ColorListFragment.class.getSimpleName();

    public ColorListFragment() {
    }

    public static ColorListFragment newInstance() {
        return new ColorListFragment();
    }

    @Override
    public void onListItemClick(ListView l, View v, int position, long id) {
        super.onListItemClick(l, v, position, id);
        String displayString = getListAdapter().getItem(position) + " がクリッ ↵
クされました ";
        Toast.makeText(v.getContext(), displayString, Toast.LENGTH_SHORT).show();
    }
}
```

関連 「リストビューを表示する」…… P.93

フラグメント

2

アプリケーション全般

ダイアログフラグメントを利用する

構文

≫ [android.support.v4.app.DialogFragment]

| Lv **4** | Dialog onCreateDialog(Bundle savedInstanceState) | ダイアログ生成時の初期化処理を行う |
| | void show(FragmentManager manager, String tag) | ダイアログの表示 |

引数

savedInstanceState	Androidのシステムコール時に渡されるデータ
manager	FragmentManagerのオブジェクト
tag	タグ

解説

ダイアログフラグメントを表示したい場合には、onCreateDialogメソッドをオーバーライドし、内部でAlertDialog.Builderを利用してDialogのオブジェクトを生成して返します。

サンプル

サンプルプロジェクト：app_DialogFragment
ソース：src/MainActivity.java

```java
public class MainActivity extends AppCompatActivity {

    @Override
    protected void onCreate(Bundle savedInstanceState) {
        super.onCreate(savedInstanceState);
        ActivityMainBinding binding = DataBindingUtil.setContentView ➥
(this, R.layout.activity_main);
        binding.setMainActivity(this);
    }

    public void onClick(View view) {
        SampleDialogFragment dlgFragment = new SampleDialogFragment();
        dlgFragment.show(getSupportFragmentManager(), SampleDialogFragment.TAG);
    }
}
```

ソース:src/fragment/SampleDialogFragment.java

```java
public class SampleDialogFragment extends DialogFragment {
    public static final String TAG = SampleDialogFragment.class.getSimpleName();

    @NonNull
    @Override
    public Dialog onCreateDialog(Bundle savedInstanceState) {
        Activity activity = getActivity();
        if (activity == null) {
            throw new IllegalStateException("activity is null");
        }

        // アラートダイアログの構築
        return new AlertDialog.Builder(getActivity())
            .setTitle(" サンプルダイアログ ")
            .setMessage(" サンプルメッセージ ")
            .setPositiveButton("OK", new DialogInterface.OnClickListener() {

                @Override
                public void onClick(DialogInterface dialog, int which) {
                    dismiss();
                }
            })
            .show();
    } }
```

実行結果

関連 「アラートダイアログを表示する」
…… P.141

ツールバー

ツールバーの概要

▶ アクションバーとツールバー

アクションバーはタイトルバーの部分のことを指します。

呼び出し元のアクティビティに戻る機能や、タイトルの変更などを行うことができます。

Lollipop(API Level 21)からツールバーという機能でアクションバー部分にリッチな情報が表示できるようになりました。

Material Designに沿ってタイトル部分のUIを調整していく際には、ツールバーの利用が必須となります。

ツールバー

ツールバーを表示する

→ レイアウト   Lv⑦

```xml
<android.support.v7.widget.Toolbar>
</android.support.v7.widget.Toolbar>
```

→ 構文

≫ [android.support.v7.app.AppCompatActivity]

> void setSupportActionBar(Toolbar toolbar)　ツールバーを設定する

→ 解説

ツールバーを表示するには、レイアウトファイル内でToolbarを定義する必要があります。

システムが表示するアクションバーを非表示にするために、スタイルを変更することを忘れないように注意してください。

→ サンプル

サンプルプロジェクト：app_Toolbar
ソース：res/values/styles.xml

```xml
<resources>
    <style name="AppTheme" parent="Theme.AppCompat.Light.NoActionBar">
    ……省略……
    </style>
</resources>
```

ソース：res/layout/activity_main.xml

```xml
<android.support.v7.widget.Toolbar
    android:id="@+id/toolbar"
    android:layout_width="match_parent"
    android:layout_height="wrap_content"
    android:background="?attr/colorPrimary"
    android:minHeight="?attr/actionBarSize"
    android:theme="@style/ThemeOverlay.AppCompat.Dark.ActionBar"
    app:popupTheme="@style/ThemeOverlay.AppCompat.Light"/>
```

ソース：src/MainActivity.java

```java
setSupportActionBar(mBinding.toolbar);
```

→ 実行結果

「ツールバーの表示を設定する」…… P.38

ツールバー

ツールバーの表示を設定する

▶ 構文

≫ [android.support.v7.app.AppCompatActivity]

Lv 7	ActionBar getSupportActionBar()	アクションバーのオブジェクトを取得する

≫ [android.support.v7.app.ActionBar]

Lv 7	void setTitle()	タイトルを設定する

≫ [android.support.v7.app.ActionBar]

Lv 1	void setVisibility(int visibility)	Viewの表示状態を設定する
	void getVisibility()	Viewの表示状態を取得する

▶ 引数

visibility　　　Viewの表示状態

▶ 定数

●setVisibility / getVisibility メソッド

≫ [android.view.View]

Lv 1	VISIBLE	Viewオブジェクトを表示する
	INVISIBLE	Viewオブジェクトを非表示にする (非表示にしたスペースを詰めない)
	GONE	Viewオブジェクトを非表示にする (非表示にしたスペースを詰めて表示する)

▶ 解説

　ツールバーの制御を行いたい場合には、getSupportActionBar メソッドでレイアウトに定義したToolbarを取得し、表示方法を設定します。

サンプル

サンプルプロジェクト：app_Toolbar
ソース：res/values/styles.xml

```xml
<resources>
    <style name="AppTheme" parent="Theme.AppCompat.Light.NoActionBar">
        ……省略……
    </style>
</resources>
```

ソース：src/MainActivity.java

```java
public class MainActivity extends AppCompatActivity {
    private ActivityMainBinding mBinding;

    @Override
    protected void onCreate(Bundle savedInstanceState) {
        super.onCreate(savedInstanceState);
        mBinding = DataBindingUtil.setContentView(this, R.layout.activity_main);

        setSupportActionBar(mBinding.toolbar);
        ActionBar actionBar = getSupportActionBar();
        if (actionBar != null) {
            actionBar.setTitle(" ツールバーのサンプル ");
        }

        mBinding.toolbarToggleButton.setOnCheckedChangeListener(new ⏎
CompoundButton.OnCheckedChangeListener() {
            @Override
            public void onCheckedChanged(CompoundButton compoundButton, ⏎
boolean b) {
                if (b) {
                    mBinding.toolbar.setVisibility(View.VISIBLE);
                } else {
                    mBinding.toolbar.setVisibility(View.GONE);
                }
            }
        });
    }
}
```

実行結果

ツールバー

Up ボタンを有効化する

構文

≫［android.support.v7.app.ActionBar］

| Lv ⑦ | void setDisplayHomeAsUpEnabled(boolean showHomeAsUp) | 前画面に移動する Up ボタンを有効化する |
| | void setHomeButtonEnabled(boolean enabled) | Up ボタンのクリックを有効化する |

引数

| showHomeAsUp | true で前画面に移る Up ボタンを有効化する |
| enabled | true で Up ボタンのクリックを有効化する |

定数

● onOptionsItemSelected メソッド

| Lv ⑦ | android.R.id.home | アプリケーションアイコンの制御が呼び出されたときの ID |

解説

　アクションバー上の Up ボタンをクリックしたときの制御を行いたい場合には、setHomeButtonEnabled メソッドで Up ボタンのクリックを有効化します。これによって Up ボタンをクリックしたときの画面遷移などが行えるようになります（「関連」参照）。

　前画面に戻るような場合には、setDisplayHomeAsUpEnabled メソッドを利用してください。

　Up ボタンをクリックしたときの処理は、onOptionsItemSelected メソッドが呼び出され、MenuItem オブジェクトをとおして ID として android.R.id.home が渡されるので、サンプルのように getItemId メソッドで取得した ID を判定し、独自の処理を追加します。

サンプル

サンプルプロジェクト：app_HomeAsUp
ソース：src/DetailActivity.java

```
@Override
protected void onCreate(Bundle savedInstanceState) {
```

```
    ……省略……

    // 前の画面に戻るボタンの有効化
    ActionBar actionBar = getSupportActionBar();
    if (actionBar != null) {
        actionBar.setDisplayHomeAsUpEnabled(true);
    }
}

@Override
public boolean onOptionsItemSelected(MenuItem item) {
    switch (item.getItemId()) {
        case android.R.id.home:
            finish();
            break;
    }
    return super.onOptionsItemSelected(item);
}
```

▶実行結果

関連 「ナビゲーションビューを表示する」…… P.222

権限

パーミッションを確認する

2
アプリケーション全般

> **構文**

≫ [android.support.v4.app.ActicityCompat]

| Lv 4 | int checkSelfPermission(Context context, String permission) | 指定した権限が許可されているか確認する |

> **引数**

context コンテキスト

permission 確認したい権限を指定する

> **定数**

● permission
≫ [android.Manifest.permission]

| Lv 1 | READ_CALENDAR, WRITE_CALENDAR, CAMERA, READ_CONTACTS, WRITE_CONTACTS, GET_ACCOUNTS, ACCESS_FINE_LOCATION, ACCESS_COARSE_LOCATION, RECORD_AUDIO, READ_PHONE_STATE, CALL_PHONE, READ_CALL_LOG, WRITE_CALL_LOG, ADD_VOICEMAIL, USE_SIP, PROCESS_OUTGOING_CALLS, BODY_SENSORS, SEND_SMS, RECEIVE_SMS, READ_SMS, RECEIVE_WAP_PUSH, RECEIVE_MMS, READ_EXTERNAL_STORAGE, WRITE_EXTERNAL_STORAGE |

● checkSelfPermission の戻り値
≫ [android.content.pm.PackageManager]

| Lv 1 | PERMISSION_GRANTED | 権限が許可の状態 |
| | PERMISSION_DENIED | 権限が不許可の状態 |

> **解説**

　権限は Marshmallow（Android 6.0）から強化され、指定された機能を利用する際には事前にユーザに利用するかどうか権限チェックを行うことが求められるようになりました。

　対象の権限が許可されているかどうかは ActivityCompat#checkSelfPermission メソッドで確認することができます。

　戻り値を見ることで権限が許可されているか判定するようにしてください。

　尚、権限チェックには GitHub に公開されている PermissionsDispatcher とい

42

うライブラリもあります。サンプルアプリの幾つかではこちらのライブラリを利用
しているので、そちらも利用を検討してみてください。

→ サンプル

サンプルプロジェクト：Chapter10/intent_Tel
ソース：src/MainActivity.java

```java
public void onCall(View view) {
    if (ActivityCompat.checkSelfPermission(getApplicationContext(), ↴
Manifest.permission.CALL_PHONE)
        == PackageManager.PERMISSION_GRANTED) {
        // 電話をかける
        Uri uri = Uri.parse("tel:0123-45-6789");
        Intent intent = new Intent(Intent.ACTION_CALL, uri);
        startActivity(intent);
    } else {
        ActivityCompat.requestPermissions(this, PERMISSIONS, PERMISSIONS_REQUEST);
    }
}
```

権限

権限の許可をユーザに要求する

2
アプリケーション全般

構文

≫ [android.support.v4.app.ActicityCompat]

| Lv 4 | void requestPermissions(Activity activity, String[] permissions, int requestCode) | 指定した権限の許可をユーザに要求する |

≫ [android.support.v4.app.FragmentActivity]

| Lv 4 | void onRequestPermissionsResult(int requestCode, @NonNull String[] permissions, @NonNull int[] grantResults) | ユーザに要求した権限の結果を受け取る |

引数

activity	アクティビティ
permissions	ユーザに要求したい権限一覧
requestCode	コールバックを受け取る時に識別するためのコード
grantResults	ユーザに要求した権限確認の結果一覧

定数

● permissions

「パーミッションを確認する」のpermissionを参照…… P.42

● grantResults

「パーミッションを確認する」のcheckSelfPermissionの戻り値を参照…… P.42

サンプル

サンプルプロジェクト：Chapter10/intent_Tel
ソース：src/MainActivity.java

```
private static final int PERMISSIONS_REQUEST = 115;
private static final String[] PERMISSIONS = {
    Manifest.permission.CALL_PHONE
};

……省略……

@Override
public void onRequestPermissionsResult(int requestCode, @NonNull ⤵
String[] permissions, @NonNull int[] grantResults) {
```

```java
    if (requestCode == PERMISSIONS_REQUEST) {
        if (grantResults[0] == PackageManager.PERMISSION_GRANTED) {
            Toast.makeText(this, " 電話をかける権限が許可されました。再度ボタン ⤵
をクリックしてください ", Toast.LENGTH_SHORT).show();
        } else {
            Toast.makeText(this, " 電話をかける権限がありません ", ⤵
Toast.LENGTH_SHORT).show();
        }
    } else {
        super.onRequestPermissionsResult(requestCode, permissions, grantResults);
    }
}


public void onCall(View view) {
    if (ActivityCompat.checkSelfPermission(getApplicationContext(), ⤵
Manifest.permission.CALL_PHONE)
        == PackageManager.PERMISSION_GRANTED) {
        // 電話をかける
        Uri uri = Uri.parse("tel:0123-45-6789");
        Intent intent = new Intent(Intent.ACTION_CALL, uri);
        startActivity(intent);
    } else {
        ActivityCompat.requestPermissions(this, PERMISSIONS, PERMISSIONS_REQUEST);
    }
}
```

アプリケーション全体で保持するデータを管理する

全般

構文

》[android.app.Application]

| Lv 1 | void onCreate() | アプリケーション起動時に呼び出される |

解説

アプリケーションが起動してから終了するまでデータを保持しておきたい場合には、Activityだと端末のライフサイクルに則ってデータが破棄されるため、期待した動作をしないことがあります。

このようなときには、Applicationクラスを継承し、onCreateメソッドをオーバーライドしてアプリ起動時にデータを保持しておくようにするとよいでしょう。

ただし、やりすぎるとApplicationクラスの肥大化となってしまいますので、データを何処に配置すべきかは設計時に慎重に検討するようにしてください。

サンプル

サンプルプロジェクト：app_Application
ソース：AndroidManifest.xml

```xml
<?xml version="1.0" encoding="utf-8"?>
<manifest package="net.buildbox.pokeri.app_application"
        xmlns:android="http://schemas.android.com/apk/res/android">

    <application
        android:name=".MyApplication"
        android:allowBackup="true"
        android:icon="@mipmap/ic_launcher"
        android:label="@string/app_name"
        android:roundIcon="@mipmap/ic_launcher_round"
        android:supportsRtl="true"
        android:theme="@style/AppTheme">

……省略……
```

ソース：src/MyApplication.java

```java
public class MyApplication extends Application {
    private static String mStartTime;

    @Override
```

```java
    public void onCreate() {
        super.onCreate();

        // アプリの起動時間を保持する
        DateFormat format = new SimpleDateFormat("yyyy/MM/dd HH:mm:ss", ↩
Locale.JAPAN);
        mStartTime = format.format(new Date(System.currentTimeMillis()));
    }

    public static String getStartTime() {
        return mStartTime;
    }
}
```

▶ 実行結果

Chapter **3**

UI

Android SDK Pocket Reference

共通

ウィジェットを取得する(1)

構文

≫ [android.app.Activity]
≫ [android.view.View]

| Lv ① | T findViewById(int id) | 指定したIDのViewを取得する |

引数

id　ビューを識別するID

解説

ActivityやViewの処理をする際にViewを取得したい場合に利用します。
Android O(API Level 26)から戻り値がジェネリクス型(T)となったため、キャストを行う必要がなくなりました。

サンプル

サンプルプロジェクト：ui_TextView
ソース：src/MainActivity.java

```
TextView pokeriMessage = findViewById(R.id.pokeri_message);
```

共通

ウィジェットを取得する (2)

レイアウト

```
<layout></layout>
```

構文

≫ [android.databinding.DataBindingUtil]

| Lv 1 | T setContentView(Activity activity, int layoutId) | レイアウトを読み込む |

引数

activity　アクティビティ
layoutId　表示する画面のレイアウトID

解説

Viewのオブジェクトを取得したい場合には、前項のfindViewByIdメソッドを利用する方法の他に、DataBindingを利用する方法が提供されています。

サンプルにあるように、app/build.gradleへの設定でDataBindingを有効化することで、レイアウトで書かれたID名を元に直接Viewにアクセスすることが可能となります。

サンプル

サンプルプロジェクト：ui_ImageButton
ソース：app/build.gradle

```
android {
  ……省略……
  dataBinding {
    enabled = true
  }
}
```

ソース：res/layout/activity_main.xml

```
<?xml version="1.0" encoding="utf-8"?>
<layout
    xmlns:android="http://schemas.android.com/apk/res/android">
    ……省略……
```

```
</layout>
```

ソース：src/MainActivity.java

```
@Override
protected void onCreate(Bundle savedInstanceState) {
    super.onCreate(savedInstanceState);
    ActivityMainBinding binding = DataBindingUtil.setContentView(this, ↴
R.layout.activity_main);
    binding.setMainActivity(this);
```

共通

View のクリックを処理する

▶ レイアウト

```
<data>
<variable></variable>
</data>
```

▶ レイアウト属性

Lv 1	name	レイアウト内で識別するためのID
	type	DataBindingでレイアウトと紐付けるActivityへのパス

▶ ウィジェット属性

Lv 1	android:onClick	クリックイベントを処理する

▶ 解説

Viewのクリックを処理する場合には、サンプルにあるようにpublic void [メソッド名](View view) の形式でメソッドを用意し、[メソッド名]をandroid:onClickに指定するとViewクリック時のイベントをハンドリングすることができます。

DataBindingを利用する場合にはレイアウト上に<data>タグと<variable>タグでActivityとの紐付けを行い、DataBindingのオブジェクトを取得した後にset[variableで指定したID]メソッドを呼び出して、レイアウトとActivityを紐付けてクリックイベントを受け取る必要があります。

▶ サンプル

サンプルプロジェクト：ui_ImageButton
ソース：res/layout/activity_main.xml

```
……省略……
<data>
    <variable
        name="mainActivity"
        type="net.buildbox.pokeri.ui_imagebutton.MainActivity"/>
</data>
……省略……
<ImageButton
```

53

```
        android:id="@+id/image_button"
        android:layout_width="0dp"
        android:layout_height="wrap_content"
        android:layout_marginEnd="8dp"
        android:layout_marginStart="8dp"
        android:layout_marginTop="8dp"
        android:contentDescription=" サンプル画像ボタン "
        android:onClick="@{mainActivity::onButtonClick}"
        android:src="@android:drawable/star_big_on"
        app:layout_constraintEnd_toEndOf="parent"
        app:layout_constraintStart_toStartOf="parent"
        app:layout_constraintTop_toTopOf="parent"/>
        ……省略……
```

ソース：src/MainActivity.java

```
    @Override
    protected void onCreate(Bundle savedInstanceState) {
        super.onCreate(savedInstanceState);
        ActivityMainBinding binding = DataBindingUtil.setContentView ⏎
(this, R.layout.activity_main);
        binding.setMainActivity(this);
    }

    public void onButtonClick(View view) {
        Toast.makeText(this, " イメージ付きボタンのクリック ", Toast. ⏎
LENGTH_LONG).show();
    }
}
```

共通

レイアウトとウィジェットの幅と高さを指定する

3
UI

ウィジェット属性

Lv ①	android:layout_width	幅の指定
Lv ①	android:layout_height	高さの指定

定数

Lv ①	wrap_content	レイアウト／ウィジェットの状態に合わせてサイズを自動調整する
Lv ⑧	match_parent	全体に広げる

解説

レイアウトと、その中に組み込まれるウィジェットの大きさは、それぞれに属性を設定することで指定できます。

ウィジェットの幅、高さを指定する場合は、layout_width と layout_height を利用します。数値で指定することも可能です。その場合は「200dp」といった、デバイスに合わせてサイズを調整してくれる単位を指定しましょう。

ウィジェットの状態をシステムに判断させて、自動でサイズを変更させたい場合は、wrap_content を指定してください。画面いっぱいのサイズを指定したい場合は、match_parent を利用するようにしてください。ConstraintLayout を利用する場合、画面いっぱいのサイズを指定するときは"0dp"と指定することが推奨されています。

サンプル

サンプルプロジェクト：layout_LinearLayout
ソース：res/layout/activity_main.xml

```xml
<LinearLayout
    xmlns:android="http://schemas.android.com/apk/res/android"
    android:layout_width="match_parent"
    android:layout_height="match_parent"
    android:orientation="vertical" >
    ……省略……
</LinearLayout>
```

実行結果 「LinearLayout を表示する」…… P.4

共通

ウィジェットのマージンを指定する

ウィジェット属性

Lv ❶	android:layout_margin	マージンの指定
	android:layout_marginTop	マージン（上）の指定
	android:layout_marginBottom	マージン（下）の指定
	android:layout_marginLeft	マージン（左）の指定
	android:layout_marginRight	マージン（右）の指定

解説

　レイアウト上のウィジェット間の余白を指定したい場合には、マージンを指定します。ウィジェット内で余白を設定したい場合は、パディングを利用してください。

サンプル

サンプルプロジェクト：ui_LayoutMargin
ソース：res/layout/activity_main.xml

```
<LinearLayout
    android:layout_width="match_parent"
    android:layout_height="wrap_content"
    android:background="#ffff00">

    <TextView
        android:layout_width="wrap_content"
        android:layout_height="wrap_content"
        android:layout_margin="20dp"
        android:background="#00ff00"
        android:text=" テキスト1"/>

    <TextView
        android:layout_width="wrap_content"
        android:layout_height="wrap_content"
        android:layout_margin="20dp"
        android:background="#00ffff"
        android:text=" テキスト2"/>
</LinearLayout>
```

56

実行結果

関連 「ウィジェットのパディングを指定する」……P.58

COLUMN Androidで利用できる単位

Androidで利用できる単位には、次の表に示すようなものがあります。

単位		解説
px	ピクセル	画面上の実際のピクセル数。デバイスによって1インチあたりのピクセル数は変わってくるので、この単位を利用するとデバイスごとに見栄えが違ってしまう
in	インチ	スクリーンの物理サイズに基づくサイズ
mm	ミリメートル	スクリーンの物理サイズに基づくサイズ
pt	ポイント	1/72インチ
dp、dip	密度に依存したピクセル	デバイスによって異なる画面密度に自動調整して表示する
sp	スケールに依存したピクセル	ユーザが指定したフォントサイズで自動的にスケールを調整して表示する

さまざまな画面サイズのAndroidデバイスが市場に出回っている現在においては、端末ごとにdpiを考慮した設計を行うのは無理があります。dpもしくはspを利用するのが一番安全と言えるでしょう。

ウィジェットのパディングを指定する

共通

ウィジェット属性

android:padding	パディングの指定
android:paddingTop	パディング(上)の指定
android:paddingBottom	パディング(下)の指定
android:paddingLeft	パディング(左)の指定
android:paddingRight	パディング(右)の指定

解説

ウィジェット内の余白を設定したい場合は、パディングを指定します。レイアウト上のウィジェット間で余白を設定したい場合は、マージンを利用してください。

サンプル

サンプルプロジェクト：ui_LayoutPadding
ソース：res/layout/activity_main.xml

```xml
<LinearLayout
    android:layout_width="match_parent"
    android:layout_height="wrap_content"
    android:background="#ffff00">
    <TextView
        android:layout_width="wrap_content"
        android:layout_height="wrap_content"
        android:background="#00ff00"
        android:text="テキスト1"
        android:padding="20dp"/>
    <TextView
        android:layout_width="wrap_content"
        android:layout_height="wrap_content"
        android:background="#00ffff"
        android:text="テキスト2"
        android:padding="20dp"/>
</LinearLayout>
```

実行結果

関連 「ウィジェットのマージンを指定する」…… P.56

共通

ウィジェットの位置を指定する

3

定数

≫ [android.view.Gravity]

Lv **1**	TOP	レイアウトの上部に配置
	BOTTOM	レイアウトの下部に配置
	RIGHT	レイアウトの右側に配置
	LEFT	レイアウトの左側に配置
	CENTER	ウィジェットを中央揃えする
	CENTER_VERTICAL	ウィジェットを上下の中央揃えにする
	CENTER_HORIZONTAL	ウィジェットを左右の中央揃えにする
	FILL	ウィジェットの幅、高さをレイアウトのサイズに合わせる
	FILL_VERTICAL	ウィジェットの高さをレイアウトのサイズに合わせる
	FILL_HORIZONTAL	ウィジェットの幅をレイアウトのサイズに合わせる
	CLIP_VERTICAL	top／bottomのオプション。上部または下部をレイアウトの境界とする
	CLIP_HORIZONTAL	left／rightのオプション。左側または右側をレイアウトの境界とする

ウィジェット属性

Lv **1**	android:gravity	指定されたウィジェットの位置を指定
	android:layout_gravity	指定されたウィジェットの個別の位置を指定

ウィジェット定数

● android:gravity、android:layout_gravity

Lv **1**	top	レイアウトの上部に配置
	bottom	レイアウトの下部に配置
	right	レイアウトの右側に配置
	left	レイアウトの左側に配置
	center	ウィジェットを中央揃えする
	center_vertical	ウィジェットを上下の中央揃えにする

59

	center_horizontal	ウィジェットを左右の中央揃えにする
	fill	ウィジェットの幅、高さをレイアウトのサイズに合わせる
	fill_vertical	ウィジェットの高さをレイアウトのサイズに合わせる
Lv ①	fill_horizontal	ウィジェットの幅をレイアウトのサイズに合わせる
	clip_vertical	top／bottomのオプション。上部または下部をレイアウトの境界とする
	clip_horizontal	left／rightのオプション。左側または右側をレイアウトの境界とする

解説

ウィジェットの位置を指定したい場合、プログラムで制御するにはsetGravity／getGravityメソッドを、レイアウト上で定義するにはandroid:gravity／android:layout_gravityを使用します。

条件を組み合わせたい場合には、「|」で区切ることで複数の定数を指定できます。

サンプル

サンプルプロジェクト：ui_LayoutGravity
ソース：res/layout/activity_main.xml

```xml
<LinearLayout
    xmlns:android="http://schemas.android.com/apk/res/android"
    android:layout_width="match_parent"
    android:layout_height="match_parent">

    <!-- テキストビュー自体の中央揃えは、layout_gravity を使用 -->
    <!-- テキストビュー内のテキストの位置は、gravity で指定 -->
    <TextView
        android:layout_width="100dp"
        android:layout_height="wrap_content"
        android:layout_gravity="center_vertical"
        android:background="#ffff00"
        android:gravity="center"
        android:text=" 中央揃え " />
</LinearLayout>
```

→ 実行結果

共通

ウィジェットの重みづけを指定する

ウィジェット属性

android:layout_weight　　　　　ウィジェットの重みづけを指定する

解説

画面に複数のウィジェットを並べ、それらでmatch_parentを用いて画面いっぱいまで表示したい場合、どのウィジェットがどれぐらい余白を利用できるのかを指定するのがlayout_weight属性です。デフォルト値は「0」となっており、1、2、3……と重みづけを行うことで、余白部分を割り当てる優先度を指定します。

このウィジェット属性はLinearLayoutの子要素にのみ有効となります。

サンプル

サンプルプロジェクト：ui_LayoutWeight
ソース：res/layout/activity_main.xml

```xml
<LinearLayout
    android:layout_width="match_parent"
    android:layout_height="wrap_content"
    android:orientation="horizontal">
    <Button
        android:layout_width="match_parent"
        android:layout_height="wrap_content"
        android:layout_weight="1"
        android:text=" ボタン１"/>
    <Button
        android:layout_width="match_parent"
        android:layout_height="wrap_content"
        android:layout_weight="1"
        android:text=" ボタン２"/>
</LinearLayout>
```

実行結果

テキスト

テキストを表示する

ウィジェット Lv 1
» [android.widget.TextView]
`<TextView></TextView>`

ウィジェット属性

Lv 1	android:text	表示するテキスト
	android:textColor	テキストの色

サンプル

サンプルプロジェクト：ui_TextView
ソース：res/layout/activity_main.xml

```
<TextView
    android:id="@+id/pokeri_message"
    android:layout_width="match_parent"
    android:layout_height="wrap_content"
    android:layout_centerInParent="true"
    android:gravity="center"
    android:onClick="onMessageClick"
    android:text="@string/hello_pokeri"
    android:textColor="#FFFF0000"
    android:textSize="14sp"/>
```

実行結果

テキスト

テキストを取得／変更する

構文
» [android.widget.TextView]

void setText(CharSequence text)	テキストを変更する
void setText(int resid)	テキストを変更する(リソース指定)
CharSequence getText()	テキストを取得する
void setTextColor(int color)	テキストの色を変更する
void setTextSize(float size)	テキストサイズを設定する

引数
text　　　表示するテキスト
resid　　 表示するテキストのリソースID(例：R.string.hogehoge)
color　　 色情報を指定する
size　　　テキストのサイズを指定する

ウィジェット属性
» [android.widget.TextView]

 android:textSize　　　　　　　　テキストサイズの指定

解説

テキストの取得と変更はgetText/setTextメソッドで行います。

getTextメソッドで取得できるCharSequence型はテキストの加工(結合や取り出しなど)ではやりづらい面もありますので、必要に応じてtoStringメソッドでString型に変換して利用してください。

また、テキストサイズを変更したい場合は、setTextSizeメソッドで設定します。

レイアウト上でサイズ指定したい場合は、ウィジェットの属性でandroid:textSizeを設定しましょう。サンプルでは直接値を指定していますが、実際に実装するときにはサイズをリソースとして定義して参照したほうがよいでしょう。

▶ サンプル

サンプルプロジェクト：ui_TextView
ソース：src/MainActivity.java

```java
public void onMessageClick(View view) {
    TextView pokeriMessage = findViewById(R.id.pokeri_message);
    // TextView のテキストを変更する
    pokeriMessage.setText(" こんにちは、ポケットリファレンス ");
    // テキストカラーを青に変更
    pokeriMessage.setTextColor(Color.BLUE);
    // テキストサイズを変更
    pokeriMessage.setTextSize(24.0f);
}
```

▶ 実行結果

関連 「文字列リソースを定義する」……P.475
「色リソースを定義する」…… P.476
「数値リソースを定義する」……P.480

テキスト

フォントのスタイルを変更する

構文

≫ [android.widget.TextView]

| Lv ❶ | void setTypeface (Typeface tf, int style) | フォントのタイプとスタイルを変更する |
| | void setTypeface (Typeface tf) | フォントのタイプを変更する |

引数

| tf | タイプフェイスを指定する |
| style | フォントスタイルを指定する |

定数

● tf：タイプフェイス

≫ [android.graphics.Typeface]

Lv ❶	DEFAULT	既定値
	SANS_SERIF	ゴシック系
	SERIF	明朝系
	MONOSPACE	固定幅

● style：フォントスタイル

≫ [android.graphics.Typeface]

Lv ❶	BOLD	太字
	ITALIC	イタリック
	BOLD_ITALIC	太字とイタリック両方を適用

ウィジェット属性

| Lv ❶ | android:typeface | フォントのタイプフェイス |
| | android:textStyle | フォントのスタイル |

ウィジェット定数

●typeface：タイプフェイス

normal	既定値
sans	ゴシック系
serif	明朝系
monospace	固定幅

●textStyle：フォントスタイル

normal	既定値
bold	太字
italic	イタリック

サンプル

サンプルプロジェクト：ui_FontStyle
ソース：res/layout/activity_main.xml

```xml
<TextView
    android:layout_width="wrap_content"
    android:layout_height="wrap_content"
    android:text="Hello, Android SDK ポケットリファレンス！"
    android:textSize="20sp"
    android:textStyle="italic|bold"
    android:typeface="monospace"/>
```

実行結果

テキスト

オリジナルのフォントに変更する

構文

≫ [android.graphics.Typeface]

| Lv 1 | void createFromAsset
(AssetManager mgr, String path) | assetsに格納したフォントファイルから
タイプフェイスを生成する |

引数

| mgr | AssetManagerのオブジェクトを指定する |
| path | res/assetsをカレントとした、フォントへのパスを指定する |

解説

オリジナルのフォントを設定したテキストを表示します。利用するフォントはあらかじめassetsディレクトリに格納する必要があります。

サンプル

サンプルプロジェクト：ui_FontOrigin
ソース：src/MainActivity.java

```
// オリジナルフォントを用いた Typeface の作成
Typeface originTypeface = Typeface.createFromAsset(getAssets(), 
"HuiFontP29.ttf");
// タイプフェイスの設定
TextView helloView = findViewById(R.id.hello_view);
helloView.setTypeface(originTypeface);
```

実行結果

※ サンプルとして、「ふい字」(http://hp.vector.co.jp/authors/VA039499/)を利用しました。

関連 「AssetManagerを取得する」…… P.316

テキスト

エディットテキストを表示する

> **ウィジェット** `Lv 1`

≫ [android.widget.EditText]

<EditText></EditText>

> **ウィジェット属性**

Lv ①	android:text	初期表示するテキスト
	android:hint	テキストを入力するときのヒント
	android:inputType	入力データのタイプを指定

> **ウィジェット定数**

● inputType

none	指定なし
text	文字入力（複数行入力不可）
textCapCharacters	大文字の英字入力
textCapWords	英単語の頭文字を大文字とした入力
textCapSentences	英文章の頭文字を大文字とした入力
textAutoCorrect	スペルミスの自動修正
textAutoComplete	オートコンプリート機能の追加
textMultiLine	複数行の入力
textImeMultiLine	単一行の入力（IMEで複数行に設定）
textNoSuggestions	IMEで起動される辞書機能を起動しない
textUri	URIの入力
textEmailAddress	メールアドレスの入力
textEmailSubject	メールの件名の入力
textShortMessage	ショートメッセージの入力
phone	電話番号の入力
number	数値の入力
numberSigned	整数値の入力

> **解説**

　ユーザに任意のテキストを入力させたい場合にEditTextを利用します。EditText
はTextViewを継承しているため、文字の色や大きさなどを変更したい場合には、同
様の属性を指定することで実現できます。

サンプル

サンプルプロジェクト：ui_EditText
ソース：res/layout/activity_main.xml

```xml
<EditText
    android:layout_width="match_parent"
    android:layout_height="wrap_content"
    android:hint=" テキストを入力してください "
    android:textSize="24sp"/>
```

実行結果

トースト

トーストを表示する

構文

≫ [android.widget.Toast]

Lv ①	Toast makeText(Context context, CharSequence text, int duration)	トーストを生成する
	Toast makeText(Context context, int resId, int duration)	トーストを生成する
	void setGravity(int gravity, int xOffset, int yOffset)	表示位置を設定する
	void show()	トーストを表示する

引数

context	コンテキスト
text	表示するテキスト
resId	表示するテキスト(リソース指定)
duration	トーストの表示時間
gravity	表示位置
xOffset	X軸をずらす値
yOffset	Y軸をずらす値

定数

● duration

≫ [android.widget.Toast]

| Lv ① | LENGTH_SHORT | 短いトースト表示 |
| | LENGTH_LONG | 長いトースト表示 |

● gravity

「ウィジェットの位置を指定する」 …… P.59

解説

ユーザに簡単なメッセージを表示して何かを伝えたい場合によく利用されるのがToastです。表示位置を指定したい場合には、gravityを指定します。表示位置の指定方法については、後述の「関連」を参照してください。

70

◆ サンプル

サンプルプロジェクト：ui_Toast
ソース：src/MainActivity.java

```java
public void onShowToast(View view) {
    // トーストの表示
    Toast.makeText(this,
        "ボタンがクリックされました",
        Toast.LENGTH_LONG).show();
}
```

◆ 実行結果

関連　「カスタマイズしたトーストを表示する」…… P.72

トースト

カスタマイズしたトーストを表示する

手順

① カスタムビュー用のレイアウト(toast_origin.xml)の作成。
② プログラムから作成したカスタムビューのレイアウトの読み込み。
③ トーストの作成。
④ setViewメソッドでカスタムビューの設定をして表示。

構文

≫ [android.widget.Toast]

| Lv ① | void setView(View view) | void setView(View view) |

≫ [android.app.Activity]

| Lv ① | LayoutInflater getLayoutInflater() | LayoutInflaterを取得する |

≫ [android.view.LayoutInflater]

| Lv ① | View inflate(int resource, ViewGroup root) | 指定したリソース内のViewを読み込む |

引数

view　　　　　画面上に表示するViewのオブジェクト

解説

showメソッドを呼び出す前にsetViewメソッドで別のViewを設定することで、カスタマイズされたトーストを画面上に表示できます。

ViewはLayoutInflaterを用いて読み込みを行う必要があります。

サンプル

サンプルプロジェクト：ui_ToastOrigin
ソース：res/layout/toast_origin.xml

```xml
<?xml version="1.0" encoding="utf-8"?>
<LinearLayout
    android:id="@+id/root_view"
    xmlns:android="http://schemas.android.com/apk/res/android"
    android:layout_width="wrap_content"
    android:layout_height="wrap_content"
    android:layout_margin="15dp"
```

```
    android:background="#DDA0A0A0"
    android:orientation="horizontal"
    android:padding="10dp">

    <ImageView
        android:layout_width="wrap_content"
        android:layout_height="wrap_content"
        android:layout_marginEnd="10dp"
        android:contentDescription=" スターイメージ "
        android:src="@android:drawable/btn_star"/>

    <TextView
        android:layout_width="wrap_content"
        android:layout_height="wrap_content"
        android:layout_gravity="center_vertical"
        android:text=" カスタマイズしたトースト "
        android:textColor="#FFF"/>
</LinearLayout>
```

ソース：src/MainActivity.java

```
Button originToastButton = findViewById(R.id.origin_toast_button);
originToastButton.setOnClickListener(new View.OnClickListener() {
    @Override
    public void onClick(View view) {
        // カスタムビューの読み込み
        LayoutInflater layoutInflater = getLayoutInflater();
        View customView = layoutInflater.inflate(
            R.layout.toast_origin, (ViewGroup) findViewById(R.id.root_view));
        // トーストの生成
        Toast orgToast = Toast.makeText(view.getContext(), "", Toast. ⤸
LENGTH_LONG);
        // トーストの表示位置の設定
        orgToast.setGravity(Gravity.CENTER_VERTICAL, 0, 0);
        // カスタムビューの設定
        orgToast.setView(customView);
        // トーストの表示
        orgToast.show();
    }
});
```

➡ 実行結果

関連 「ウィジェットの位置を指定する」…… P.59

ボタン

ボタンを表示する

ウィジェット　Lv ①

<Button></Button>

ウィジェット属性

Lv ①	android:text	ボタン上に表示するテキスト
	android:onClick	クリックしたときに処理するメソッド名を指定

解説

android:onClick属性を設定すると、ボタンがクリックされたときに設定されたメソッドが実行されます。クリック時のイベントをリスナーで処理したい場合は、後述の「関連」を参照してください。ボタン上のテキストは、setText／getTextメソッドでプログラム上から取得／変更できます。

サンプル

サンプルプロジェクト：ui_Button
ソース：res/layout/activity_main.xml

```
<Button
    android:layout_width="wrap_content"
    android:layout_height="wrap_content"
    android:layout_marginStart="16dp"
    android:layout_marginTop="16dp"
    android:onClick="onSampleButton"
    android:text=" クリック "
    app:layout_constraintStart_toStartOf="parent"
    app:layout_constraintTop_toTopOf="parent"/>
```

ソース：src/MainActivity.java

```
public void onSampleButton(View view) {
    Toast.makeText(this, " ボタンがクリック
されました ", Toast.LENGTH_LONG).show();
}
```

実行結果

関連　「クリックイベントを処理する」…… P.215
「長押しイベントを処理する」…… P.216
「テキストを取得／変更する」…… P.63

ボタン

画像付きボタンを使用する

ウィジェット Lv 1

<ImageButton></ImageButton>

ウィジェット属性

| Lv 1 | android:src | ボタン上に表示する画像 |

解説

画像付きのボタンを表示したい場合に用います。注意点として、ウィジェット属性のandroid:textの設定は無効になります(画像が優先されます)。

サンプル

サンプルプロジェクト：ui_ImageButton
ソース：res/layout/activity_main.xml

```
<ImageButton
    android:id="@+id/image_button"
    android:layout_width="0dp"
    android:layout_height="wrap_content"
    android:layout_marginEnd="8dp"
    android:layout_marginStart="8dp"
    android:layout_marginTop="8dp"
    android:contentDescription=" サンプル画像ボタン "
    android:onClick="@{mainActivity::onButtonClick}"
    android:src="@android:drawable/star_big_on"
    app:layout_constraintEnd_toEndOf="parent"
    app:layout_constraintStart_toStartOf="parent"
    app:layout_constraintTop_toTopOf="parent"/>
```

実行結果

関連 「クリックイベントを処理する」…… P.215
「長押しイベントを処理する」…… P.216
「テキストを取得／変更する」…… P.63

ボタン

ラジオボタンを使用する

ウィジェット

```xml
<RadioGroup>
    <RadioButton></RadioButton>
</RadioGroup>
```

ウィジェット属性

● RadioGroup

| android:checkedButton | 選択状態にするラジオボタン |

● RadioButton

| android:checked | ラジオボタンの選択状態 |

サンプル

サンプルプロジェクト：ui_RadioButton
ソース：res/layout/activity_main.xml

```xml
<RadioGroup
    android:id="@+id/color_group"
    android:layout_width="wrap_content"
    android:layout_height="wrap_content"
    android:checkedButton="@+id/white_radio_button"
    app:layout_constraintStart_toStartOf="parent"
    app:layout_constraintTop_toTopOf="parent">

    <RadioButton
        android:id="@id/white_radio_button"
        android:layout_width="match_parent"
        android:layout_height="wrap_content"
        android:text=" 白色 "/>
    <RadioButton
        android:id="@+id/red_radio_button"
        android:layout_width="match_parent"
        android:layout_height="wrap_content"
        android:text=" 赤色 "/>
    <RadioButton
        android:id="@+id/yellow_radio_button"
        android:layout_width="match_parent"
```

```
            android:layout_height="wrap_content"
            android:text="黄色"/>
</RadioGroup>
```

➜ 実行結果

ボタン

ラジオボタンが選択されたときのイベントを処理する

➜ 構文

≫ [android.widget.RadioGroup]

| Lv 1 | void setOnCheckedChangeListener (OnCheckedChangeListener listener) | ラジオボタンがクリックされたときのイベントを受け取るリスナーを登録する |

≫ [android.widget.RadioGroup.OnCheckedChangeListener]

| Lv 1 | void onCheckedChanged (RadioGroup group, int checkedId) | ラジオボタンがクリックされたときに呼び出される |

➜ 引数

listener　　ラジオボタンがクリックされたときに呼び出されるリスナー
group　　　クリックされたラジオボタンが属しているラジオグループ
checkedId　クリックされたラジオボタンのID

➜ サンプル

サンプルプロジェクト：ui_RadioButton
ソース：src/MainActivity.java

```java
mBinding.colorGroup.setOnCheckedChangeListener(new RadioGroup.
OnCheckedChangeListener() {
    @Override
    public void onCheckedChanged(RadioGroup group, @IdRes int checkedId) {
        switch (checkedId) {
            case R.id.white_radio_button:
                mBinding.rootContainer.setBackgroundColor(Color.WHITE);
                break;
            case R.id.red_radio_button:
                mBinding.rootContainer.setBackgroundColor(Color.RED);
                break;
            case R.id.yellow_radio_button:
```

```
            mBinding.rootContainer.setBackgroundColor(Color.YELLOW);
            break;
        }
    }
});
```

ボタン

トグルボタンを表示する

→ **ウィジェット**　Lv ❶

`<ToggleButton></ToggleButton>`

→ **ウィジェット属性**

	android:checked	初期状態の設定
Lv ❶	android:textOn	選択状態のテキスト
	android:textOff	非選択状態のテキスト

→ **構文**

≫ [android.widget.ToggleButton]

	void setTextOn(CharSequence textOn)	選択状態のテキストを変更する
Lv ❶	void setTextOff(CharSequence textOff)	非選択状態のテキストを変更する

→ **引数**

textOn　選択状態で表示するテキスト
textOff　非選択状態で表示するテキスト

→ **サンプル**

サンプルプロジェクト：`ui_ToggleButton`
ソース：`res/layout/activity_main.xml`

```
<ToggleButton
  android:id="@+id/status_toggle_button"
  android:layout_width="wrap_content"
  android:layout_height="wrap_content"
  android:checked="true"
  android:textOff=" 停止中 "
  android:textOn=" 実行中 "
```

```
        app:layout_constraintStart_toStartOf="parent"
        app:layout_constraintTop_toTopOf="parent"/>
```

実行結果

関連 「クリックイベントを処理する」
　　　　…… P.215
　　　「チェック状態の変化を処理する」
　　　　…… P.80

チェックボックス

チェックボックスを表示する

ウィジェット Lv 1

`<CheckBox></CheckBox>`

ウィジェット属性

 android:checked　　　　初期状態の設定

サンプル

サンプルプロジェクト：ui_CheckBox
ソース：res/layout/activity_main.xml

```xml
<CheckBox
    android:id="@+id/check_state"
    android:layout_width="wrap_content"
    android:layout_height="wrap_content"
    android:layout_marginStart="16dp"
    android:layout_marginTop="16dp"
    android:text=" チェックボックス "
    app:layout_constraintStart_toStartOf="parent"
    app:layout_constraintTop_toTopOf="parent"/>
```

実行結果

チェック状態の変化を処理する

構文

» [android.widget.CompoundButton]

void setOnCheckedChangeListener
(CompoundButton.
OnCheckedChangeListener listener)

チェックボックスのチェック状態が変化したときに呼び出されるリスナーを登録する

» [android.widget.CompoundButton.OnCheckedChangedListener]

void onCheckedChanged
(CompoundButton buttonView,
boolean isChecked)

チェックボックスのチェック状態が変化したときに呼び出される

引数

listener　チェックボックスのチェック状態が変化したときに呼び出されるリスナー
buttonView　チェックボックスのCompoundButton
isChecked　チェックボックスのチェック状態(trueがチェック状態)

解説

チェックボックスがクリックされたときのイベントを受け取るためのリスナーをsetOnCheckedChangeListenerメソッドで登録します。チェック状態の変化をコールバックで受け取るonCheckedChangedメソッドをオーバーライドし、イベントが発生したときの処理を実装します。

サンプル

サンプルプロジェクト：ui_CheckBox
ソース：src/MainActivity.java

```java
// チェックボックスの状態変化通知
CheckBox checkState = findViewById(R.id.check_state);
checkState.setOnCheckedChangeListener(new CompoundButton.
OnCheckedChangeListener() {
    public void onCheckedChanged(CompoundButton buttonView, boolean isChecked) {
        String message = "チェック：" + isChecked;
        Toast.makeText(buttonView.getContext(), message,
Toast.LENGTH_SHORT).show();
    }
});
```

レーティングバー

レーティングバーを表示する

ウィジェット Lv(1)

```
<RatingBar></RatingBar>
```

ウィジェット属性

android:rating	バー上の星の選択状態の個数
android:numStars	バー上の星の個数

サンプル

サンプルプロジェクト：ui_RatingBar
ソース：res/layout/activity_main.xml

```xml
<RatingBar
    android:id="@+id/sample_rating_bar"
    android:layout_width="wrap_content"
    android:layout_height="wrap_content"
    android:numStars="5"
    android:rating="2"
    app:layout_constraintStart_toStartOf="parent"
    app:layout_constraintTop_toTopOf="parent"/>
```

実行結果

レーティングバーの星の数の変化を処理する

➡ 構文

≫ [android.widget.RatingBar]

> Lv 1
> void setOnRatingBarChangeListener
> (RatingBar.OnRatingBarChangeListener
> listener)
>
> レーティングバーの星の数が変化したときに呼び出されるリスナーを登録する

≫ [android.widget.RatingBar.OnRatingBarChangeListener]

> Lv 1
> void onRatingChanged(RatingBar ratingBar, float rating, boolean fromUser)
>
> レーティングバーの星の数が変化したときに呼び出される

➡ 引数

listener	レーティングバーの星の数が変化したときに呼び出されるリスナー
ratingBar	レーティングバーのオブジェクト
rating	星の数
fromUser	ユーザの操作によるものか

➡ 解説

レーティングバーの星の数が変化したときのイベントを受け取るためのリスナーを、setOnRatingBarChangeListenerメソッドで登録します。状態変化のコールバックメソッドonRatingChangedメソッドを定義し、イベントが発生したときの処理を実装します。

➡ サンプル

サンプルプロジェクト：ui_RatingBar
ソース：src/MainActivity.java

```java
// レーティングバーの状態変化通知
binding.sampleRatingBar.setOnRatingBarChangeListener(new RatingBar.
OnRatingBarChangeListener() {
    @Override
    public void onRatingChanged(RatingBar ratingBar, float rating,
                                boolean fromUser) {
        Toast.makeText(getApplicationContext(),
            "表示された星の数は " + rating + " です。",
            Toast.LENGTH_SHORT).show();
    }
});
```

時計

アナログ時計を表示する

ウィジェット　Lv 1

```xml
<AnalogClock></AnalogClock>
```

サンプル

サンプルプロジェクト：ui_AnalogClock
ソース：res/layout/activity_main.xml

```xml
<AnalogClock
    android:layout_width="wrap_content"
    android:layout_height="wrap_content"
    android:layout_marginStart="16dp"
    android:layout_marginTop="16dp"
    app:layout_constraintStart_toStartOf="parent"
    app:layout_constraintTop_toTopOf="parent"/>
```

実行結果

時計

デジタル時計を表示する

ウィジェット　Lv 1

```xml
<DigitalClock></DigitalClock>
```

サンプル

サンプルプロジェクト：ui_DigitalClock
ソース：res/layout/activity_main.xml

```xml
<DigitalClock
    android:layout_width="wrap_content"
    android:layout_height="wrap_content"
    android:layout_marginStart="16dp"
    android:layout_marginTop="16dp"
    app:layout_constraintStart_toStartOf="parent"
    app:layout_constraintTop_toTopOf="parent"/>
```

実行結果

Webビューを表示する

ウィジェット Lv 1

» [android.widget.WebView]

`<WebView></WebView>`

サンプル

サンプルプロジェクト：ui_WebView
ソース：res/layout/activity_main.xml

```xml
<WebView
    android:id="@+id/web_view"
    android:layout_width="0dp"
    android:layout_height="0dp"
    app:layout_constraintBottom_toBottomOf="parent"
    app:layout_constraintEnd_toEndOf="parent"
    app:layout_constraintStart_toStartOf="parent"
    app:layout_constraintTop_toTopOf="parent"/>
```

実行結果

Webビュー

URLを読み込む

構文

≫ [android.widget.WebView]

void loadUrl(String url)　　　URLで指定されたWebサイトを読み込む

引数

url　　Webサイト上、assets上、ストレージ上に格納したHTMLへのパス

パーミッション

android.permission.INTERNET　　　インターネットへの接続を許可

解説

Webサイトの読み込みにはloadUrlメソッドを呼び出します。URLはString型で定義することでアクセスできます。サンプルでは、Webサイトアドレスで指定するケースの他に、assetsからの読み込みを実装しています。

assetsから読み込む場合には、"http:///android_asset/"でassetsディレクトリの位置を示します。そのため、ディレクトリなどを作成して階層化している場合は、通常のURLのようにHTMLはファイルなどを続けて指定してください。

パーミッションの指定は、インターネット上のサイトを表示する場合に必要となります。assets上やストレージ上に存在しているHTMLを表示する場合は、パーミッションの指定は必要ありません。

サンプル

サンプルプロジェクト：ui_WebView
ソース：AndroidManifest.xml

```
<uses-permission android:name="android.permission.INTERNET"/>
```

●URL指定

ソース：src/MainActivity.java

```
WebView webView = findViewById(R.id.web_view);

switch (item.getItemId()) {
    case R.id.menu_load_url:
        // 指定した URL のサイト読み込み
```

```
        webView.loadUrl("http://www.gihyo.co.jp/");
        return true;
case R.id.menu_load_asset:
    // assets からのサイト読み込み
        webView.loadUrl("file:///android_asset/hello.html");
        return true;

……省略……
```

Webビュー

HTML ソースを読み込む

構文

≫ [android.widget.WebView]

Lv ❶	void loadData(String data, String mimeType, String encoding)	data:scheme形式のデータを読み込む
	void loadDataWithBaseURL(String baseUrl, String data, String mimeType, String encoding, String historyUrl)	BASE となる URL を指定したデータを読み込む

引数

data	読み込む HTML データ
mimeType	データの MIME タイプを指定する。デフォルトは "text/html" となる
encoding	データのエンコード方式を指定する(utf-8, us-ascii など)
baseUrl	相対パスを指定するときの基準となる URL。null の場合、デフォルトの "about:blank" となる
historyUrl	履歴エントリの URL。null の場合、デフォルトの "about:blank" となる

解説

Web ページをソースコード内に埋め込みたいようなケースで loadData メソッド、loadDataWithBaseURL メソッドを利用します。Android のバージョンや実機によって文字化けが発生してしまうため、次のコードを実行する際にはしっかりと検証を行ってください。

サンプル

サンプルプロジェクト：ui_WebView
ソース：src/MainActivity.java

```
case R.id.menu_load_data:
    // HTML ソースからの読み込み
    String srcHtml =
        "<!DOCTYPE html><html><head>" +
            "<meta charset='UTF-8'>" +
            "<title>Android API ポケットリファレンス サンプル </title>" +
            "</head><body>" +
            "HTML ソースの文字列から直接 HTML として WebView に表示するサンプルで↴
です。" +
            "</body></html>";
    webView.loadDataWithBaseURL(null, srcHtml, "text/html", "UTF-8", null);
    return true;
```

87

Webビュー

Web ページの「前のページに戻る」「次のページに進む」を実装する

構文

≫ [android.widget.WebView]

Lv ❶	void goBack()	前のページに戻る
	void goForward()	次のページに進む
	void goBackOrForward(int steps)	指定したステップ数ページを移動する

引数

steps	キャッシュのWebページに戻る(-)／進む(+)ステップ数を指定する

解説

WebViewで前に表示したページに戻りたい場合は、上記のメソッドを呼び出して制御する必要があります。BACKキーを押したときに戻る操作などを実現したい場合には、ハードウェアのBACKキー押下イベントをフックし、独自の実装を行う必要があります。

サンプル

サンプルプロジェクト：ui_WebView
ソース：src/MainActivity.java

```java
case R.id.menu_back:
    // 前のページに戻る
    webView.goBack();
    return true;
case R.id.menu_forward:
    // 次のページに進む
    webView.goForward();
    return true;
case R.id.menu_2back:
    // 2ステップ前のページに戻る
    webView.goBackOrForward(-2);
    return true;
```

関連 「キーイベントを処理する」…… P.385

Webビュー

JavaScriptの実行を有効化する

構文

≫ [android.widget.WebView]

 WebSettings getSettings()　　　　WebSettingsオブジェクトを取得する

≫ [android.webkit.WebSettings]

 void setJavaScriptEnabled(boolean flag)　JavaScriptの実行を有効化する

引数

flag　　JavaScript実行の有効状態を指定する。trueを指定すると、JavaScriptの実行が有効化される

解説

WebViewでのJavaScriptはデフォルトだと実行できない(無効)状態となっているため、実行できるようにする必要があります。実行できるようにするには、setJavaScriptEnabledメソッドで有効化します。この処理を行うと、"Using setJavaScriptEnabled can introduce XSS vulnerabilities into you application, review carefully."という、JavaScript有効化によるXSSのセキュリティの脆弱性について警告が出ます。JavaScriptを有効化する場合には、十分注意してください。

警告を外したい場合には、呼び出すクラスやメソッド(サンプルではonCreateメソッド)にアノテーション『@SuppressLint("SetJavaScriptEnabled")』を指定してください。

サンプル

サンプルプロジェクト：ui_WebView
ソース：src/MainActivity.java

```java
@SuppressLint("SetJavaScriptEnabled")
@Override
protected void onCreate(Bundle savedInstanceState) {
    super.onCreate(savedInstanceState);
    setContentView(R.layout.activity_main);

    // JavaScript の有効化
    WebView webView = findViewById(R.id.web_view);
    WebSettings settings = webView.getSettings();
    settings.setJavaScriptEnabled(true);
    ……省略……
```

Webビュー

リンクの呼び出しを自作WebViewで行えるようにする

構文

≫ [android.widget.WebView]

| Lv 1 | void setWebViewClient(WebViewClient client) | WebViewClientオブジェクトを設定する |

引数

client　WebViewからの通知や要求を処理するクライアント

解説

WebViewは、デフォルトではユーザがWebView上で操作した結果発生した通知や要求をAndroid OSに設定されたデフォルトのブラウザを呼び出して処理しようとします。自作アプリ内で登録したWebViewで処理を行いたい場合は、setWebViewClientメソッドでアプリ内に実装したWebViewClientオブジェクトを設定する必要があります。

サンプル

サンプルプロジェクト：ui_WebView
ソース：src/MainActivity.java

```
// WebViewClient の設定
webView.setWebViewClient(new WebViewClient() {
    ……省略……
});
```

Webビュー

Webページの読み込み開始／終了を検知する

3

⊂

構文

» [android.webkit.WebViewClient]

Lv ❶	void onPageStarted(WebView view, String url, Bitmap favicon)	Webページ読み込み開始時に呼び出される
	void onPageFinished(WebView view, String url)	Webページ読み込み完了時に呼び出される

引数

view　　コールバック呼び出し元のWebViewオブジェクト
url　　　呼び出すWebページのURL
favicon　Webページのファビコン

解説

　Webページの読み込み開始／終了を検知して何か処理を行いたい場合には、前項で解説したWebViewClientでそれぞれ対象のメソッドをオーバーライドすることで実現できます。Webページの読み込み開始はonPageStartedメソッド、読み込み終了はonPageFinishedメソッドで検知できます。

サンプル

サンプルプロジェクト：ui_WebView
ソース：src/MainActivity.java

```java
// WebViewClient の設定
webView.setWebViewClient(new WebViewClient() {
    // Web ページ読み込み開始時
    @Override
    public void onPageStarted(WebView view, String url, Bitmap favicon) {
        super.onPageStarted(view, url, favicon);
        Log.d(TAG, "Web ページ読み込み開始 ");
    }

    // Web ページ読み込み完了時
    @Override
    public void onPageFinished(WebView view, String url) {
        super.onPageFinished(view, url);
        Log.d(TAG, "Web ページ読み込み完了 ");
    }
});
```

91

Webビュー

ピンチ操作による拡大／縮小を有効化する

構文

≫ [android.webkit.WebSettings]

| Lv 1 | void setBuiltInZoomControls(boolean enabled) | Webページの拡大／縮小を有効化する |

引数

enabled　Webページの拡大／縮小の有効状態。trueでピンチ操作が有効化する

解説

Webページをピンチ操作で拡大／縮小できるようにするには、setBuiltInZoomControlsメソッドを呼び出し、有効化することで可能になります。

サンプル

サンプルプロジェクト：ui_WebView
ソース：src/MainActivity.java

```
WebSettings settings = webView.getSettings();
……省略……
// ピンチ操作による拡大・縮小の有効化
settings.setBuiltInZoomControls(true);
```

関連　「JavaScriptの実行を有効化する」…… P.89

リストビュー

リストビューを表示する

ウィジェット 〔Lv①〕
» [android.widget.ListView]

`<ListView></ListView>`

ウィジェット属性

android:entries　リストに初期設定するデータ（リソースのarrayで定義）

解説

ListViewはAndroid Studio 3.1からレガシー扱いとなりました。まだまだ利用しているアプリケーションも多いですが、今後はRecyclerViewに置き換えていくことが望まれます。

サンプル

サンプルプロジェクト：ui_ListView
ソース：res/layout/activity_main.xml

```xml
<ListView
    android:id="@+id/list_view"
    android:layout_width="match_parent"
    android:layout_height="match_parent"
    android:layout_alignParentTop="true"/>
```

実行結果

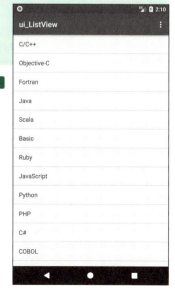

関連　「RecyclerViewを表示する」
　　　……P.108

リストビュー

リストのデータを設定する

構文

>> [android.widget.ArrayAdapter]

| Lv ① | ArrayAdapter (Context context, int textViewResourceId, T[] objects) | ArrayAdapterのコンストラクタ |

>> [android.widget.ListView]

| Lv ① | void setAdapter(ListAdapter adapter) | リストビューにアダプタを設定する |

引数

context	コンテキスト
textViewResourceId	ArrayAdapterのレイアウトを指定する
objects	Adapterに指定するアイテムの配列 (ここではString型のアイテムを指定する)
adapter	リストビューに表示するテキストを格納したアダプタ

解説

　リストビュー上のテキストを設定するには、アダプタを介して設定する必要があります。サンプルでは文字列の配列を読み込んだArrayAdapter<String>のオブジェクトを生成し、setAdapterメソッドで設定を行っています。

サンプル

サンプルプロジェクト：ui_ListView
ソース：src/MainActivity.java

```java
@Override
public boolean onOptionsItemSelected(MenuItem item) {
ListView listView = findViewById(R.id.list_view);

switch (item.getItemId()) {
    case R.id.menu_load:
        // リストビューの読み込み
        String[] language = {"C/C++", "Objective-C", "Fortran",
            "Java", "Scala", "Basic", "Ruby", "JavaScript",
            "Python", "PHP", "C#", "COBOL", "LISP", "Scheme",
            "Haskell", "Erlang", "ASP", "HTML"};
        ArrayAdapter<String> adapter = new ArrayAdapter<>(
            this, android.R.layout.simple_list_item_1, language);
```

94

```
// アダプタの設定
listView.setAdapter(adapter);
return true;
```

リストビュー

リストが空のときのビューを設定する

構文

≫ [android.widget.AdapterView]

 void setEmptyView(View emptyView)   リストが空のときに表示するビューの設定

引数

emptyView　ビュー

サンプル

サンプルプロジェクト：ui_ListView
ソース：src/MainActivity.java

```
ListView listView = findViewById(R.id.list_view);

// リストが空の時のビューの設定
LayoutInflater inflater = getLayoutInflater();
View emptyView = inflater.inflate(
    R.layout.activity_main,
    (ViewGroup) findViewById(R.id.empty_layout));
listView.setEmptyView(emptyView);
```

リストビュー

リストビューのクリックイベントを処理する

構文

≫ [android.widget.AdapterView]

| Lv ① | void setOnItemClickListener(OnItemClickListener listener) | リストビューのアイテムがクリックされたときの処理を行うリスナーを登録する |

≫ [android.widget.AdapterView.OnItemClickListener]

| Lv ① | void onItemClick(AdapterView<?> parent, View view, int position, long id) | リストビューのアイテムがクリックされたときの処理を行う |

引数

listener	リストビューのアイテムがクリックされたときの処理を行うリスナー
parent	呼び出されたListViewオブジェクト
view	クリックされたAdapterViewオブジェクト
position	アダプタ内でのクリックされた位置
id	選択されたアイテムのID

サンプル

サンプルプロジェクト：ui_ListView
ソース：src/MainActivity.java

```java
// リストビューのアイテムがクリックされた時の処理
listView.setOnItemClickListener(new AdapterView.OnItemClickListener() {
    @Override
    public void onItemClick(AdapterView<?> parent, View view, int position,
                            long id) {
        ListView lv = (ListView) parent;
        Toast.makeText(getApplicationContext(),
            (String) lv.getItemAtPosition(position),
            Toast.LENGTH_SHORT).show();
    }
});
```

リストビュー

リストビューの表示位置を指定する

構文

≫ [android.widget.ListView]

void setSelection(int position)	リストビューの表示位置を指定する
int getCount()	リストビューのアイテム総数を取得する

引数

position　リストビューの表示位置。0を先頭とする

解説

リストビューの表示位置を指定したい場合は、setSelectionメソッドを呼び出します。最後のアイテムを表示する場合には、getCountメソッドでリスト上のアイテム総数を取得し、-1した値を設定します。

サンプル

サンプルプロジェクト：ui_ListView
ソース：src/MainActivity.java

```
ListView listView = findViewById(R.id.list_view);

switch (item.getItemId()) {
    ……省略……
    case R.id.menu_position:
        // 最終項目の表示
        listView.setSelection(listView.getCount() - 1);
        return true;
    ……省略……
}
```

リストビュー

リストビューの先頭／最後尾に要素を追加する

▶ 構文

≫ [android.widget.ListView]

Lv ❶	void addHeaderView(View v)	先頭に表示するViewを追加する
	void removeHeaderView(View v)	先頭に表示したViewを削除する
	void addFooterView(View v)	最後尾に来たときに表示するViewを追加する
	void removeFooterView(View v)	最後尾に追加したViewを削除する

▶ 引数

v　　　　追加／削除するViewのオブジェクト

▶ サンプル

サンプルプロジェクト：ui_ListView
ソース：src/MainActivity.java

```
// スクロールの最後尾検知
listView.setOnScrollListener(new AbsListView.OnScrollListener() {
    @Override
    public void onScrollStateChanged(AbsListView view, int scrollState) {
        // スクロールの状態が変化した時の通知
    }

    @Override
    public void onScroll(AbsListView view, int firstVisibleItem,
                         int visibleItemCount, int totalItemCount) {
        ListView listView = (ListView) view;
        // スクロール時の最終行を検知
        if (firstVisibleItem + visibleItemCount == totalItemCount) {
            if (listView.getFooterViewsCount() == 0) {
                LayoutInflater inflater = LayoutInflater.from(view.getContext());
                ImageView footerView = (ImageView) inflater.inflate ⤵
(R.layout.view_footer, null, false);
                // フッタービューの追加
                listView.addFooterView(footerView);
            }
        }
    }
});
```

リストビュー

スクロールの最後尾を検知する

3

▶ 構文

≫ [android.widget.AbsListView]

| Lv ① | void setOnScrollListener(AbsListView.OnScrollListener l) | スクロール検知用のリスナー登録 |

≫ [android.widget.AbsListView.OnScrollListener]

| Lv ① | void onScrollStateChanged(AbsListView view, int scrollState) | スクロールの状態が変化したときの通知 |
| | void onScroll(AbsListView view, int firstVisibleItem, int visibleItemCount, int totalItemCount) | スクロールを行うと呼ばれる |

▶ 引数

l	スクロール検知用のリスナー
view	スクロールしているListViewのオブジェクト
scrollState	スクロールの状態
firstVisibleItem	表示している先頭のアイテムのインデックス
visibleItemCount	表示しているアイテム数
totalItemCount	合計のアイテム数

▶ 解説

スクロール中の状態はOnScrollListenerで取得することができます。ユーザがスクロールを行うたびにonScrollメソッドが呼び出されるので、オーバーライドで実装を行います。

最後尾はfirstVisibleItemとvisibleItemCountの合計がtotalItemCountと一致したかどうかで判定することが可能です。

▶ サンプル

「リストビューの先頭／最後尾に要素を追加する」…… P.98

リストビュー

折り畳み可能なリストビューを表示する

3

ウィジェット　　Lv〔1〕

>> [android.widget.ExpandableListView]

`<ExpandableListView></ExpandableListView>`

構文

>> [android.widget.SimpleExpandableListAdapter]

Lv ❶

```
SimpleExpandableListAdapter(
    Context context,
    List< Extends Map<String, >> groupData,
    int groupLayout,
    String[] groupFrom,
    int[] groupTo,
    List< extends List< extends Map<String,
>>> childData,
    int childLayout,
    String[] childFrom,
int[] childTo)
```

SimpleExpandableList
Adapterのコンストラクタ

```
void setAdapter
(ExpandableListAdapter adapter)
```

アダプタの設定を行う

引数

context	コンテキスト
groupData	親要素のリスト
groupLayout	親要素に適用するレイアウトのリソースID
groupFrom	親要素に表示するデータのキー
gropuTo	引数groupFromと対応するデータを表示するグループ
childData	子要素のリスト
childLayout	子要素に適用するレイアウトのリソースID
childFrom	子要素に表示するデータのキー
childTo	引数childFromと対応するデータを表示する
adapter	ExpandableListView上に表示するデータを設定したアダプタ

サンプル

サンプルプロジェクト：ui_ExpandableListView

ソース：res/layout/activity_main.xml

`<ExpandableListView`

100

```
android:id="@+id/expandableListView"
android:layout_width="0dp"
android:layout_height="0dp"
app:layout_constraintBottom_toBottomOf="parent"
app:layout_constraintEnd_toEndOf="parent"
app:layout_constraintStart_toStartOf="parent"
app:layout_constraintTop_toTopOf="parent"/>
```

ソース：src/MainActivity.java

```
// 親要素のリスト生成
ArrayList<HashMap<String, String>> groupData = new ArrayList<HashMap<String, ↴
String>>();

// 親要素の項目生成
HashMap<String, String> mapGroupItem = new HashMap<String, String>();
mapGroupItem.put("book", " 書籍 ");

// 親要素のリストに項目追加
groupData.add(mapGroupItem);

// 子要素のリスト生成
ArrayList<ArrayList<HashMap<String, String>>> childData =
        new ArrayList<ArrayList<HashMap<String, String>>>();

// 子要素の項目生成
ArrayList<HashMap<String, String>> childGroup = new ArrayList<HashMap<String, ↴
String>>();
HashMap<String, String> mapChildItem1 = new HashMap<String, String>();
mapChildItem1.put("book", "Android SDK ポケットリファレンス ");
mapChildItem1.put("publish", " 技術評論社 ");
HashMap<String, String> mapChildItem2 = new HashMap<String, String>();
mapChildItem2.put("book", "Software Design");
mapChildItem2.put("publish", " 技術評論社 ");
HashMap<String, String> mapChildItem3 = new HashMap<String, String>();
mapChildItem3.put("book", " はじめての Android 第 3 版 ");
mapChildItem3.put("publish", " オライリージャパン ");

// 子要素をグループ化
childGroup.add(mapChildItem1);
childGroup.add(mapChildItem2);
childGroup.add(mapChildItem3);

// 子要素をリストに追加
childData.add(childGroup);

// アダプタの生成
SimpleExpandableListAdapter adapter = new SimpleExpandableListAdapter(
        this,
```

```
            groupData,
            android.R.layout.simple_expandable_list_item_1,
            new String[] {"book"},
            new int[] {android.R.id.text1},
            childData,
            android.R.layout.simple_expandable_list_item_1,
            new String[] {"book"},
            new int[] {android.R.id.text1});

// アダプタの設定
ExpandableListView expandableListView = findViewById(R.id.expandableListView);
expandableListView.setAdapter(adapter);
```

● 実行結果

リストビュー

折り畳み可能なリストビューの
クリックイベントを処理する

▶ 構文

≫ [android.widget.ExpandableListView]

| Lv ❶ | void setOnGroupClickListener (OnGroupClickListener onGroupClickListener) | ExpandableListViewの親アイテムがクリックされたときの処理を行うリスナーを登録する |
| | void setOnChildClickListener (OnChildClickListener onChildClickListener) | ExpandableListViewの子アイテムがクリックされたときの処理を行うリスナーを登録する |

≫ [android.widget.ExpandableListView.OnGroupClickListener]

| Lv ❶ | boolean onGroupClick (ExpandableListView parent, View v, int groupPosition, long id) | ExpandableListViewの親アイテムがクリックされたときの処理を行う |

≫ [android.widget.ExpandableListView.OnChildClickListener]

| Lv ❶ | boolean onChildClick (ExpandableListView parent, View v, int groupPosition, int childPosition, long id) | ExpandableListViewの子アイテムがクリックされたときの処理を行う |

▶ 引数

onGroupClickListener	親アイテムがクリックされたときのリスナー
onChildClickListener	子アイテムがクリックされたときのリスナー
parent	イベントの発生したExpandableListViewオブジェクト
v	クリックされたリストアイテム
groupPosition	クリックされた親アイテムの位置
childPosition	クリックされた子アイテムの位置
id	選択されたアイテムのID

▶ サンプル

サンプルプロジェクト：ui_ExpandableListView
ソース：src/MainActivity.java

```
// アダプタの設定
ExpandableListView expandableListView =
        findViewById(R.id.expandableListView);
expandableListView.setAdapter(adapter);
```

103

```java
// 子要素がクリックされたときの処理
expandableListView.setOnChildClickListener(new ExpandableListView.↴
OnChildClickListener() {

    @SuppressWarnings("unchecked")
    @Override
    public boolean onChildClick(ExpandableListView parent, View v,
            int groupPosition, int childPosition, long id) {
        // 出版社の表示
        SimpleExpandableListAdapter adapter =
                (SimpleExpandableListAdapter) parent.getExpandableListAdapter();
        HashMap<String, String> childData =
                (HashMap<String, String>)adapter.getChild(groupPosition, ↴
childPosition);
        Toast.makeText(getApplicationContext(), "出版社は 『" +
                childData.get("publish") + "』 です。", Toast.LENGTH_SHORT).show();

        return true;
    }
});
```

リストビュー

PullToRefresh を表示する

→ ウィジェット

≫ [android.support.v4.widget.SwipeRefreshLayout]

```
<android.support.v4.widget.SwipeRefreshLayout>
</android.support.v4.widget.SwipeRefreshLayout>
```

→ サンプル

サンプルプロジェクト：ui_PullToRefresh
ソース：res/layout/activity_main.xml

```xml
<android.support.v4.widget.SwipeRefreshLayout
    android:id="@+id/refresh_layout"
    android:layout_width="match_parent"
    android:layout_height="match_parent">

    <ListView
        android:id="@+id/list_view"
        android:layout_width="wrap_content"
        android:layout_height="wrap_content"/>
</android.support.v4.widget.SwipeRefreshLayout>
```

→ 実行結果

リストビュー

PullToRefresh のイベントを処理する

構文

≫ [android.support.v4.widget.SwipeRefreshLayout]

| Lv 4 | void setOnRefreshListener(OnRefresh Listener listener) | PullToRefresh が実行されたときのイベントを受け取るリスナーを設定する |
| | void setRefreshing(boolean refreshing) | PullToRefresh の実行状態を設定する |

≫ [android.support.v4.widget.SwipeRefreshLayout.OnRefreshListener]

| Lv 4 | void onRefresh() | PullToRefresh が実行された時に呼び出される |

引数

listener　　　　　　　　　　PullToRefresh が実行された時に呼び出されるリスナー
refreshing　　　　　　　　　PullToRefresh の実行状態

解説

　PullToRefresh は ListView などで画面を上から下にスワイプすると実行中のアニメーションが行われる UI です。

　そのままではアニメーションが終了しないため、任意のタイミングで setRefreshing メソッドに false を渡してアニメーションを終了する必要があります。

サンプル

```
サンプルプロジェクト：ui_PullToRefresh
ソース：src/MainActivity.java
private Handler mHandler = new Handler(Looper.getMainLooper());
private SwipeRefreshLayout mSwipeRefreshLayout;

……省略……

private void initializeSwipeRefresh() {
    mSwipeRefreshLayout = findViewById(R.id.refresh_layout);
    mSwipeRefreshLayout.setOnRefreshListener(new SwipeRefreshLayout.
OnRefreshListener() {
        @Override
        public void onRefresh() {
            // 5秒後に Toast を表示して PullToRefresh を終了する
```

```java
        mHandler.postDelayed(new Runnable() {
            @Override
            public void run() {
                Toast.makeText(getApplicationContext(), "Android SDK ↴
ポケットリファレンスを改訂しました ", Toast.LENGTH_SHORT).show();
                mSwipeRefreshLayout.setRefreshing(false);
            }
        }, 5000);
    }
});
}
```

RecyclerView

RecyclerView を表示する

レイアウト `Lv 7`

```
<android.support.v7.widget.RecyclerView>
</android.support.v7.widget.RecyclerView>
```

解説

RecyclerViewはリストビューのより細かな制御ができるウィジェットです。

表示するデータの制御が細かく行えるようになっているので、メモリ効率のよい実装を行うことが出来ます。

しかし、その分開発者が書くべきコードは増えています。Android Studio 3.1からはListViewもレガシー扱いとなりますので、こちらの使い方を覚えていくことが望ましいでしょう。

以下ではレイアウトの定義についてサンプルを示していますが、データを表示するための実装方法は以降のページを参照してください。

サンプル

サンプルプロジェクト：ui_RecyclerView
ソース：res/layout/activity_main.xml

```xml
<android.support.constraint.ConstraintLayout
    xmlns:android="http://schemas.android.com/apk/res/android"
    xmlns:app="http://schemas.android.com/apk/res-auto"
    xmlns:tools="http://schemas.android.com/tools"
    android:layout_width="match_parent"
    android:layout_height="match_parent"
    tools:context=".MainActivity">

    <android.support.v7.widget.RecyclerView
        android:id="@+id/sample_recycler_view"
        android:layout_width="0dp"
        android:layout_height="0dp"
        app:layout_constraintBottom_toBottomOf="parent"
        app:layout_constraintEnd_toEndOf="parent"
        app:layout_constraintStart_toStartOf="parent"
        app:layout_constraintTop_toTopOf="parent"/>
</android.support.constraint.ConstraintLayout>
```

実行結果

RecyclerView

RecyclerView と紐付けるデータを設定するアダプタを定義する

構文

≫ [android.support.v7.widget.RecyclerView]

Lv ❼	void onAttachedToRecyclerView (@NonNull RecyclerView recyclerView)	RecyclerViewと紐付いた時に呼び出される
	void onDetachedFromRecyclerView (@NonNull RecyclerView recyclerView)	RecyclerViewから紐付きが解除された時に呼び出される
	ViewHolder onCreateViewHolder (@NonNull ViewGroup parent, int viewType)	ViewHolderが生成される時に呼び出される
	void onBindViewHolder(@NonNull ViewHolder holder, int position)	ViewHolderが画面に紐付けられる時に呼び出される
	int getItemCount()	画面に表示するアイテム数を取得したい時に呼び出される

サンプル

サンプルプロジェクト：ui_RecyclerView
ソース：src/adapter/SampleRecyclerAdapter.java

```java
public class SampleRecyclerAdapter extends RecyclerView.Adapter
<SampleRecyclerAdapter.ViewHolder>
    implements View.OnClickListener {
    private Context mContext;
    private ArrayList<String> mDataSource;
    private LayoutInflater mInflater;
    private RecyclerView mRecyclerView;

    public SampleRecyclerAdapter(Context context) {
        mContext = context;
        mInflater = LayoutInflater.from(context);
        mDataSource = new ArrayList<>();
    }

    @Override
    public void onAttachedToRecyclerView(@NonNull RecyclerView recyclerView) {
        super.onAttachedToRecyclerView(recyclerView);
        mRecyclerView = recyclerView;
    }

    @Override
    public void onDetachedFromRecyclerView(@NonNull RecyclerView recyclerView) {
```

```java
            mRecyclerView = null;
            super.onDetachedFromRecyclerView(recyclerView);
        }

        @NonNull
        @Override
        public ViewHolder onCreateViewHolder(@NonNull ViewGroup parent,
int viewType) {
            View view = mInflater.inflate(R.layout.sample_list_item, parent, false);
            view.setOnClickListener(this);
            return new ViewHolder(view);
        }

        @Override
        public void onBindViewHolder(@NonNull ViewHolder holder, int position) {
            if (mDataSource != null) {
                String item = mDataSource.get(position);
                holder.binding.listItemView.setText(item);
            }
        }

        @Override
        public int getItemCount() {
            return mDataSource.size();
        }

        @Override
        public void onClick(View view) {
            int position = mRecyclerView.getChildAdapterPosition(view);
            if (position != RecyclerView.NO_POSITION) {
                String item = mDataSource.get(position);
                Toast.makeText(mContext, item + " がクリックされました",
Toast.LENGTH_SHORT).show();
            }
        }

        public void addAll(List<String> items) {
            mDataSource.addAll(items);
            notifyDataSetChanged();
        }

        public void clear() {
            mDataSource.clear();
        }

        static class ViewHolder extends RecyclerView.ViewHolder {
            SampleListItemBinding binding;

            ViewHolder(View itemView) {
```

```
            super(itemView);
            binding = SampleListItemBinding.bind(itemView);
        }
    }
}
```

RecyclerView

RecyclerView のデータを設定する

構文

≫ [android.support.v7.widget.RecyclerView]

Lv 7	void setHasFixedSize(boolean hasFixedSize)	コンテンツの大きさが変わらない場合に true を設定する
	void setLayoutManager (LayoutManager layout)	RecyclerView で使用する LayoutManager を指定する
	void setAdapter(Adapter adapter)	RecyclerView に紐付けるアダプタを指定する

引数

hasFixedSize	コンテンツの大きさが変わらないとき、true を指定するとパフォーマンスが向上する
layout	RecyclerView で使用するレイアウト。GridLayoutManager と LinearLayoutManager がある
adapter	RecyclerView と紐付けるアダプタ

サンプル

サンプルプロジェクト：ui_RecyclerView
ソース：src/MainActivity.java

```java
@Override
protected void onCreate(Bundle savedInstanceState) {
    super.onCreate(savedInstanceState);
    setContentView(R.layout.activity_main);

    initializeRecyclerView();
}

private void initializeRecyclerView() {
    // リストビューの読み込み
    List<String> items = Arrays.asList("C/C++", "Objective-C", "Fortran",
        "Java", "Scala", "Basic", "Ruby", "JavaScript",
        "Python", "PHP", "C#", "COBOL", "LISP", "Scheme",
        "Haskell", "Erlang", "ASP", "HTML");

    SampleRecyclerAdapter adapter = new SampleRecyclerAdapter(this);
    adapter.clear();
    adapter.addAll(items);
```

```
        RecyclerView recyclerView = findViewById(R.id.sample_recycler_view);
        recyclerView.setHasFixedSize(true);
        recyclerView.setLayoutManager(new LinearLayoutManager(this));
        recyclerView.setAdapter(adapter);

        ……省略……
    }
```

RecyclerView

RecyclerViewのクリックを処理する

構文

≫ [android.support.v7.widget.RecyclerView]

| | int getChildAdapterPosition (View child) | 引数で渡されたViewのAdapter上のポジションを返す |

解説

RecyclerViewのクリック処理は、Adapterに紐づけたViewのポジションを得て判定する必要があります。

クリック時にリップルエフェクトをさせたい場合には、アダプターのViewで背景に"?android:attr/selectableItemBackground"を指定する必要があります。

サンプル

サンプルプロジェクト：ui_RecyclerView
ソース：src/adapter/SampleRecyclerAdapter.java

```java
public class SampleRecyclerAdapter extends RecyclerView.Adapter
<SampleRecyclerAdapter.ViewHolder>
    implements View.OnClickListener {
……省略……
    @NonNull
    @Override
    public ViewHolder onCreateViewHolder(@NonNull ViewGroup parent, int
viewType) {
        View view = mInflater.inflate(R.layout.sample_list_item, parent, false);
        view.setOnClickListener(this);
        return new ViewHolder(view);
    }
……省略……
    @Override
    public void onClick(View view) {
        int position = mRecyclerView.getChildAdapterPosition(view);
        if (position != RecyclerView.NO_POSITION) {
            String item = mDataSource.get(position);
            Toast.makeText(mContext, item + " がクリックされました ",
Toast.LENGTH_SHORT).show();
        }
    }
……省略……
```

115

ソース：res/layout/sample_list_item.xml

```xml
<android.support.constraint.ConstraintLayout
    android:layout_width="match_parent"
    android:layout_height="wrap_content"
    android:background="?android:attr/selectableItemBackground">

    <TextView
        android:id="@+id/list_item_view"
        android:layout_width="0dp"
        android:layout_height="72dp"
        android:layout_marginEnd="8dp"
        android:layout_marginStart="8dp"
        android:gravity="center_vertical"
        android:paddingLeft="16dp"
        android:paddingRight="16dp"
        app:layout_constraintEnd_toEndOf="parent"
        app:layout_constraintStart_toStartOf="parent"
        tools:text=" 表示テキスト "/>
</android.support.constraint.ConstraintLayout>
```

RecyclerView

区切り線を描画する

構文

≫ [android.support.v7.widget.DividerItemDecoration]

 dividerItemDecoration(Context context, int orientation) — DividerItemDecorationのコンストラクタ

≫ [android.support.v7.widget.RecyclerView]

 void addItemDecoration(ItemDecoration decor) — 区切り線を描画するItemDecorationを指定する

引数

context	コンテキスト
orientation	画面の向き
decor	ItemDecorationのオブジェクト

サンプル

サンプルプロジェクト:ui_RecyclerView
ソース:src/MainActivity.java

```
private void initializeRecyclerView() {
    ……省略……

    // 区切り線の描画
    DividerItemDecoration dividerItemDecoration = new DividerItemDecoration(
        this, new LinearLayoutManager(this).getOrientation());
    recyclerView.addItemDecoration(dividerItemDecoration);
}
```

グリッドビュー

グリッドビューを表示する

> ウィジェット　Lv 1

```
<GridView></GridView>
```

> ウィジェット属性

 android:numColumns　　列のカラム数を指定

> 構文

≫ [android.widget.GridView]

 void setAdapter　　　　　グリッドビューにアダプタを設定する
(SpinnerAdapter adapter)

> 引数

adapter　　グリッドビューに表示するテキストを格納したアダプタ

> 解説

グリッドビューもAndroid Studio 3.1からレガシー扱いとなりました。
今後はRecyclerViewに置き換えて行く必要があります。

> サンプル

サンプルプロジェクト：ui_GridView
ソース：res/layout/activity_main.xml

```xml
<GridView
    android:id="@+id/grid_view"
    android:layout_width="0dp"
    android:layout_height="0dp"
    android:numColumns="3"
    app:layout_constraintBottom_toBottomOf="parent"
    app:layout_constraintEnd_toEndOf="parent"
    app:layout_constraintStart_toStartOf="parent"
    app:layout_constraintTop_toTopOf="parent"/>
```

ソース：src/MainActivity.java

```
// グリッドビューにテキスト一覧を表示
String[] language = {"Basic", "C/C++", "Java", "Ruby", "Python", "JavaScript",
    "Scala", "PHP", "Haskell", "Objective-C", "C#"};
GridView gridView = findViewById(R.id.grid_view);
ArrayAdapter<String> adapter
    = new ArrayAdapter<>(this, android.R.layout.simple_list_item_1, language);
gridView.setAdapter(adapter);
```

▶ 実行結果

関連 「リストのデータを設定する」…… P.94
「RecyclerViewを表示する」…… P.108

グリッドビュー

セルがクリックされたときの画像を設定する

構文

≫ [android.widget.AbsListView]

> Lv❶ void setSelector(int resID)　　セレクタを設定する

引数

resID　　表示したい画像のリソースID

解説

セレクタを設定することで、セルがクリックされたときに画像を表示することができます。次のサンプルソースでは、Android標準で用いられているアラートダイアログのフレームを参照する設定を行っています。

サンプル

サンプルプロジェクト：ui_GridView
ソース：src/MainActivity.java

```
// 選択時の画像を指定
gridView.setSelector(android.R.drawable.alert_light_frame);
```

実行結果

「グリッドビューを表示する」…… P.118

グリッドビュー

セルがクリックされたときのイベントを処理する

構文

≫ [android.widget.AdapterView]

| Lv 1 | void setOnItemClickListener (OnItemClickListener listener) | セルがクリックされたときの処理を行うリスナーを登録する |

≫ [android.widget.AdapterView.OnItemClickListener]

| Lv 1 | void onItemClick(AdapterView<?> parent, View view, int position, long id) | セルがクリックされたときの処理を行う |

引数

listener	セルがクリックされたときの処理を行うリスナー
parent	呼び出されたGridViewオブジェクト
view	クリックされたAdapterViewオブジェクト
position	アダプタ内でのクリックされた位置
id	選択されたアイテムのID

サンプル

サンプルプロジェクト：ui_GridView
ソース：src/MainActivity.java

```
// セルがクリックされたときの通知
gridView.setOnItemClickListener(new AdapterView.OnItemClickListener() {
    @Override
    public void onItemClick(AdapterView<?> parent, View view, int position,
                            long id) {
        GridView gv = (GridView) parent;
        Toast.makeText(getApplicationContext(),
            (String) gv.getItemAtPosition(position),
            Toast.LENGTH_SHORT).show();
    }
});
```

クロノメーター

クロノメーターを表示する

ウィジェット　Lv(1)

```xml
<Chronometer></Chronometer>
```

サンプル

サンプルプロジェクト：ui_Chronometer
ソース：res/layout/activity_main.xml

```xml
<Chronometer
    android:id="@+id/chronometer"
    android:layout_width="wrap_content"
    android:layout_height="wrap_content"
    android:layout_marginStart="16dp"
    android:layout_marginTop="16dp"
    app:layout_constraintStart_toStartOf="parent"
    app:layout_constraintTop_toTopOf="parent"/>
```

実行結果

クロノメーター

クロノメーターを制御する

構文

» [android.widget.Chronometer]

Lv 1	void setBase(long base)	基準時刻を設定する
	void start()	カウントアップを開始する
	void stop()	カウントアップを停止する

» [android.os.SystemClock]

Lv 1	long elapsedRealtime()	端末が起動してからの時間(ミリ秒)を返す

引数

base　起動からのミリ秒が取得できるSystemClock.elapsedRealtimeメソッドの取得値を指定する

サンプル

サンプルプロジェクト：ui_Chronometer
ソース：src/MainActivity.java

```java
// クロノメーターの初期化
Chronometer chronometer = findViewById(R.id.chronometer);
chronometer.setBase(SystemClock.elapsedRealtime());

……省略……

Chronometer chronometer = findViewById(R.id.chronometer);

switch (item.getItemId()) {
    case R.id.menu_start:
        chronometer.start();
        return true;
    case R.id.menu_stop:
        chronometer.stop();
        Toast.makeText(this, "time: " + chronometer.getText(),
            Toast.LENGTH_SHORT).show();
        chronometer.setBase(SystemClock.elapsedRealtime());
        return true;
}
```

シークバーを表示する

▶ ウィジェット　Lv 1

`<SeekBar></SeekBar>`

▶ サンプル

サンプルプロジェクト：ui_SeekBar
ソース：res/layout/activity_main.xml

```
<SeekBar
    android:id="@+id/sample_seek_bar"
    android:layout_width="match_parent"
    android:layout_height="wrap_content"
    android:layout_alignParentTop="true"
    app:layout_constraintEnd_toStartOf="@+id/progress_message"
    app:layout_constraintStart_toStartOf="parent"
    app:layout_constraintTop_toTopOf="parent"/>
```

▶ 実行結果

シークバー

シークバーの最大値、初期値を設定する

ウィジェット属性

Lv ❶	android:max	最大値を設定する
	android:progress	進捗を設定する

≫ [android.widget.AbsSeekBar]

Lv ❶	void setMax(int max)	最大値を設定する
	void setProgress(int progress)	進捗を設定する

引数

max	シークバーの最大値
progress	シークバーの進捗を設定する

サンプル

サンプルプロジェクト：ui_SeekBar
ソース：src/MainActivity.java

```
// シークバーの最大値と初期値を設定
mBinding.sampleSeekBar.setMax(100);    // 最大値
mBinding.sampleSeekBar.setProgress(0); // 初期値
```

シークバー

シークバーが動かされたときの
イベントを処理する

構文

≫ [android.widget.SeekBar]

Lv ❶	void setOnSeekBarChangeListener (OnSeekBarChangeListener l)	シークバーを動かしたときのイベントを受け取るリスナーを登録する

≫ [android.widget.SeekBar.OnSeekBarChangeListener]

Lv ❶	void onStartTrackingTouch (SeekBar seekBar)	シークバーのトラッキングが開始されたときに呼び出される
	void onProgressChanged (SeekBar seekBar, int progress, boolean fromUser)	シークバーをトラッキング中に呼び出される
	void onStopTrackingTouch (SeekBar seekBar)	シークバーのトラッキングが終了したときに呼び出される

引数

l	登録するシークバーのリスナーオブジェクト
seekBar	SeekBar オブジェクト
progress	トラッキング中の進捗
fromUser	トラッキング操作がユーザによるもののときに true が設定される

サンプル

サンプルプロジェクト：ui_SeekBar
ソース：src/MainActivity.java

```
mBinding.sampleSeekBar.setOnSeekBarChangeListener(new SeekBar. ⤵
OnSeekBarChangeListener() {
    @Override
    public void onStartTrackingTouch(SeekBar seekBar) {
        // トラッキング開始時に実施したい処理を記述します
    }

    @Override
    public void onProgressChanged(SeekBar seekBar, int progress, ⤵
boolean fromUser) {
        // トラッキング中の処理
        mBinding.progressMessage.setText(progress + " %...");
    }
```

```
    @Override
    public void onStopTrackingTouch(SeekBar seekBar) {
        // トラッキング終了時に実施したい処理を記述します
    }
});
```

スピーナーを表示する

スピナー

ウィジェット Lv 1

```
<Spinner></Spinner>
```

サンプル

サンプルプロジェクト：ui_Spinner
ソース：res/layout/activity_main.xml

```
<Spinner
    android:id="@+id/age_spinner"
    android:layout_width="0dp"
    android:layout_height="wrap_content"
    app:layout_constraintEnd_toEndOf="parent"
    app:layout_constraintStart_toStartOf="parent"
    app:layout_constraintTop_toTopOf="parent"/>
```

実行結果

スピナー

スピナーに表示項目を設定する

構文

» [android.widget.ArrayAdapter]

Lv 1	ArrayAdapter (Context context, int textViewResourceId, T[] objects)	ArrayAdapterのコンストラクタ
	void setDropDownViewResource (int resource)	スピナーで表示されるドロップダウンリストのレイアウトを設定する

» [android.widget.Spinner]

Lv 1	void setAdapter (SpinnerAdapter adapter)	スピナーにアダプタを設定する
	void setPrompt (CharSequence prompt)	ダイアログに表示されるタイトルを設定する
	void setPromptId(int promptId)	ダイアログに表示されるタイトルを設定する
	void setSelection(int position)	選択状態とするアイテムの位置を指定する（先頭が0から開始）

引数

context	コンテキスト
textViewResourceId	ArrayAdapterのレイアウトを指定する
objects	Adapterに指定するアイテムの配列（ここではString型のアイテムを指定する）
resource	ドロップダウンリストのリソースID
adapter	ドロップダウンリストに表示するテキストを格納したアダプタ
prompt	タイトルに設定する文字列
promptId	タイトルに設定する文字列リソースID
position	選択状態とするアイテムの位置

定数

● textViewResourceId

Lv 1	android.R.layout.simple_spinner_item	スピナー表示のレイアウト

● resource

| Lv ❶ | android.R.layout.simple_spinner_dropdown_item | ドロップダウンリストで表示するレイアウト |

➜ サンプル

サンプルプロジェクト：ui_Spinner
ソース：src/MainActivity.java

```java
final String[] items = {"10代", "20代", "30代", "40代", "50代以上"};

// アダプタにアイテムを追加
ArrayAdapter<String> adapter = new ArrayAdapter<>(
    this,
    android.R.layout.simple_spinner_item,
    items);
adapter.setDropDownViewResource(android.R.layout.simple_spinner_dropdown_item);
// アダプタの設定
mBinding.ageSpinner.setAdapter(adapter);
// スピナーのタイトル設定
mBinding.ageSpinner.setPrompt("年齢の選択");
// ポジションの指定
mBinding.ageSpinner.setSelection(3);
```

スピナー

スピナーのドロップダウンリスト選択時に処理する

→ 構文

>> [android.widget.AdapterView]

| Lv ❶ | void setOnItemSelectedListener (AdapterView.OnItemSelectedListener listener) | スピナーのアイテムが選択されたときに呼び出されるリスナーを登録する |

>> [android.widget.AdapterView.OnItemSelectedListener]

| Lv ❶ | void onItemSelected(Adapter View<?> parent, View view, int position, long id) | アイテムが選択されたときに呼び出される |
| | void onNothingSelected (AdapterView<?> parent) | アイテムが選択されなかったときに呼び出される |

→ 引数

listener	スピナーのドロップリストからアイテムが選択されたときに呼び出されるリスナー
parent	呼び出されたスピナーオブジェクト
view	クリックされたAdapterViewオブジェクト
position	アダプタ内でのクリックされた位置
id	選択されたアイテムのID

→ サンプル

サンプルプロジェクト：ui_Spinner
ソース：src/MainActivity.java

```java
mBinding.ageSpinner.setOnItemSelectedListener(new AdapterView.
OnItemSelectedListener() {
    @Override
    public void onItemSelected(AdapterView<?> parent, View view,
                               int position, long id) {
        String item = (String) mBinding.ageSpinner.getItemAtPosition(position);
        Toast.makeText(getApplicationContext(),
            item + " が選択されました ", Toast.LENGTH_SHORT).show();
    }

    @Override
    public void onNothingSelected(AdapterView<?> parent) {
    }
});
```

スクロールビュー

スクロールビューを追加する

ウィジェット　Lv1

```
<ScrollView></ScrollView>
```

解説

スクロールビューを設定し、対象のウィジェットをタグで囲むことにより、スクロールが可能な画面を構築できます。注意事項として、スクロールビューに囲まれるウィジェットはViewGroup（LinearLayoutなど）でまとまっている必要があります。ボタンやテキストビューをスクロールビューに含めたい場合は、ViewGroupのウィジェットに属するようにしてください。

サンプル

サンプルプロジェクト：ui_ScrollView
ソース：res/layout/activity_main.xml

```xml
<ScrollView
    android:id="@+id/scroll_view"
    xmlns:android="http://schemas.android.com/apk/res/android"
    android:layout_width="match_parent"
    android:layout_height="match_parent">

    <FrameLayout
        android:layout_width="match_parent"
        android:layout_height="wrap_content">

        <ImageView
            android:layout_width="200dp"
            android:layout_height="1280dp"
            android:layout_centerInParent="true"
            android:layout_gravity="center"
            android:contentDescription=
"スクロールイメージ"
            android:scaleType="fitCenter"
            android:src="@android:drawable/
star_big_on"/>
    </FrameLayout>
</ScrollView>
```

実行結果

スクロールビュー

スクロールバーの表示位置を設定する

▶ 構文

≫ [android.view.View]

| Lv ⑪ | void setVerticalScrollbarPosition (int position) | スクロールバーの表示位置を設定する |

▶ 引数

position　スクロールバーを表示する位置

▶ 定数

● position

	SCROLLBAR_POSITION_DEFAULT	システムに定義されたスクロールバーのデフォルトポジション
Lv ⑪	SCROLLBAR_POSITION_LEFT	スクロールバーを画面左側に表示する
	SCROLLBAR_POSITION_RIGHT	スクロールバーを画面右側に表示する

▶ サンプル

サンプルプロジェクト：ui_ScrollView
ソース：src/MainActivity.java

```
// スクロールバーの表示位置の設定
ScrollView sv = findViewById(R.id.scroll_view);
sv.setVerticalScrollbarPosition(ScrollView.SCROLLBAR_POSITION_LEFT);
```

ピッカー

日付ピッカーを表示する

ウィジェット Lv 1

```xml
<DatePicker></DatePicker>
```

ウィジェット属性

| Lv 21 | android:datePickerMode | 日付ピッカーの表示モードを指定する |

≫ [android:datePickerMode]

| Lv 21 | calendar | カレンダー |
| | spinner | スピナー |

解説

日付ピッカーはユーザに任意の日付を選んで貰いたい時に利用すると便利なUIです。表示形式がカレンダーとスピナーがあります。

最新のSDKを利用しているとLollipopでは"spinner"を指定しないと正常に動かない問題がありますので、注意してください。

サンプル

サンプルプロジェクト：ui_DatePicker
ソース：res/layout/activity_main.xml

```xml
<DatePicker
    android:id="@+id/date_picker"
    android:layout_width="0dp"
    android:layout_height="0dp"
    android:datePickerMode="spinner"
    app:layout_constraintBottom_toBottomOf=↩
"parent"
    app:layout_constraintEnd_toEndOf="parent"
    app:layout_constraintStart_toStartOf=↩
"parent"
    app:layout_constraintTop_toTopOf="parent"/>
```

実行結果

ピッカー

日付ピッカーが選択されたときの
イベントを処理する

構文

≫ [android.widget.DatePicker]

Lv ❶

```
void init(
    int year,
    int monthOfYear,
    int dayOfMonth,
    OnDateChangedListener
onDateChangedListener)
```

日付ピッカーの初期日付を設定し、日付変更時
のイベントを受け取るリスナーを登録する

≫ [android.widget.DatePicker.OnDateChangedListener]

Lv ❶

```
void onDateChanged(DatePicker
view, int year, int monthOfYear,
int dayOfMonth)
```

日付が変更されたときに毎回呼び出される

引数

year	年数
monthOfYear	月数(システム内では -1 した値で格納)
dayOfMonth	日数
onDateChangedListener	日付変更時のイベントを受け取るリスナー
view	DatePicker オブジェクト

解説

日付ピッカーの初期化処理を init メソッドで行い、OnDateChangedListener イ
ンタフェースで日付ピッカーの変更内容を受け取ります。

サンプル

サンプルプロジェクト：ui_DatePicker
ソース：src/MainActivity.java

```
private DatePicker.OnDateChangedListener mListener = new DatePicker. ↴
OnDateChangedListener() {
    @Override
    public void onDateChanged(DatePicker view, int year, int monthOfYear,
                              int dayOfMonth) {
        // 日付が変更された時に Toast を出力
        Toast.makeText(
            view.getContext(),
            year + "/" + (monthOfYear + 1) + "/" + dayOfMonth + " です。",
```

```java
                    Toast.LENGTH_SHORT).show();
        }
};

@Override
protected void onCreate(Bundle savedInstanceState) {
    super.onCreate(savedInstanceState);
    setContentView(R.layout.activity_main);

    // 2017/07/01 で DatePicker を初期化し、変更時のイベントを受け取るリスナーの設定
    DatePicker datePicker = findViewById(R.id.date_picker);
    datePicker.init(2017, 6, 1, mListener);
}
```

ピッカー

時刻ピッカーを表示する

ウィジェット Lv(1)

`<TimePicker></TimePicker>`

ウィジェット属性

| Lv 21 | android:timePickerMode | 時刻ピッカーの表示モードを指定する |

≫ [android:datePickerMode]

| Lv 21 | clock | 時計 |
| | spinner | スピナー |

解説

時刻ピッカーはユーザに任意の時刻を選んで貰いたい時に利用すると便利なUIです。表示形式が時計とスピナーがあります。

最新のSDKを利用しているとLollipopでは"spinner"を指定しないと正常に動かない問題がありますので、注意してください。

サンプル

サンプルプロジェクト：ui_TimePicker
ソース：res/layout/activity_main.xml

```
<TimePicker
    android:id="@+id/time_picker"
    android:layout_width="wrap_content"
    android:layout_height="wrap_content"
    android:timePickerMode="spinner"
    app:layout_constraintStart_toStartOf=↴
"parent"
    app:layout_constraintTop_toTopOf="parent"/>
```

実行結果

ピッカー

時刻ピッカーが選択されたときのイベントを処理する

≫ [android.widget.TimePicker]

| Lv 1 | void setOnTimeChangedListener
(TimePicker.OnTimeChangedListener
onTimeChangedListener) | 時刻ピッカーの時刻が変更されたときのイベントを受け取るリスナーを登録する |

≫ [android.widget.TimePicker.OnTimeChangedListener]

| Lv 1 | void onTimeChanged(TimePicker view, int hourOfDay, int minute) | 時刻が変更されたときに呼び出される |

onTimeChangedListener	時刻変更時のイベントを受け取るリスナー
view	時刻変更が行われた対象のTimePickerオブジェクト
hourOfDay	変更された時間
minute	変更された分

サンプル

サンプルプロジェクト：ui_TimePicker
ソース：src/MainActivity.java

```java
TimePicker picker = findViewById(R.id.time_picker);
picker.setOnTimeChangedListener(new TimePicker.OnTimeChangedListener() {
    @Override
    public void onTimeChanged(TimePicker view, int hourOfDay, int minute) {
        // 時刻が変更された時にToastを出力
        Toast.makeText(getApplicationContext(),
            hourOfDay + ":" + minute + "です。",
            Toast.LENGTH_SHORT).show();
    }
});
```

ピッカー

数値ピッカーを表示する

ウィジェット Lv 11

```
<NumberPicker></NumberPicker>
```

サンプル

サンプルプロジェクト：ui_NumberPicker
ソース：res/layout/activity_main.xml

```xml
<NumberPicker
    android:id="@+id/number_picker"
    android:layout_width="wrap_content"
    android:layout_height="wrap_content"
    app:layout_constraintStart_toStartOf="parent"
    app:layout_constraintTop_toTopOf="parent"/>
```

実行結果

ピッカー

数値ピッカーの最大値と最小値を指定する

→ 構文

≫ [android.widget.NumberPicker]

> Lv ⑪
> void setMaxValue(int maxValue)　最大値を設定する
> void setMinValue(int minValue)　最小値を設定する

→ 引数

maxValue　数値ピッカーが取りうる最大値
minValue　数値ピッカーが取りうる最小値

→ サンプル

サンプルプロジェクト：ui_NumberPicker
ソース：src/MainActivity.java

```
NumberPicker numberPicker = findViewById(R.id.number_picker);
numberPicker.setMaxValue(50);
numberPicker.setMinValue(10);
```

ピッカー

数値ピッカーの数値が変更されたときのイベントを処理する

構文

≫ [android.widget.NumberPicker]

| Lv ⑪ | void setOnValueChangedListener(
    NumberPicker.
OnValueChangeListener
onValueChangedListener) | 数値ピッカーの数値が変更されたときのイベントを受け取るリスナーを登録する |

≫ [android.widget.NumberPicker.OnValueChangeListener]

| Lv ⑪ | void onValueChange(NumberPicker
picker, int oldVal, int newVal) | 数値が変更されたときに呼び出される |

引数

onValueChangedListener	数値変更時のイベントを受け取るリスナー
picker	数値変更が行われた対象のNumberPickerオブジェクト
oldVal	変更前の数値
newVal	変更後の数値

サンプル

サンプルプロジェクト：ui_NumberPicker
ソース：src/MainActivity.java

```
numberPicker.setOnValueChangedListener(new NumberPicker.OnValueChangeListener() {
    @Override
    public void onValueChange(NumberPicker picker, int oldVal, int newVal) {
        Toast.makeText(getApplicationContext(),
            "前の値 ..." + oldVal + "  新しい値 ..." + newVal,
            Toast.LENGTH_SHORT).show();
    }
});
```

ダイアログ

アラートダイアログを表示する

構文

≫ [android.support.v7.app.AlertDialog]

	Builder(Context context)	AlertDialog.Builderのコンストラクタ
	AlertDialog.Builder setTitle(CharSequence title)	タイトルを設定する
	AlertDialog.Builder setMessage(CharSequence message)	メッセージを設定する
Lv ①	AlertDialog.Builder setPositiveButton(CharSequence text, DialogInterface. OnClickListener listener)	肯定のときの処理を設定する
	AlertDialog.Builder setNegativeButton(CharSequence text, DialogInterface. OnClickListener listener)	否定のときの処理を設定する
	AlertDialog.Builder setNeutralButton(CharSequence text, DialogInterface. OnClickListener listener)	中立のときの処理を設定する
	AlertDialog create()	AlertDialogオブジェクトを生成する

≫ [android.content.DialogInterface.OnClickListener]

Lv ①	void onClick(DialogInterface dialog, int which)	ボタンのクリックイベントを処理する

引数

context	コンテキスト
title	アラートダイアログ上のタイトル
message	アラートダイアログ上のメッセージ
text	ボタン上のテキスト
listener	ボタンがクリックされたときのイベントリスナー
dialog	DialogInterfaceオブジェクト
which	クリックされたボタンの識別

定数

● which

≫ [android.content.DialogInterface]

BUTTON_POSITIVE	肯定のボタンの識別子
BUTTON_NEUTRAL	中立のボタンの識別子
BUTTON_NEGATIVE	否定のボタンの識別子

Lv ③

解説

AlertDialogでシンプルなダイアログを表示することができます。

サポートライブラリを利用すると標準でMaterial Designに沿ったダイアログが生成されるので、必要に応じてUIを変更してください。

サンプル

```
サンプルプロジェクト：ui_AlertDialog
ソース：src/MainActivity.java
```

```java
public void showAlertDialog(View view) {
  new AlertDialog.Builder(this)
      .setTitle("test")
      .setMessage(" アラートダイアログです。\nAndroid SDK ポケリ ")
      .setPositiveButton("OK", new DialogInterface.OnClickListener() {
          @Override
          public void onClick(DialogInterface dialog, int which) {
              // OK がクリックされた時の処理
              Toast.makeText(getApplicationContext(), "OK クリック ", Toast.
LENGTH_SHORT).show();
          }
      })
      .setNegativeButton("Cancel", new DialogInterface.OnClickListener() {
          @Override
          public void onClick(DialogInterface dialog, int which) {
              // Cancel がクリックされた時の処理
              Toast.makeText(getApplicationContext(), "Cancel クリック ",
Toast.LENGTH_SHORT).show();
          }
      })
      .setNeutralButton("Neutral", new DialogInterface.OnClickListener() {
          @Override
          public void onClick(DialogInterface dialog, int which) {
              // Neutral がクリックされた時の処理
              Toast.makeText(getApplicationContext(), "Neutral クリック ",
Toast.LENGTH_SHORT).show();
          }
      })
```

```
        .create()
        .show();
}
```

➡ 実行結果

関連 「ダイアログフラグメントを利用する」…… P.34

ダイアログ

日付ピッカーダイアログを表示する

構文

≫ [android.app.DatePickerDialog]

> **Lv ①**
```
DatePickerDialog(
    Context context,
    DatePickerDialog.
    OnDateSetListener callBack,        日付ピッカーダイアログのコンストラクタ
    int year,
    int monthOfYear,
    int dayOfMonth)
```

≫ [android.widget.DatePickerDialog.OnDateSetListener]

> **Lv ①**
```
void onDateSet(
    DatePicker view,
    int year,                          日付が設定されたときに呼び出される
    int monthOfYear,
    int dayOfMonth)
```

引数

context	コンテキスト
callback	日付が設定されたときに呼び出されるリスナー
year	年数
monthOfYear	月数(システム内では-1した値で格納)
dayOfMonth	日数
view	DatePicker オブジェクト

解説

コンストラクタで指定するyear, monthOfYear, dayOfMonthで、ダイアログ表示時の日付を初期化します。日付設定のonDateSetメソッド以外については、ダイアログフラグメントの説明を参照してください。

サンプル

サンプルプロジェクト：ui_DatePickerDialog
ソース：src/dialog/MyDatePickerDialog.java

```java
public class MyDatePickerDialog extends DialogFragment
    implements android.app.DatePickerDialog.OnDateSetListener {
    public static final String TAG = MyDatePickerDialog.class.getSimpleName();
```

```java
    @NonNull
    @Override
    public Dialog onCreateDialog(Bundle savedInstanceState) {
        Activity activity = getActivity();
        if (activity == null) {
            throw new IllegalStateException("activity is null");
        }
        // 日付ピッカーダイアログを呼び出す（初期値に 2017/03/01 を直接指定）
        return new DatePickerDialog(
            activity,
            this,
            2017, 2, 1);
    }

    @Override
    public void onDateSet(DatePicker view, int year, int monthOfYear,
                          int dayOfMonth) {
        // 日付ピッカーダイアログで設定された値を Toast で表示
        Toast.makeText(getActivity(),
            "結果は " + year + " 年 " + (monthOfYear + 1) + " 月 " + dayOfMonth
 + " 日です。",
            Toast.LENGTH_SHORT).show();
    }
}
```

▶ 実行結果

関連 「ダイアログフラグメントを利用する」
…… P.34

ダイアログ

時刻ピッカーダイアログを表示する

3

⊆

構文

≫ [android.widget.TimePickerDialog]

| Lv ❶ | TimePickerDialog(
    Context context,
    TimePickerDialog.OnTimeSetListener
callBack,
    int hourOfDay,int minute,
    boolean is24HourView) | 時刻ピッカーダイアログのコンストラクタ |

≫ [android.widget.TimePickerDialog.OnTimeSetListener]

| Lv ❶ | void onTimeSet(
    TimePicker view,int hourOfDay,
    int minute) | 時刻が設定されたときに呼び出される |

引数

context	コンテキスト
callback	時刻が設定されたときに呼び出されるリスナー
hourOfDay	時間
minute	分
is24HourView	時刻を24時間表現で表示するかどうかのフラグ

解説

コンストラクタで指定するhourOfDay, minute で、ダイアログ表示時の時刻を初期化します。is24HourView で true を設定すると、時刻が24時間表記で表示されます。false を設定すると、「午前」「午後」の選択ボックスが表示されます。日付設定の on TimeSet メソッド以外については、ダイアログフラグメントの説明を参照してください。

サンプル

サンプルプロジェクト：ui_TimePickerDialog
ソース：src/dialog/MyTimePickerDialog.java

```java
public class MyTimePickerDialog extends DialogFragment
    implements TimePickerDialog.OnTimeSetListener {
    public static final String TAG = MyTimePickerDialog.class.getSimpleName();

    @NonNull
    @Override
    public Dialog onCreateDialog(Bundle savedInstanceState) {
```

```java
        Activity activity = getActivity();
        if (activity == null) {
            throw new IllegalStateException("activity is null");
        }

        // 時刻ピッカーダイアログを呼び出す(初期値に 12:34 を直接指定)
        return new TimePickerDialog(
            activity,
            this,
            12, 34, true);
    }

    @Override
    public void onTimeSet(TimePicker view, int hourOfDay, int minute) {
        // 時刻ピッカーダイアログで設定された値を Toast で表示
        Toast.makeText(getActivity(),
            "結果は" + hourOfDay + "時" + minute + "分です。",
            Toast.LENGTH_SHORT).show();
    }
}
```

▶ 実行結果

通知

NotificationChannel を設定する

構文

≫ [android.app.NotificationChannel]

Lv 26	NotificationChannel(String id, CharSequence name, int importance)	NotificationChannelのコンストラクタ
	void enableLights(boolean lights)	ライトの有効化
	void enableVibration(boolean vibration)	バイブレーションの有効化

≫ [android.app.NotificationManager]

| Lv 26 | void createNotificationChannel (NotificationChannel channel) | NotificationChannelの生成 |

引数

id	チャネルID
name	チャネル名
importance	通知の重要度
lights	trueでライトの有効化
vibration	trueでバイブレーションの有効化
channel	NotificationChannelオブジェクト

定数

≫ importance

| Lv 26 | IMPORTANCE_UNSPECIFIED, IMPORTANCE_NONE, IMPORTANCE_LOW, IMPORTANCE_MIN, IMPORTANCE_DEFAULT, IMPORTANCE_HIGH, IMPORTANCE_MAX |

解説

Oreo（Android 8.0）からNotification Channelという概念が導入されました。

通知を細かく設定できるようになったのですが、Nougat（Android 7.0）までとの互換性もなくなったため、SDKのバージョン情報をチェックしてOreo以降のみ設定するようにしてください。

サンプル

サンプルプロジェクト：ui_Notification
ソース：src/MainActivity.java

```java
if (Build.VERSION.SDK_INT >= Build.VERSION_CODES.O) {
    NotificationChannel channel = new NotificationChannel(CHANNEL_ID,
        "Pokeri Notification", NotificationManager.IMPORTANCE_DEFAULT);
    channel.enableLights(true);
    channel.enableVibration(true);

    NotificationManager notificationManager =
        (NotificationManager) getSystemService(NOTIFICATION_SERVICE);
    if (notificationManager != null) {
        notificationManager.createNotificationChannel(channel);
    }
}
```

通知

Notification を表示する

3
⊆

➤ 手順

① NotificationCompat.Builderでオブジェクトを生成する。
② 通知として表示する情報を設定する。
　(ア) ステータスバーに表示する設定を行う(P.144参照)。
　(イ) 通知領域に表示する設定を行う(P.145参照)。
③ 必要に応じて、次の設定を行う。
　(ア) プロパティの設定を行う(P.146参照)。
　(イ) 通知を消せないようにする(P.147参照)。
④ buildメソッドでNotificationオブジェクトを構築し、notifyメソッドで表示する。

➤ 構文

≫ [android.support.v4.app.NotificationCompat]

Lv ❹	NotificationCompat.Builder(Context context)	NotificationCompat.Builderのコンストラクタ
	NotificationCompat.Builder(@NonNull Context context, @NonNull String channelId)	
	NotificationCompat.Builder setWhen(long when)	通知を表示する時間をタイムスタンプで指定する
	Notification build()	Notificationオブジェクトの構築

≫ [android.app.NotificationManager]

Lv ❶	void notify(int id, Notification notification)	通知をポストする
	void cancel(int id)	idに指定した通知を消去する

➤ 引数

context	コンテキスト
when	通知を表示する時間
id	通知を識別するためのID
notification	buildメソッドで構築したNotificationオブジェクト

150

解説

通知の表示項目はAndroidのバージョンによって表示項目が変わってきています。
各バージョンで確認しながら、必要なメソッドで設定を行うようにしてください。

サンプル

サンプルプロジェクト:ui_Notification
ソース:src/MainActivity.java

```java
// 標準的な通知の送信
public void sendNotification(View v) {
    // 1. Notification オブジェクトの生成
    NotificationCompat.Builder builder;
    if (Build.VERSION.SDK_INT >= Build.VERSION_CODES.O) {
        builder = new NotificationCompat.Builder(this, CHANNEL_ID);
    } else {
        builder = new NotificationCompat.Builder(this);
    }

    // 2. (ア) ステータスバーに表示する設定を行う
    builder.setSmallIcon(android.R.drawable.star_big_on);   // アイコンの設定
    builder.setTicker(" ステータスバー上の表示テキスト ");          // ステータスバー上の
                                                            // テキストの設定

    // 2. (イ) 通知領域に表示する設定を行う
    builder.setContentTitle(" 通知領域のタイトル ");
    builder.setContentText(" 通知領域のテキスト ");
    builder.setContentInfo(" 通知情報 ");
    // Intent の生成 ( 技術評論社のサイトを開く Intent の生成)
    Intent intent = new Intent(Intent.ACTION_VIEW, Uri.parse("http://www. ↴
gihyo.co.jp/"));
    PendingIntent contentIntent = PendingIntent.getActivity(
        this, SAMPLE_REQUEST, intent, PendingIntent.FLAG_UPDATE_CURRENT);
    builder.setContentIntent(contentIntent);
    builder.setWhen(System.currentTimeMillis());
    builder.setAutoCancel(true);
    // 3. (ウ) プロパティの設定を行う
    builder.setSound(Uri.withAppendedPath(MediaStore.Audio.Media.INTERNAL_ ↴
CONTENT_URI, "6"));
    builder.setLights(Color.BLUE, 1000, 400);

    Notification notification = builder.build();
    notification.flags |= Notification.FLAG_SHOW_LIGHTS;

    // 4. 通知の実行
    NotificationManager notificationManager = (NotificationManager) ↴
getSystemService(NOTIFICATION_SERVICE);
    if (notificationManager != null) {
        notificationManager.notify(NOTIFICATION_ID, notification);
```

```
    }
}
```

▶ 実行結果

関連 「システムレベルのサービスを取得する」…… P.23

通知

ステータスバー上に通知を表示する

3

⊂

➡ 構文

≫ [android.support.v4.app.NotificationCompat.Builder]

Lv ④	NotificationCompat.Builder setSmallIcon(int icon, int level)	ステータスバーに表示するアイコンの設定
	NotificationCompat.Builder setSmallIcon(int icon)	ステータスバーに表示するアイコンの設定
	NotificationCompat.Builder setTicker(CharSequence tickerText, RemoteViews views)	ステータスバーに表示するテキストを設定する。カスタマイズ対応したデバイスでは、第2引数viewsに指定したRemoteViewsを表示する
	Notification.Builder setTicker(CharSequence tickerText)	ステータスバーに表示するテキストを設定する

➡ 引数

icon	アイコンの画像リソースID
level	引数iconで指定した画像リソースがlevel-listの場合に、対象とするレベル
tickerText	ステータスバー上に表示するテキスト
views	UIをカスタマイズするためのRemoteViewsオブジェクト

解説

Notificationを用いることで、ステータスバー上にテキストを表示することができます。上記設定のみを行う場合は、通知領域への表示は行われません。

➡ サンプル

「Notificationを表示する」…… P.150

153

通知

通知領域に通知を表示する

構文

≫ [android.support.v4.app.NotificationCompat.Builder]

NotificationCompat.Builder setAutoCancel(boolean autoCancel)	タップ時のキャンセルを設定する
NotificationCompat.Builder setContentIntent(PendingIntent intent)	Notificationがクリックされたときに実行するPendingIntentオブジェクトを設定する
NotificationCompat.Builder setContentTitle(CharSequence title)	通知領域のタイトルを設定する
NotificationCompat.Builder setContentText(CharSequence text)	通知領域を開いたときに表示される要約テキストを設定する
NotificationCompat.Builder setContentInfo(CharSequence info)	通知領域を開いたときに表示されるミニテキストを設定する
NotificationCompat.Builder setLargeIcon(Bitmap icon)	通知領域に表示するアイコンを設定する

引数

autoCancel	trueでユーザ操作によってキャンセルを許可する
intent	通知がクリックされたときに実行するIntentオブジェクト
title	タイトルのテキスト
text	要約テキスト
info	ミニテキスト
icon	通知領域に表示するアイコンのBitmapオブジェクト

サンプル

「Notificationを表示する」…… P.150

通知

通知に使用するプロパティを
設定する

3

⊑

▶ 構文

≫ [android.support.v4.app.NotificationCompat.Builder]

	NotificationCompat.Builder setDefaults(int defaults)	通知に使用する標準のプロパティを設定 する
	Notification.Builder setSound (Uri sound)	再生するサウンドを設定する
Lv ❹	Notification.Builder setSound (Uri sound, int streamType)	再生するサウンドの設定。再生時のスト リーム仕様を合わせて設定する
	Notification.Builder setLights (int argb, int onMs, int offMs)	ライトの点滅を設定する
	Notification.Builder setVibrate(long[] pattern)	バイブレーションを設定する

▶ 引数

defaults	通知に使用するプロパティ
sound	生成するサウンドのUri
streamType	再生時のストリームタイプ
argb	ライトの色
onMs	ライトが点いている時間(ミリ秒)
offMs	ライトが消えている時間(ミリ秒)
pattern	バイブレーションのパターン

▶ 定数

● defaults

≫ [android.app.Notification]

	DEFAULT_ALL	すべて
Lv ❶	DEFAULT_SOUND	サウンド
	DEFAULT_VIBRATE	バイブレーション
	DEFAULT_LIGHTS	ライト

▶ パーミッション

Lv ❶	android.permission.VIBRATE	バイブレーションの許可

▶ サンプル

「Notificationを表示する」…… P.150

155

通知

消せない通知を表示する

フィールド

» [android.app.Notification]

| Lv 1 | flags | 通知表示時のフラグ |

定数

●flags
» [android.app.Notification]

| Lv 1 | FLAG_ONGOING_EVENT | 対象の通知を「実行中」の状態にする |
| | FLAG_NO_CLEAR | クリアすることができない状態にする |

> サンプル

サンプルプロジェクト：ui_Notification
ソース：src/MainActivity.java

```
// 実行中の状態フラグを付与する
Notification notification = builder.build();
notification.flags += Notification.FLAG_ONGOING_EVENT;
```

通知

通知に大きい画像を表示する

3

⊆

構文

≫ [android.support.v4.app.NotificationCompat.BigPictureStyle]

Lv 4	NotificationCompat.BigPictureStyle(Notif icationCompat.Builder builder)	BigPictureStyleのコンストラクタ
	NotificationCompat.BigPictureStyle bigPicture(Bitmap b)	大きいビットマップ画像を指定する
	NotificationCompat.BigPictureStyle setBigContentTitle(CharSequence title)	大きいスタイル用タイトルを指定する
	NotificationCompat.BigPictureStyle setSummaryText(CharSequence cs)	要約テキストを指定する

引数

builder	NotificationCompat.Builderのオブジェクト
b	ビットマップ画像のBitmapオブジェクト
title	タイトル
cs	要約したテキスト

解説

大きい画像を表示するスタイルにしたい場合は、NotificationCompat.BigPicture Styleを適用します。

setContentTextメソッドで設定したテキストは表示されないことに注意してください。

サンプル

サンプルプロジェクト：ui_Notification
ソース：src/MainActivity.java

```java
// 大きい画像を表示するスタイルの通知を送信
public void sendBigPictureStyleNotification(View v) {
    NotificationCompat.Builder builder;
    if (Build.VERSION.SDK_INT >= Build.VERSION_CODES.O) {
        builder = new NotificationCompat.Builder(this, CHANNEL_ID);
    } else {
        builder = new NotificationCompat.Builder(this);
    }
```

```
    builder.setSmallIcon(android.R.drawable.star_big_on);    // アイコンの設定
    builder.setContentTitle("大きい画像の通知");
    builder.setContentText("通知します。");
    builder.setWhen(System.currentTimeMillis());
    builder.setAutoCancel(true);

    // 大きいテキストのスタイルを設定
    NotificationCompat.BigPictureStyle bigPictureNotification =
        new NotificationCompat.BigPictureStyle(builder);
    Bitmap bigPicture = BitmapFactory.decodeResource(getResources(), ⤵
android.R.drawable.sym_def_app_icon);
    bigPictureNotification.bigPicture(bigPicture);
    bigPictureNotification.setSummaryText("スタイルがBigPictureStyle");

    // 通知の実行
    NotificationManager notificationManager = (NotificationManager) ⤵
getSystemService(NOTIFICATION_SERVICE);
    if (notificationManager != null) {
        notificationManager.notify(NOTIFICATION_ID, bigPictureNotification. ⤵
build());
    }
}
```

▶ 実行結果

通知

通知に大きいテキストを表示する

▶ 構文

≫ [android.support.v4.app.NotificationCompat.BigTextStyle]

NotificationCompat. BigTextStyle(NotificationCompat. Builder builder)	BigTextStyleのコンストラクタ
NotificationCompat.BigTextStyle bigText(CharSequence cs)	大きいテキストを設定する
NotificationCompat.BigTextStyle setBigContentTitle(CharSequence title)	大きいスタイル用タイトルを設定する
NotificationCompat.BigTextStyle setSummaryText(CharSequence cs)	要約テキストを設定する

▶ 引数

builder	NotificationCompat.Builderのオブジェクト
cs	テキスト
title	タイトル

▶ 解説

　大きいテキストを表示するスタイルにしたい場合は、NotificationCompat.BigText Styleを適用します。

　BigPictureStyleのときと同様に、setContentTextメソッドで設定したテキストは表示されないことに注意してください。

▶ サンプル

サンプルプロジェクト：ui_Notification
ソース：src/MainActivity.java

```java
// 大きいテキストを表示するスタイルの通知を送信
public void sendBigTextStyleNotification(View v) {
    NotificationCompat.Builder builder;
    if (Build.VERSION.SDK_INT >= Build.VERSION_CODES.O) {
        builder = new NotificationCompat.Builder(this, CHANNEL_ID);
    } else {
        builder = new NotificationCompat.Builder(this);
    }
```

```
    builder.setSmallIcon(android.R.drawable.star_big_on);    // アイコンの設定
    builder.setContentTitle("大きいテキストの通知");
    builder.setContentText("通知します。");
    builder.setWhen(System.currentTimeMillis());
    builder.setAutoCancel(true);

    // 大きいテキストのスタイルを設定
    NotificationCompat.BigTextStyle bigTextNotification =
        new NotificationCompat.BigTextStyle(builder);
    bigTextNotification.bigText("文字が大きいです");
    bigTextNotification.setSummaryText("スタイルがBigTextStyle");

    // 通知の実行
    NotificationManager notificationManager = (NotificationManager) ⤵
getSystemService(NOTIFICATION_SERVICE);
    if (notificationManager != null) {
        notificationManager.notify(NOTIFICATION_ID, bigTextNotification.build());
    }
}
```

▶ 実行結果

通知

通知に複数行のテキストを表示する

3

⊆

構文

≫ [android.support.v7.app.NotificationCompat]

Lv ❹	NotificationCompat.InboxStyle (NotificationCompat.Builder builder)	InboxStyleのコンストラクタ
	NotificationCompat.InboxStyle addLine(CharSequence cs)	行を追加する
	NotificationCompat.InboxStyle setBigContentTitle(CharSequence title)	大きいスタイル用タイトルを設定する
	NotificationCompat.InboxStyle setSummaryText(CharSequence cs)	要約テキストを設定する

引数

builder	NotificationCompat.Builderのオブジェクト
cs	テキスト
title	タイトル

解説

複数行のテキストを表示するスタイルにしたい場合は、NotificationCompat.InboxStyleを適用します。

BigPictureStyleのときと同様に、setContentTextメソッドで設定したテキストは表示されないことに注意してください。

サンプル

サンプルプロジェクト：ui_Notification
ソース：src/MainActivity.java

```java
// 複数行のテキストを表示するスタイルの通知を送信
public void sendInboxStyleNotification(View v) {
    NotificationCompat.Builder builder;
    if (Build.VERSION.SDK_INT >= Build.VERSION_CODES.O) {
        builder = new NotificationCompat.Builder(this, CHANNEL_ID);
    } else {
        builder = new NotificationCompat.Builder(this);
    }

    builder.setSmallIcon(android.R.drawable.star_big_on);    // アイコンの設定
```

161

```
    builder.setContentTitle("複数行のテキストの通知");
    builder.setContentText("通知します。");
    builder.setWhen(System.currentTimeMillis());
    builder.setAutoCancel(true);

    // 複数行のテキストのスタイルを設定
    NotificationCompat.InboxStyle inboxStyleNotification =
        new NotificationCompat.InboxStyle(builder);
    inboxStyleNotification.addLine("1行目です。");
    inboxStyleNotification.addLine("2行目です。");
    inboxStyleNotification.addLine("3行目です。");
    inboxStyleNotification.setSummaryText("スタイルがInboxStyle");

    // 通知の実行
    NotificationManager notificationManager = (NotificationManager) getSystemService(NOTIFICATION_SERVICE);
    if (notificationManager != null) {
        notificationManager.notify(NOTIFICATION_ID, inboxStyleNotification.build());
    }
  }
}
```

実行結果

通知

通知の UI をカスタマイズする

3

⊂

構文

≫ [android.support.v4.app.NotificationCompat]

Lv 4	NotificationCompat.Builder setContent(RemoteViews views)	Notificationの見た目を変更するための RemoteViewsオブジェクトを設定する

≫ [android.widget.RemoteViews]

	RemoteViews(String packageName, int layoutId)	RemoteViewsのコンストラクタ
Lv 1	void setTextViewText (int viewId, CharSequence text)	TextViewに表示するテキストを設定する
	void setImageViewResource (int viewId, int srcId)	ImageViewの画像リソースを設定する
Lv 16	void setTextViewTextSize(int viewId, int units, float size)	TextViewのテキストサイズを設定する

引数

views	RemoteViewsオブジェクト
packageName	パッケージ名
layoutId	RemoteViewsに指定するレイアウト
viewId	コンストラクタで指定したレイアウト内のウィジェットのID
text	テキスト
srcid	画像リソースID
unit	テキストの単位
size	テキストのサイズの設定

解説

通知のレイアウトを変更したい場合は、RemoteViewsを用いてカスタマイズ用のUIを用意します。そして、NotificationCompat.BuilderのsetContentメソッドで、RemoteViewsのオブジェクトを渡すことでカスタマイズした通知を表示することができます。

サンプル

サンプルプロジェクト：ui_Notification
ソース：src/MainActivity.java

// カスタマイズした通知を送信

163

```java
public void sendCustomNotification(View v) {
    NotificationCompat.Builder builder;
    if (Build.VERSION.SDK_INT >= Build.VERSION_CODES.O) {
        builder = new NotificationCompat.Builder(this, CHANNEL_ID);
    } else {
        builder = new NotificationCompat.Builder(this);
    }

    // 通知のカスタマイズ
    RemoteViews remoteView = new RemoteViews(getPackageName(), R.layout. ⤵
notification_layout);
    remoteView.setImageViewResource(R.id.icon1, android.R.drawable. ⤵
sym_def_app_icon);
    remoteView.setImageViewResource(R.id.icon2, android.R.drawable. ⤵
sym_action_chat);
    remoteView.setTextViewText(R.id.title, " タイトルです。");
    remoteView.setTextViewText(R.id.message, " テキストメッセージ！");
    builder.setContent(remoteView);

    builder.setSmallIcon(android.R.drawable.star_big_on);    // アイコンの設定
    builder.setAutoCancel(true);

    // 通知の実行
    NotificationManager notificationManager = (NotificationManager) ⤵
getSystemService(NOTIFICATION_SERVICE);
    if (notificationManager != null) {
        notificationManager.notify(NOTIFICATION_ID, builder.build());
    }
}
```

ソース：res/layout/notification_layout.xml

```xml
<LinearLayout
    xmlns:android="http://schemas.android.com/apk/res/android"
    android:layout_width="match_parent"
    android:layout_height="match_parent"
    android:orientation="horizontal"
    android:padding="16dp">
    <ImageView
        android:id="@+id/icon1"
        android:layout_width="wrap_content"
        android:layout_height="wrap_content"
        android:contentDescription="icon"/>
    <ImageView
        android:id="@+id/icon2"
        android:layout_width="wrap_content"
        android:layout_height="wrap_content"
        android:contentDescription="icon"/>
    <LinearLayout
```

```xml
        android:layout_width="match_parent"
        android:layout_height="match_parent"
        android:orientation="vertical">
        <TextView
            android:id="@+id/title"
            android:layout_width="wrap_content"
            android:layout_height="wrap_content"
            android:textSize="24dp"/>
        <TextView
            android:id="@+id/message"
            android:layout_width="wrap_content"
            android:layout_height="wrap_content"/>
    </LinearLayout>
</LinearLayout>
```

実行結果

通知

通知にボタンを追加する

構文

≫ [android.support.v7.app.NotificationCompat]

| Lv 14 | NotificationCompat.Builder addAction(int icon, CharSequence title, PendingIntent intent) | 通知にボタンを追加する |

引数

icon	アイコン用の画像リソース ID
title	ボタンのタイトル
intent	ボタンをクリックしたときに使用する Intent オブジェクト

解説

通知領域にボタンを表示したい場合は、addActionメソッドで複数追加することが可能です。

ボタンの制御はPendingIntentで用意してください。

サンプル

サンプルプロジェクト：ui_Notification
ソース：src/MainActivity.java

```java
// ボタンを追加した通知を送信
public void sendButtonNotification(View v) {
    NotificationCompat.Builder builder;
    if (Build.VERSION.SDK_INT >= Build.VERSION_CODES.O) {
        builder = new NotificationCompat.Builder(this, CHANNEL_ID);
    } else {
        builder = new NotificationCompat.Builder(this);
    }

    builder.setSmallIcon(android.R.drawable.star_big_on);    // アイコンの設定
    builder.setTicker(" ステータスバー上の表示テキスト ");
                                                // ステータスバー上の
                                                // テキストの設定
    builder.setContentTitle(" タイトル ");
    builder.setContentText(" テキスト ");
    builder.setContentInfo(" 通知情報 ");
    // Intent の生成
    Intent intent1 = new Intent(Intent.ACTION_VIEW, Uri.parse("http://www. ⮑
google.co.jp/"));
```

```
    PendingIntent contentIntent1 = PendingIntent.getActivity(
        this, SAMPLE_REQUEST, intent1, PendingIntent.FLAG_UPDATE_CURRENT);
    builder.addAction(android.R.drawable.star_off, "Google", contentIntent1);
    Intent intent2 = new Intent(Intent.ACTION_VIEW, Uri.parse("http://www.
gihyo.co.jp/"));
    PendingIntent contentIntent2 = PendingIntent.getActivity(
        this, SAMPLE_REQUEST, intent2, PendingIntent.FLAG_UPDATE_CURRENT);
    builder.addAction(android.R.drawable.star_off, "技術評論社",
contentIntent2);
    Intent intent3 = new Intent(Intent.ACTION_VIEW, Uri.parse("http://
buildbox.net/"));
    PendingIntent contentIntent3 = PendingIntent.getActivity(
        this, SAMPLE_REQUEST, intent3, PendingIntent.FLAG_UPDATE_CURRENT);
    builder.addAction(android.R.drawable.star_off, "buildbox.net",
contentIntent3);


    builder.setWhen(System.currentTimeMillis());
    builder.setAutoCancel(true);

    NotificationManager notificationManager = (NotificationManager)
getSystemService(NOTIFICATION_SERVICE);
    if (notificationManager != null) {
        notificationManager.notify(NOTIFICATION_ID, builder.build());
    }
}
```

実行結果

ポップアップウィンドウ

ポップアップウィンドウを表示する

3

⊆

▶ **構文**

≫ [android.widget.PopupWindow]

	PopupWindow(Context context)	ポップアップウィンドウのコンストラクタ
	void setWindowLayoutMode(int widthSpec, int heightSpec)	ポップアップウィンドウのレイアウトモードを設定する
	void setContentView(View contentView)	表示するViewを設定する
Lv ❶	void showAsDropDown(View anchor)	指定したアンカー用Viewの下にポップアップウィンドウを表示する
	void showAsDropDown(View anchor, int xoff, int yoff)	指定したアンカー用Viewの下にポップアップウィンドウを表示する
	showAtLocation(View parent, int gravity, int x, int y)	指定した位置にポップアップウィンドウを表示する
	void dismiss()	ポップアップウィンドウを閉じる

▶ **引数**

context	コンテキスト
widthSpec	幅
heightSpec	高さ
contentView	ポップアップウィンドウで表示するView
anchor	ポップアップウィンドウを表示する場所の基準となるアンカー用View
xoff	X軸のオフセット
yoff	Y軸のオフセット
parent	ポップアップウィンドウを表示する場所の基準となる親View
gravity	ポップアップウィンドウ表示の位置
x	X軸のオフセット
y	Y軸のオフセット

▶ **解説**

Viewに紐づけたポップアップウィンドウを表示したい場合は、PopupWindowを用います。

表示に使用するレイアウトと、パラメータを設定することで、任意のポップアップウィンドウを表示することができます。

◆ サンプル

サンプルプロジェクト：ui_PopupWindow
ソース：src/MainActivity.java

```java
private PopupWindow mPopup;

……省略……

public void showPopupWindow(View view) {
    // ポップアップウィンドウ用のレイアウト読み込み
    View popupView = LayoutInflater.from(this).inflate(R.layout.popup_main,
null);

    // ポップアップウィンドウの生成
    mPopup = new PopupWindow(this);
    // レイアウトパラメータの設定
    mPopup.setWindowLayoutMode(
        ViewGroup.LayoutParams.WRAP_CONTENT,
        ViewGroup.LayoutParams.WRAP_CONTENT);
    // レイアウトのViewとの紐付け
    mPopup.setContentView(popupView);

    // ポップアップウィンドウの表示
    mPopup.showAsDropDown(mBinding.popupButton);
}

// ポップアップウィンドウ上のボタンクリック処理
public void onPopupClick(View v) {
    mPopup.dismiss();
}
```

◆ 実行結果

ポップアップウィンドウ

リストポップアップウィンドウを表示する

構文

≫ [android.widget.ListPopupWindow]

ListPopupWindow(Context context)	ListPopupWindowのコンストラクタ
void setAdapter(AdapterView adapter)	アダプタを設定する
void setOnItemClickListener (AdapterView.OnItemClickListener clickListener)	リスト上のアイテムがクリックされたときの処理を行うリスナーを登録する
void setAnchorView(View anchor)	アンカービューを設定する
void setHorizontalOffset (int offset)	ポップアップを表示する水平方向のオフセット
void setVerticalOffset (int offset)	ポップアップを表示する垂直方向のオフセット
void setAnimationStyle(int animationStyle)	ポップアップ表示時のアニメーションスタイルを設定する
void setBackgroundDrawable (Drawable d)	背景に表示する画像を設定する
void setPromptView(View prompt)	プロンプトビューを設定する
void setPromptPosition(int position)	プロンプトビューの表示位置を設定する
void show()	リストポップアップウィンドウを表示する

引数

context	コンテキスト
adapter	リストポップアップウィンドウに表示するデータを紐づけたアダプタ
clickListener	リストが選択されたときの処理を行うリスナー
anchor	アンカー（リストポップアップウィンドウ呼び出しのトリガー）となるViewオブジェクト
offset	水平方向、垂直方向のオフセット
animationStyle	ポップアップ表示時のアニメーションスタイル
d	背景画像
prompt	プロンプトビューとして表示するViewオブジェクト
position	プロンプトビューを表示する位置

▶ 解説

リスト形式のポップアップウィンドウを表示するクラスとして、ListPopupWindow が提供されています。

リストからの選択が簡単にできるようになっているので、パラメータを各メソッドで設定することで、ヘッダを付けたり、背景の変更などが簡単にできます。

▶ サンプル

サンプルプロジェクト：ui_ListPopupWindow
ソース：src/MainActivity.java

```java
private ActivityMainBinding mBinding;
private ListPopupWindow mListPopup;

@Override
protected void onCreate(Bundle savedInstanceState) {
    super.onCreate(savedInstanceState);
    mBinding = DataBindingUtil.setContentView(this, R.layout.activity_main);

    initializePopup();

    mBinding.popupButton.setOnClickListener(new View.OnClickListener() {
        @Override
        public void onClick(View view) {
            // ポップアップの表示
            mListPopup.show();
        }
    });
}

private void initializePopup() {
    // リストポップアップウィンドウの生成
    mListPopup = new ListPopupWindow(this);

    // Adapter の設定
    String[] fruits = {"Apple", "Orange", "Grape", "Mango"};
    ArrayAdapter<String> adapter = new ArrayAdapter<>(this,
        android.R.layout.simple_list_item_1, fruits);
    mListPopup.setAdapter(adapter);

    // 表示位置の設定
    mListPopup.setVerticalOffset(20);
    mListPopup.setHorizontalOffset(100);

    // リスト上のアイテムがクリックされた時の処理を行うリスナー登録
    mListPopup.setOnItemClickListener(new AdapterView.OnItemClickListener() {
        // リスト上のアイテムがクリックされた時の処理
        @Override
        public void onItemClick(AdapterView<?> adapter, View v, int position,
```

```
                                        long id) {
            String fruit = (String) adapter.getItemAtPosition(position);
            Toast.makeText(getApplicationContext(), fruit + "が選択されまし
た。", Toast.LENGTH_SHORT).show();
            mListPopup.dismiss();
        }
    });

    // 紐付けるビューの設定
    mListPopup.setAnchorView(mBinding.popupButton);
}
```

> **実行結果**

関連 「リストビューのクリックイベントを処理する」…… P.96

ドラッグ&ドロップ

ドラッグ&ドロップを行う

構文

≫ [android.view.View]

Lv ⑪	boolean startDrag(ClipData data, View.DragShadowBuilder shadowBuilder, Object myLocalState, int flags)	ドラッグを開始する
	boolean onDragEvent(DragEvent event) startDrag	メソッドを呼び出してドラッグを開始すると呼び出される
	void setOnDragListener (View.OnDragListener l)	View上で発生したドラッグのイベントを受け取るリスナーを設定する
Lv ㉔	boolean startDragAndDrop (ClipData data, View. DragShadowBuilder shadowBuilder, Object myLocalState, int flags)	ドラッグを開始する

≫ [android.view.DragEvent]

Lv ⑪	int getAction()	イベントのアクションを取得する
	ClipData getClipData()	ClipDataオブジェクトを取得する
	ClipDescription getClipDescription()	ClipDataオブジェクトに格納されたClipDescriptionオブジェクトを取得する
	Object getLocalState()	ドラッグ開始時の状態を取得する
	boolean getResult()	ドロップ時の結果を取得する
	float getX()	イベント発生時のX座標を取得する
	float getY()	イベント発生時のY座標を取得する

≫ [android.view.View.OnDragListener]

| Lv ⑪ | onDrag(View v, DragEvent event) | ドラッグ時のイベントを通知する |

≫ [android.view.View.DragShadowBuilder]

| Lv ⑪ | DragShadowBuilder (View v) | 引数として渡されたViewオブジェクトをベースにシャドウ／イメージを構築するコンストラクタ |
| | void onDragShadow (Canvas canvas) | ドラッグ中のシャドウ効果の描画時に呼び出される |

173

引数

data	クリップボードで利用される ClipData オブジェクト
shadowBuilder	ドラッグ時にシャドウ効果を描画する場合、設定する
myLocalState	DragEvent で渡されるオブジェクト
flags	エフェクトフラグ。特に指定しない場合は 0 を設定する
event	システムから送られてきた DragEvent オブジェクト
l	View.OnDragListener インタフェースの実装をしたオブジェクト
v	ドラッグイベントを受け取った View
event	ドラッグイベントが格納された DragEvent オブジェクト

定数

● getAction

	ACTION_DRAG_STARTED	ドラッグが開始された
	ACTION_DRAG_ENDED	ドラッグが終了した
Lv ⑪	ACTION_DRAG_ENTERED	ドラッグが View に入った
	ACTION_DRAG_EXITED	ドラッグが View から出た
	ACTION_DRAG_LOCATION	ドラッグ中の移動位置
	ACTION_DROP	ドロップが行われた

解説

ドラッグ&ドロップを実現したい場合は、View を継承し、ドラッグのイベントを受け取ることができるようにする必要があります。

サンプルでは、ImageView を継承した DragView と DropView を用意し、ドラッグ用のアイコンを DropView の中でドロップすると、ドラッグ開始時に渡したテキストと座標を表示する仕組みにしています。

実装時には、レイアウトで DragView のウィジェットの属性に「android:clickable="true"」を追加しなければならない点に注意してください。

尚、ドラッグを開始する startDrag メソッドは Nougat(API Level 24)から Deprecated となったため、startDragAndDrop を利用してください。

サンプル

サンプルプロジェクト：ui_DragDrop
ソース：src/MainActivity.java

```
public class MainActivity extends AppCompatActivity implements View. ⮕
OnTouchListener {

    @Override
    protected void onCreate(Bundle savedInstanceState) {
        super.onCreate(savedInstanceState);
        ActivityMainBinding binding = DataBindingUtil.setContentView(this, ⮕
```

```java
        R.layout.activity_main);

        // タッチリスナーの登録
        binding.dragView.setOnTouchListener(this);

        binding.dropView.setOnDragListener(new View.OnDragListener() {
            @Override
            public boolean onDrag(View v, DragEvent event) {
                if (event.getAction() == DragEvent.ACTION_DROP) {
                    ClipData clipData = event.getClipData();
                    for (int i = 0; i < clipData.getItemCount(); i++) {
                        // ドラッグ開始時に渡した ClipData のテキストを表示
                        ClipData.Item item = clipData.getItemAt(i);
                        Toast.makeText(getApplicationContext(),
                            item.coerceToText(getApplicationContext()),
                            Toast.LENGTH_SHORT).show();
                    }
                }

                return false;
            }
        });
    }

    @SuppressWarnings("deprecation")
    @Override
    public boolean onTouch(View view, MotionEvent event) {
        view.performClick();
        switch (event.getAction()) {
            case MotionEvent.ACTION_MOVE:
                // ドラッグ処理の開始
                ClipData clipData = ClipData.newPlainText("label", "ドロップ ⮑
しました！");
                if (Build.VERSION.SDK_INT >= Build.VERSION_CODES.N) {
                    v.startDragAndDrop(clipData, new View. ⮑
DragShadowBuilder(v), null, 0);
                } else {
                    v.startDrag(clipData, new View.DragShadowBuilder(v), ⮑
null, 0);
                }
                return true;
        }
        return false;
    }
}
```

ソース：src/DragView.java

```java
  public class DragView extends AppCompatImageView {
      public DragView(Context context, AttributeSet attrs) {
```

```java
        super(context, attrs);
    }

    @Override
    public boolean onDragEvent(DragEvent event) {
        switch (event.getAction()) {
            case DragEvent.ACTION_DRAG_STARTED:
                // ドラッグ開始のトースト表示
                Toast.makeText(getContext(), "ドラッグを開始しました", Toast. ⮏
LENGTH_SHORT).show();
                invalidate();
                break;
        }

        return true;
    }

    @Override
    public boolean performClick() {
        return super.performClick();
    }
}
```

ソース：src/DropView.java

```java
public class DropView extends AppCompatImageView {
    public DropView(Context context, AttributeSet attrs) {
        super(context, attrs);
    }

    public boolean onDragEvent(DragEvent ⮏
event) {
        switch (event.getAction()) {
            case DragEvent.ACTION_DROP:
                // ドロップ時にドロップさ ⮏
れた座標の表示
                Toast.makeText(getContext(),
                    "ドロップした座標：" ⮏
+ event.getX() + ", " + event.getY(),
                    Toast.LENGTH_SHORT). ⮏
show();
                invalidate();
                break;
        }
        return true;
    }
}
```

➜ 実行結果

カレンダーを表示する

カレンダー

ウィジェット　Lv 11

```
<CalendarView></CalendarView>
```

サンプル

サンプルプロジェクト：ui_CalendarView
ソース：res/layout/activity_main.xml

```xml
<CalendarView
    android:id="@+id/calendar_view"
    android:layout_width="match_parent"
    android:layout_height="match_parent"
    app:layout_constraintBottom_toBottomOf="parent"
    app:layout_constraintEnd_toEndOf="parent"
    app:layout_constraintStart_toStartOf="parent"
    app:layout_constraintTop_toTopOf="parent"/>
```

実行結果

カレンダー

カレンダーの日付が変更されたときのイベントを処理する

▶ 構文

≫ [android.widget.CalendarView]

| Lv ⑪ | void setOnDateChangeListener(CalendarView.OnDateChangeListener listener) | カレンダーの日付が変更されたときのイベントを受け取るリスナーを登録する |

≫ [android.widget.CalendarView.OnDateChangeListener]

| Lv ⑪ | void onSelectedDayChange(
CalendarView view,
int year,
int month,
int dayOfMonth) | 日付が変更されたときに呼び出される |

▶ 引数

listener	日付が変更されたときのイベントを受け取るリスナー
view	日付が変更されたカレンダーのCalendarViewオブジェクト
year	年数
month	月数
dayOfMonth	日数

▶ サンプル

サンプルプロジェクト：ui_CalendarView
ソース：src/MainActivity.java

```
ActivityMainBinding binding = DataBindingUtil.setContentView(this, R.layout.↴
activity_main);

binding.calendarView.setOnDateChangeListener(new CalendarView.↴
OnDateChangeListener() {
    @Override
    public void onSelectedDayChange(@NonNull CalendarView view, int year, ↴
int month,
                                    int dayOfMonth) {
        Toast.makeText(getApplicationContext(),
            " 選択されたのは " + year + "/" + (month + 1) + "/" + dayOfMonth + ↴
" です。",
            Toast.LENGTH_SHORT).show();
    }
});
```

スイッチを表示する

スイッチ

ウィジェット Lv 14

```
<android.support.v7.widget.SwitchCompat>
</android.support.v7.widget.SwitchCompat>
```

サンプル

サンプルプロジェクト：ui_Switch
ソース：activity_main.xml

```
<android.support.v7.widget.SwitchCompat
    android:id="@+id/state_switch"
    android:layout_width="match_parent"
    android:layout_height="wrap_content"
    android:layout_marginEnd="16dp"
    android:layout_marginStart="16dp"
    android:layout_marginTop="16dp"
    android:text=" スイッチの状態 "
    app:layout_constraintEnd_toEndOf="parent"
    app:layout_constraintStart_toStartOf="parent"
    app:layout_constraintTop_toTopOf="parent"/>
```

実行結果

スイッチ

スイッチが切り替えられたときの
イベントを処理する

構文

≫ [android.widget.CompoundButton]

| Lv ① | void setOnCheckedChangeListener (OnCheckedChange Listener listener) | スイッチが切り替えられたときのイベントを受け取るリスナーを登録する |

≫ [android.widget.CommpoundButton.OnCheckedChangeListener]

| Lv ① | void onCheckedChanged (CompoundButton buttonView, boolean isChecked) | スイッチが切り替えられたときに呼び出される |

引数

listener	スイッチが切り替えられたときに呼びされるリスナー
buttonView	切り替わったスイッチのViewオブジェクト
isChecked	選択状態

サンプル

サンプルプロジェクト：ui_Switch
ソース：src/MainActivity.java

```java
// スイッチの状態変化を検知
SwitchCompat sw = findViewById(R.id.state_switch);
sw.setOnCheckedChangeListener(new CompoundButton.OnCheckedChangeListener() {
    @Override
    public void onCheckedChanged(CompoundButton buttonView, boolean isChecked) {
        if (isChecked) {
            // スイッチが ON の状態
            Toast.makeText(getApplicationContext(), "On", Toast.LENGTH_SHORT).
show();
        } else {
            // スイッチが OFF の状態
            Toast.makeText(getApplicationContext(), "Off", Toast.LENGTH_
SHORT).show();
        }
    }
});
```

メニューのレイアウトを設計する

メニュー

→ レイアウト Lv 1

```
<menu>                      XMLでメニューを定義する際のルートタグ
    <group>                 メニューをグループ化する際に利用する
        <item></item>       各メニューアイテムを定義する
    </group>
</menu>
```

→ レイアウト属性

● item

	android:orderInCategory	指定した数値が小さい順に表示する
Lv 1	android:title	メニューのタイトルを設定する
	android:enabled	メニューが有効か、無効かを設定する
Lv 11	android:showAsAction	アクションバーへの表示を制御する

● group

Lv 1	android:checkableBehavior	groupタグに囲まれたメニューアイテムをチェック可能にする

→ 定数

● android:showAsAction

	always	常に表示
Lv 11	ifRoom	スペースがあれば表示
	never	初期表示の範囲に表示しない
	withText	android:titleに指定したテキストの表示
Lv 14	collapseActionView	アクションビューと関連付けて、折り畳めるメニューの表示

● group

	none	チェック可能
Lv 1	single	groupタグ内のメニューアイテムがラジオボタンとして単一選択可能になる
	all	groupタグ内のメニューアイテムがチェックボタンとして複数選択可能になる

> **解説**

メニューをレイアウトで定義する場合は、res/menu ディレクトリの直下に menu
ファイルを格納する必要があります。

> **サンプル**

サンプルプロジェクト：ui_MenuLayout
ソース：res/menu/menu_main.xml

```xml
<menu xmlns:android="http://schemas.android.com/apk/res/android"
      xmlns:app="http://schemas.android.com/apk/res-auto">
    <item
        android:id="@+id/menu_item1"
        android:orderInCategory="100"
        android:title="アイテム1"
        app:showAsAction="never"/>
    <item
        android:id="@+id/menu_item2"
        android:orderInCategory="200"
        android:title="アイテム2"
        app:showAsAction="never"/>
    <item
        android:id="@+id/menu_item3"
        android:enabled="false"
        android:orderInCategory="300"
        android:title="アイテム3"
        app:showAsAction="never"/>
    <group
        android:id="@+id/menu_group1"
        android:checkableBehavior="single">
        <item
            android:id="@+id/menu_item4"
            android:checked="true"
            android:orderInCategory="400"
            android:title="アイテム4"
            app:showAsAction="never"/>
        <item
            android:id="@+id/menu_item5"
            android:orderInCategory="500"
            android:title="アイテム5"
            app:showAsAction="never"/>
    </group>
</menu>
```

> **実行結果**

※次項「メニューを追加する」の項目も含まれています。

メニュー

メニューを追加する

3

構文

≫ [android.app.Activity]

Lv ①	boolean onCreateOptionsMenu (Menu menu)	MENU ボタンが押下されたときに一度だけ呼び出される
	boolean onPrepareOptionsMenu (Menu menu)	メニューの表示前に処理する
	MenuInflater getMenuInflater()	MenuInflater オブジェクトを取得する

≫ [android.view.MenuInflater]

| Lv ① | void inflate(int menuRes, Menu menu) | リソースからメニューを読み込む |

≫ [android.view.Menu]

| Lv ① | MenuItem add(int groupId, int itemId, int orderId, CharSequence title) | メニューを追加する |

≫ [android.view.MenuItem]

| Lv ① | Item setIcon(int iconRes) | アイコンを設定する |
| | Item setIcon(Drawable icon) | アイコンを設定する |

引数

menu	Menu オブジェクト
menuRes	読み込むメニューのリソース ID
groupId	グループの識別 ID
android	
itemId	メニューの識別 ID
view	
orderId	メニュー項目の順番制御用 ID
Menu	
title	メニューに表示するテキスト
iconRes	描画するアイコンリソース
icon	描画するアイコンの描画オブジェクト

183

> **定数**

● groupId、itemId、orderId

[android.view.Menu]

NONE	Menuで定義するIDを利用しない場合
FIRST	Menuで定義するIDの先頭の値

> **解説**

アクティビティの標準メニューが呼び出されたとき、初期化処理としてonCreateOptionsMenuメソッドが呼び出されます。

メニューのレイアウトを定義している場合は、MenuInflaterオブジェクトを取得し、inflateメソッドで読み込みを行います。

メニューを動的に追加したい場合は、引数で渡されてくるmenuオブジェクトに対してaddメソッドを呼び出します。

> **サンプル**

サンプルプロジェクト：ui_MenuLayout
ソース：src/MainActivity.java

```java
// メニュー識別用のID
private static final int MENU_SAMPLE = Menu.FIRST;

……省略……

@Override
public boolean onCreateOptionsMenu(Menu menu) {
    // メニューのレイアウトファイル読み込み
    getMenuInflater().inflate(R.menu.menu_main, menu);

    // 動的にメニューを追加
    MenuItem item = menu.add(Menu.NONE, MENU_SAMPLE, 600, "動的なメニュー");
    // アイコンの指定
    item.setIcon(android.R.drawable.ic_menu_camera);
    item.setShowAsAction(MenuItem.SHOW_AS_ACTION_ALWAYS);

    return true;
}
```

> **実行結果**

「メニューのレイアウトを設計する」…… P.181

関連　「メニューの表示方法を指定する」…… P.186

メニュー

メニューの選択を処理する

構文

≫ [android.app.Activity]

boolean onOptionsItemSelected (MenuItem item) 　　メニューが選択されたときに処理する

≫ [android.widget.Menu.MenuItem]

int getItemId() 　　メニューアイテムのIDを取得する

引数

item 　　ユーザに選択されたMenuItemオブジェクト

サンプル

サンプルプロジェクト：ui_MenuLayout
ソース：src/MainActivity.java

```java
// メニューが選択された時の処理
@Override
public boolean onOptionsItemSelected(MenuItem item) {
    switch (item.getItemId()) {
        case R.id.menu_item1:
            Toast.makeText(this, "アイテム1の選択", Toast.LENGTH_SHORT).show();
            return true;
        case MENU_SAMPLE:
            Toast.makeText(this, "動的メニューの選択", Toast.LENGTH_SHORT).
show();
            return true;
        case R.id.menu_item4:
        case R.id.menu_item5:
            item.setChecked(true);
            return true;
    }

    return super.onOptionsItemSelected(item);
}
```

実行結果

「メニューのレイアウトを設計する」…… P.181

メニュー

メニューの表示方法を指定する

構文

≫ [android.view.MenuItem]

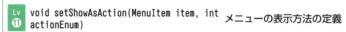

Lv ⑪ void setShowAsAction(MenuItem item, int actionEnum)　メニューの表示方法の定義

引数

item	動的に追加したメニュー
actionEnum	メニューの表示方法を指定する

定数

● actionEnum

≫ [android.view.MenuItem]

Lv ⑪	SHOW_AS_ACTION_ALWAYS	常にツールバー上に表示する
	SHOW_AS_ACTION_IF_ROOM	ツールバー上に表示するスペースがあれば表示する。なければ「more」に追加する
	SHOW_AS_ACTION_NEVER	ツールバー上に表示しない

解説

アクションバー上のメニューを動的に追加したい場合には、setShowAsActionメソッドでメニューの表示方法を指定します。一般的に行われるメニューのレイアウトに定義する場合は、レイアウト上で定義することになるでしょう。

サンプル

サンプルプロジェクト：ui_MenuLayout
ソース：src/MainActivity.java

```
@Override
public boolean onCreateOptionsMenu(Menu menu) {
    // メニューのレイアウトファイル読み込み
    getMenuInflater().inflate(R.menu.menu_main, menu);

    // 動的にメニューを追加
    MenuItem item = menu.add(Menu.NONE, MENU_SAMPLE, 600, "動的なメニュー");
    // アイコンの指定
```

```java
        item.setIcon(android.R.drawable.ic_menu_camera);
        item.setShowAsAction(MenuItem.SHOW_AS_ACTION_ALWAYS);

        return true;
}
```

メニュー

ポップアップメニューを表示する

構文

≫［android.widget.PopupMenu］

Lv ⑪	PopupMenu (Context context, View anchor)	ポップアップメニューを生成する
	MenuInflater getMenuInflater()	MenuInflaterオブジェクトを取得する
	Menu getMenu()	メニューオブジェクトを取得する
	void show()	ポップアップメニューを表示する

≫［android.widget.MenuInflater］

Lv ①	void inflate()	XMLで定義されたメニューでポップアップメニューの拡張を行う

引数

context　　　コンテキスト

anchor　　　ポップアップメニューが呼び出されるトリガーとなるView

解説

イベント（ボタンのクリックなど）をトリガーとするポップアップメニューを表示するには、XMLで定義したメニューを読み込んでshowメソッドを呼び出します。

ポップアップメニューのコンストラクタに引数として渡すanchorで、イベントの発生元との紐づけを行っています。

サンプル

サンプルプロジェクト：ui_PopupMenu
ソース：src/MainActivity.java

```
public void showPopupMenu(View v) {
    // ポップアップメニューの生成
    PopupMenu popupMenu = new PopupMenu(this, v);

    // XMLのメニューリソースを設定
    popupMenu.getMenuInflater().inflate(R.menu.menu_popup, popupMenu.getMenu());

    // ポップアップメニューがクリックされた時の処理を行う
    ……次項で解説のため、省略……
```

188

```
    // ポップアップメニューの表示
    popupMenu.show();
}
```

◆ 実行結果

メニュー

ポップアップメニューの選択を処理する

構文

≫ [android.widget.PopupMenu]

| Lv ⑪ | void setOnMenuItemClickListener
(PopupMenu.OnMenuItemClickListener listener) | ポップアップメニュー上のメニューアイテムがクリックされたときに処理を行うリスナーの登録を行う |

≫ [android.widget.PopupMenu.OnMenuItemClickListener]

| Lv ⑪ | boolean onMenuItemClick
(MenuItem item) | メニューアイテムがクリックされたときの処理を行う |

引数

listener　メニューアイテムがクリックされたときに処理を行うリスナー
item　　　クリックされたメニューアイテム

解説

ポップアップメニューがクリックされたときのイベントは、OnMenuItemClickListenerインタフェースで実装します。onMenuItemClickメソッドで選択されたメニューに従って処理を実装します。イベントをつかんだまま次の処理（onMenuItemSelectedメソッド、onPositionItemSelectedメソッド）を行わせたくない場合は、trueを返すようにしてください。

サンプル

サンプルプロジェクト：ui_PopupMenu
ソース：src/MainActivity.java

```java
// ポップアップメニューがクリックされた時の処理を行う
popupMenu.setOnMenuItemClickListener(new PopupMenu.OnMenuItemClickListener() {
    @Override
    public boolean onMenuItemClick(MenuItem item) {
        switch (item.getItemId()) {
            case R.id.menu_item1:
            case R.id.menu_item2:
            case R.id.menu_item3:
                Toast.makeText(
                    getApplicationContext(),
                    item.getTitle() + " の選択",
                    Toast.LENGTH_SHORT).show();
                return true;
```

```
            default:
                break;
        }
        return false;
    }
});
```

メニュー

コンテキストメニューを表示する

構文

≫ [android.app.Activity]

Lv ①	void registerForContextMenu (View view)	コンテキストメニューを登録する
	void onCreateContextMenu (ContextMenu menu, View v, ContextMenu.ContextMenuInfo menuInfo)	コンテキストメニューを生成する際のコールバックメソッド

引数

view	コンテキストメニューを登録するViewオブジェクト
menu	コンテキストメニューを生成する際のmenuオブジェクト
v	registerForContextMenuで渡されてきたViewオブジェクト
menuInfo	コンテキストメニュー生成のための情報

解説

リストビューで項目が長押しされた場合などに表示するメニューとして、コンテキストメニューは扱いやすくできています。registerForContextMenuメソッドでViewオブジェクトにコンテキストメニューを登録することで、Viewを長押ししたときにonCreateContextMenuメソッドが呼び出されるようになります。

サンプル

サンプルプロジェクト：ui_ContextMenu
ソース：src/MainActivity.java

```
@Override
protected void onCreate(Bundle savedInstanceState) {
    ……省略……

    // コンテキストメニューの登録
    ListView fruitsListView = findViewById(R.id.fruits_list);
    registerForContextMenu(fruitsListView);
}


@Override
public void onCreateContextMenu(ContextMenu menu, View v, ContextMenu. ↴
ContextMenuInfo menuInfo) {
    super.onCreateContextMenu(menu, v, menuInfo);
```

```
    getMenuInflater().inflate(R.menu.context_main, menu);
}
```

➜ 実行結果

メニュー

コンテキストメニューの選択を処理する

構文

≫ [android.app.Activity]

| Lv ❶ | boolean onContextItemSelected (MenuItem item) | コンテキストメニューが選択されたときの処理を行う |

引数

item　　　　　選択されたメニューアイテム

解説

ポップアップメニューの選択処理は、onContextItemSelectedメソッドをオーバーライドすることで実装できます。

サンプル

サンプルプロジェクト：ui_ContextMenu
ソース：src/MainActivity.java

```java
// コンテキストメニューが選択された時の処理
@Override
public boolean onContextItemSelected(MenuItem item) {
    switch (item.getItemId()) {
        case R.id.menu1:
        case R.id.menu2:
        case R.id.menu3:
            Toast.makeText(this, item.getTitle() + "の選択", Toast.LENGTH_SHORT).show();
            return true;
        default:
            break;
    }

    return super.onContextItemSelected(item);
}
```

HOMEウィジェット

HOME ウィジェットの概要

● HOMEウィジェットとは

HOME画面に自由に情報を配置し、表示することが可能なHOMEウィジェット
は、Androidの利便性を向上させてくれる大きな機能の1つです。

HOMEウィジェットを利用するには、次の手順に沿った設定を行う必要があり
ます。

手順

① HOMEウィジェット表示のための設定ファイルを用意する(P.183参照)。
② ブロードキャストを受け取るレシーバをマニフェストに定義する(P.185参照)。

HOMEウィジェットに利用できるレイアウトとウィジェットは、次のようにな
ります。

●レイアウト

- FrameLayout
- LinearLayout
- RelativeLayout

●ウィジェット

- AnalogClock
- Button
- Chronometer
- ImageButton
- ImageView
- ProgressBar
- TextView
- GridView
- ListView
- StackView

HOMEウィジェット

HOME ウィジェットの設定を行う

要素

`<appwidget-provider></appwidget-provider>`

属性

Lv ❶	android:initialLayout	表示するレイアウトの指定
	android:minWidth	最小の幅
	android:minHeight	最小の高さ
	android:updatePeriodMillis	更新間隔（ミリ秒）
Lv ⓫	android:autoAdvanceViewId	スタックビューのIDの指定。定期的にスタックビューのページめくりを行う

格納場所

`res/xml/[設定ファイル名].xml`

解説

HOMEウィジェットを利用するには、設定を記述したファイルを用意する必要があります。ここでは、HOMEウィジェットのレイアウト、幅、高さ、更新間隔の設定を行います。

特に注意が必要なのが幅と高さです。HOME画面上の1つのセルは決められているため、余白を考慮した次の計算で必要なセルに合わせて設定してください。

[必要なセル数] × 70(dp) - 30(dp) = 設定値

注意点として、属性updatePeriodMillisに指定する更新間隔は十分広い値を指定するようにしてください。この値を小さくすると、常にHOMEウィジェットが処理を行うことになるため、バッテリーがより多く消費されてしまいます。1日に1回の更新でよければ、86400000（24 × 60 × 60 × 1000）という値を設定するのが望ましいでしょう。

サンプル

サンプルプロジェクト：ui_AppWidget
ソース：res/xml/provider.xml

```
<appwidget-provider
    xmlns:android="http://schemas.android.com/apk/res/android"
    android:initialLayout="@layout/appwidget_main"
    android:minHeight="72dp"
    android:minWidth="146dp"
    android:updatePeriodMillis="1"/>
```

実行結果

HOMEウィジェット

マニフェストに HOME ウィジェット の設定を行う

要素

```
<receiver>
    <intent-filter></intent-filter>
    <meta-data />
</receiver>
```

属性

● receiver

| android:name | AppWidgetProviderを継承したクラス名 |
| android:label | HOMEウィジェット一覧への表示名 |

親要素

```
<application>
```

インテントフィルタ

● action

| android:name | android.appwidget.action.
APPWIDGET_UPDATE | HOMEウィジェットの更新通知 |

メタデータ

| android:name | android.appwidget.provider |
| android:resource | @xml/[設定ファイル名] |

解説

HOMEウィジェットからの通知を受け取るには、AndroidManifest.xmlに対して <receiver> の定義を追加する必要があります。

サンプル

サンプルプロジェクト：ui_AppWidget
ソース：AndroidManifest.xml

```
<receiver
    android:name="net.buildbox.pokeri.ui_appwidget.appwidget.WidgetProvider"
    android:label="ui_AppWidget">
```

```xml
    <intent-filter>
        <action android:name="android.appwidget.action.APPWIDGET_UPDATE" />
    </intent-filter>
    <meta-data
        android:name="android.appwidget.provider"
        android:resource="@xml/provider"/>
</receiver>
```

HOMEウィジェット

HOME ウィジェットへの通知を
処理する

構文

≫〔android.appwidget.AppWidgetProvider〕

Lv ③	void onReceive(Context context, Intent intent)	AppWidgetへのブロードキャストIntentを受け取ったときのコールバック用メソッド
	void onEnabled(Context context)	登録されたタイミングで呼び出される
	void onUpdate(Context context, AppWidgetManager appWidgetManager, int[] appWidgetIds)	更新のタイミングで呼び出される
	void onDeleted(Context context, int[] appWidgetIds)	HOMEウィジェットが削除されるタイミングで呼び出される
	void onDisabled(Context context)	HOMEウィジェットが無効化されたタイミングで呼び出される

引数

context	コンテキスト
intent	HOMEウィジェットから受信したIntentオブジェクト
appWidgetManager	AppWidgetManagerオブジェクト
appWidgetIds	HOME画面に配置されたウィジェットのID

解説

　HOMEウィジェットでの操作が行われたときの実装は、AppWidgetProviderを継承したクラスを用意し、実装します。そのとき、少なくともonReceiveメソッドとonUpdateメソッドはオーバーライドして実装する必要があります。

　HOMEウィジェットでもライフサイクルがあり、次のような順で呼び出されます。

① onEnabled
② onUpdate
③ onDeleted
④ onDisabled

　HOMEウィジェット上での操作からの通知は、onReceiveメソッドが呼び出されます。引数intentとして受け取ったIntentを処理する実装を行ってください。

　HOMEウィジェット上に配置したレイアウト上のウィジェットを更新したい場合は、「HOMEウィジェットを更新する」(P.202)を参照してください。

→ サンプル

サンプルプロジェクト：ui_AppWidget
ソース：src/WidgetProvider.java

```java
public class WidgetProvider extends AppWidgetProvider {
    private static final String KEY_COUNT = "KEY_COUNT";

    @Override
    public void onReceive(Context context, Intent intent) {
        // サービスの起動
        Intent serviceIntent = new Intent(context, CountService.class);
        context.startService(serviceIntent);

        super.onReceive(context, intent);
    }
}
```

HOMEウィジェット

HOMEウィジェットを更新する

構文

≫ [android.appwidget.AppWidgetManager]

> Lv 3　void updateAppWidget(int appWidgetId, RemoteViews views)　HOMEウィジェット上のレイアウトの更新

引数

appWidgetId　　　　　　　　　　　HOMEウィジェットのID
views　　　　　　　　　　　　　　RemoteViewsオブジェクト

解説

　HOMEウィジェット上のレイアウトは、そのままだと更新することができません。onUpdateメソッドが呼び出されたタイミングで、updateAppWidgetメソッドを呼び出して更新をかける必要があります。その際、レイアウト上のウィジェットは、findViewByIdメソッドで取得したViewオブジェクトでは更新できません。
　HOMEウィジェットでは、RemoteViewsオブジェクトを用いて対象のウィジェットの更新を設定する必要があります。

サンプル

サンプルプロジェクト：ui_AppWidget
ソース：src/WidgetProvider.java

```java
public static class CountService extends Service {
    private static final String ACTION_COUNT = "net.buildbox.pokeri.action.
ACTION_COUNT";
    private static final int REQUEST_COUNT_UP = 1;

    @Override
    public int onStartCommand(Intent intent, int flags, int startId) {
        super.onStartCommand(intent, flags, startId);

        // AppWidget上のボタンがクリックされた時の処理用Intent
        Intent clickIntent = new Intent();
        clickIntent.setAction(ACTION_COUNT);
        PendingIntent pendingIntent = PendingIntent.getService(this, REQUEST_
COUNT_UP, clickIntent, PendingIntent.FLAG_ONE_SHOT);
        RemoteViews remoteViews = new RemoteViews(getPackageName(), R.layout.
appwidget_main);
        remoteViews.setOnClickPendingIntent(R.id.update_button, pendingIntent);
```

```java
    // 受信した Intent の処理
    if (ACTION_COUNT.equals(intent.getAction())) {
        countUp();
        remoteViews.setTextViewText(R.id.count_view, "更新: " + getCount());
    }

    // AppWidget の画面更新
    ComponentName widget = new ComponentName(this, WidgetProvider.class);
    AppWidgetManager widgetManager = AppWidgetManager.getInstance(this);
    widgetManager.updateAppWidget(widget, remoteViews);

    return START_STICKY;
}

@Override
public IBinder onBind(Intent intent) {
    return null;
}

private int getCount() {
    SharedPreferences pref = PreferenceManager.getDefaultSharedPreferences ↴
(this);
    return pref.getInt(KEY_COUNT, 0);
}

private void countUp() {
    PreferenceManager.getDefaultSharedPreferences(this).edit()
        .putInt(KEY_COUNT, getCount() + 1)
        .apply();
}
}
```

関連 「通知のUI をカスタマイズする」…… P.163
「プリファレンスを取得する」……P.311

プリファレンス画面

プリファレンス画面を作成する

▶ レイアウト　Lv①

<PreferenceScreen></PreferenceScreen>

▶ レイアウト親要素

-

▶ レイアウト定義位置

res/xml

▶ 解説

　プリファレンスのレイアウトを作成する場合は、resディレクトリの配下に「xml」というディレクトリを作成し、その中に任意の名前を付けた設定画面用レイアウトを作成します。

▶ サンプル

サンプルプロジェクト：ui_PreferenceFragment
ソース：res/xml/setting_pref.xml

```xml
<?xml version="1.0" encoding="utf-8"?>
<PreferenceScreen xmlns:android="http://schemas.android.com/apk/res/android">
     ……省略……
</PreferenceScreen>
```

▶ 構文

≫ [android.preference.PreferenceFragment]

| Lv① | void addPreferencesFromResource (int preferencesResId) | プリファレンス画面の作成 |

▶ 引数

preferencesResId　　　　　　　　　　プリファレンス画面のリソースID

▶ 解説

　アプリの設定画面を作成したい場合は、プリファレンスを用いるのが便利です。設定画面を構築する場合は、PreferenceFragmentで構築することが望ましいでしょう。

プリファレンス画面を表示したい場合は、res/xmlにプリファレンス画面用のレイアウトを作成し、addPreferencesFromResourceメソッドを呼び出します。
　プリファレンス画面で保存されたデータの取得方法は「関連」を参照してください。

→ サンプル

サンプルプロジェクト：ui_PreferenceFragment
ソース：src/SettingPrefFragment.java

```java
public class SettingPreferenceFragment extends PreferenceFragment {

    public SettingPreferenceFragment() {
    }

    @Override
    public void onCreate(@Nullable Bundle savedInstanceState) {
        super.onCreate(savedInstanceState);
        // プリファレンス画面の設定
        addPreferencesFromResource(R.xml.settings_pref);
    }
}
```

関連 「プリファレンスを取得する」…… P.311

プリファレンス画面

プリファレンス画面上のレイアウトをカテゴリ化する

レイアウト `Lv 1`

```
<PreferenceCategory></PreferenceCategory>
```

レイアウト親要素

`<PreferenceScreen>` …… P.204

レイアウト定義位置

`res/xml`

解説

　プリファレンス内のレイアウトをカテゴリ分けしてわかりやすくしたい場合は、`<PreferenceCategory>` を用いることができます。`<PreferenceCategory>` を用いなくてもプリファレンス画面を構築することは可能ですが、UIをわかりやすくするためにも、なるべく設定する方がよいでしょう。

サンプル

サンプルプロジェクト：ui_PreferenceFragment
ソース：res/xml/settings_pref.xml

```
<PreferenceScreen xmlns:android="http://schemas.android.com/apk/res/android">
    <PreferenceCategory
        android:title=" チェックボックス ">
        <CheckBoxPreference
            android:defaultValue="false"
            android:key="key_checkbox"
            android:summary=" チェックボックスの項目です "
            android:title=" チェック項目 "/>
    </PreferenceCategory>
    ……省略……
</PreferenceScreen>
```

プリファレンス画面

プリファレンス画面にラベルを表示する

レイアウト 〔Lv 1〕

`<Preference></Preference>`

レイアウト属性

android:key　　　　　プリファレンスに記録する際のキー(String)
android:title　　　　項目のタイトル(String)

レイアウト親要素

`<PreferenceScreen>` …… P.204
`<PreferenceCategory>` …… P.206

レイアウト定義位置

res/xml

解説

ラベルとしてテキストを表示したい場合に利用します。
クリックイベントを設定して任意の処理を行うことも可能です。

サンプル

サンプルプロジェクト：ui_PreferenceFragment
ソース：res/xml/settings_pref.xml

```
<Preference
    android:key="key_note"
    android:title="Andoroid SDK ポケットリファレンスです "/>
```

実行結果

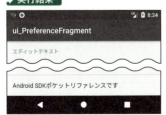

プリファレンス画面

プリファレンス画面に
チェックボックスを追加する

レイアウト　Lv 1

<CheckBoxPreference></CheckBoxPreference>

レイアウト属性

android:key	プリファレンスに記録する際のキー(String)
android:title	項目のタイトル(String)
android:summary	項目の要約(String)
android:defaultValue	デフォルトの値(boolean)

レイアウト親要素

<PreferenceScreen> …… P.204
<PreferenceCategory> …… P.206

レイアウト定義位置

res/xml

解説

項目の有効／無効を切り替えるような設定で利用します。
プリファレンスにはboolean型で記録されます。

サンプル

サンプルプロジェクト：ui_PreferenceFragment
ソース：res/xml/settings_pref.xml

```
<PreferenceCategory
    android:title="チェックボックス">
    <CheckBoxPreference
        android:defaultValue="false"
        android:key="key_checkbox"
        android:summary="チェックボックスの項目です"
        android:title="チェック項目"/>
</PreferenceCategory>
```

実行結果

プリファレンス画面

プリファレンス画面に
エディットテキストを追加する

→ レイアウト 〔Lv ①〕

`<EditTextPreference></EditTextPreference>`

→ レイアウト属性

android:key	プリファレンスに記録する際のキー(String)
android:title	項目のタイトル(String)
android:summary	項目の要約(String)
android:defaultValue	デフォルトの値(boolean)

→ レイアウト親要素

`<PreferenceScreen>` …… P.204
`<PreferenceCategory>` …… P.206

→ レイアウト定義位置

`res/xml`

→ 解説

テキストを入力して保存しておきたい場合に利用します。
プリファレンスにはString型で保存されます。

→ サンプル

サンプルプロジェクト：ui_PreferenceFragment
ソース：res/xml/settings_pref.xml

```xml
<PreferenceCategory
    android:title=" エディットテキスト ">
    <EditTextPreference
        android:defaultValue="@string/app_name"
        android:key="key_editText"
        android:summary=" エディットテキストの項目です "
        android:title=" テキスト入力 "/>
</PreferenceCategory>
```

→ 実行結果

エディットテキスト
テキスト入力 エディットテキストの項目です

209

プリファレンス画面

プリファレンス画面にリストを追加する

3
∪

→ **レイアウト** `Lv 1`

`<ListPreference></ListPreference>`

→ **レイアウト属性**

android:key	プリファレンスに記録する際のキー(String)
android:title	項目のタイトル(String)
android:summary	項目の要約(String)
android:dialogTitle	ダイアログのタイトル(String)
android:entries	リストに表示する項目の配列(リソースで定義)
android:entryValues	リストで選択された項目の値(リソースで定義)

→ **レイアウト親要素**

`<PreferenceScreen>` …… P.204
`<PreferenceCategory>` …… P.206

→ **レイアウト定義位置**

`res/xml`

→ **解説**

項目リストから1つ選択したい場合に利用します。
プリファレンスにはString型で記録されます。

→ **サンプル**

サンプルプロジェクト:ui_PreferenceFragment
ソース:res/xml/settings_pref.xml

```xml
<PreferenceCategory
    android:title=" リスト ">
    <ListPreference
        android:dialogTitle=" リスト選択ダイアログ "
        android:entries="@array/listEntry"
        android:entryValues="@array/listValue"
        android:key="key_list"
        android:summary=" リストからの選択です "
        android:title=" リスト選択 "/>
</PreferenceCategory>
```

関連 「文字列の配列リソース
を定義する」…… P.479

→ **実行結果**

リスト選択ダイアログ

○ 項目1
◉ 項目2
○ 項目3

CANCEL

210

プリファレンス画面

プリファレンス画面に
複数選択リストを追加する

→ レイアウト 〔Lv ⑪〕

```
<MultiListPreference></MultiListPreference>
```

→ レイアウト属性

android:key	プリファレンスに記録する際のキー(String)
android:title	項目のタイトル(String)
android:summary	項目の要約(String)
android:dialogTitle	ダイアログのタイトル(String)
android:entries	リストに表示する項目の配列(リソースで定義)
android:entryValues	リストで選択された項目の値(リソースで定義)

→ レイアウト親要素

```
<PreferenceScreen> …… P.204
<PreferenceCategory> …… P.206
```

→ レイアウト定義位置

```
res/xml
```

→ 解説

項目リストから複数選択したい場合に利用します。

プリファレンスにはString[]型で記録されます。

→ サンプル

サンプルプロジェクト：ui_PreferenceFragment
ソース：res/xml/settings_pref.xml

```
<PreferenceCategory
    android:title=" 複数選択リスト ">
    <MultiSelectListPreference
        android:dialogTitle=" 複数選択リストダイアログ "
        android:entries="@array/listEntry"
        android:entryValues="@array/listValue"
        android:key="key_multiList"
        android:summary=" 複数選択リストの項目です "
        android:title=" 複数選択リスト "/>
</PreferenceCategory>
```

関連 「文字列の配列リソース
を定義する」…… P.479

→ 実行結果

複数選択リストダイアログ
☐ 項目1
☐ 項目2
☐ 項目3
CANCEL　OK

プリファレンス画面

プリファレンス画面にスイッチを追加する

レイアウト　Lv 14

`<SwitchPreference></SwitchPreference>`

レイアウト属性

android:key	プリファレンスに記録する際のキー(String)
android:title	項目のタイトル(String)
android:summary	項目の要約(String)
android:defaultValue	デフォルトの値(boolean)
android:disableDependentsState	無効とする状態(boolean)
android:summaryOn	スイッチがONのときの要約(String)
android:summaryOff	スイッチがOFFのときの要約(String)
android:switchTextOn	ONのときのスイッチ上のテキスト(String)
android:switchTextOff	OFFのときのスイッチ上のテキスト(String)

レイアウト親要素

`<PreferenceScreen>` …… P.204
`<PreferenceCategory>` …… P.206

レイアウト定義位置

`res/xml`

解説

スイッチで有効／無効を選択させたい場合は、SwitchPreferenceが利用できます。プリファレンスはboolean型で記録されます。

サンプル

サンプルプロジェクト：`ui_PreferenceFragment`
ソース：`res/xml/settings_pref.xml`

```xml
<PreferenceCategory
    android:title=" スイッチ ">
    <SwitchPreference
        android:key="key_switch"
        android:summary=" スイッチの項目です "
        android:switchTextOff=" おふ "
        android:switchTextOn=" おん "
        android:title=" スイッチ切替 "/>
</PreferenceCategory>
```

実行結果

スイッチ

スイッチ切替
スイッチの項目です

212

プリファレンス画面

着信音／通知音／アラーム音を設定する

3

→ レイアウト　 `Lv 1`

```
<RingtonePreference></RingtonePreference>
```

→ レイアウト属性

android:key	プリファレンスに記録する際のキー(String)
android:title	項目のタイトル(String)
android:summary	項目の要約(String)
android:ringtoneType	設定する着信音のタイプ(flag)
android:showDefault	デフォルトの音(プリセット着信音)の表示設定(boolean)
android:showSilent	サイレントの表示設定(boolean)

→ 定数

● android:ringtoneType

Lv ①	ringtone	着信音
	notification	通知音
	alarm	アラーム音
	all	すべての音

→ レイアウト親要素

`<PreferenceScreen>` …… P.204
`<PreferenceCategory>` …… P.206

→ レイアウト定義位置

`res/xml`

→ 解説

着信音を設定したい場合は、RingtonePreference が利用できます。
呼び出しの実行結果は Content Provider の Uri が取得できます。

213

→ サンプル

サンプルプロジェクト：ui_PreferenceFragment
ソース：res/xml/settings_pref.xml

```xml
<PreferenceCategory
    android:title=" 着信音 ">
    <RingtonePreference
        android:key="key_ringtone"
        android:ringtoneType="ringtone"
        android:showDefault="true"
        android:showSilent="false"
        android:summary=" 着信音の項目です "
        android:title=" 着信音設定 "/>
</PreferenceCategory>
```

→ 実行結果

着信音設定

○　Default ringtone

○　Andromeda

◉　Andromeda

○　Aquila

○　Argo Navis

○　Atria

○　Backroad

○　Beat Plucker

○　Bell Phone

○　Bentley Dubs

○　Big Easy

CANCEL　　OK

イベント処理

クリックイベントを処理する

構文

≫ [android.view.View]

| void setOnClickListener (OnClickListener l) | ボタンがクリックされたときに呼び出されるリスナーを登録する |

≫ [android.view.View.OnClickListener]

| void onClick(View v) | ボタンがクリックされたときに呼び出される |

引数

l   ボタンがクリックされたときに呼び出されるリスナー
v   クリックされたViewオブジェクト

サンプル

サンプルプロジェクト：ui_Event
ソース：src/MainActivity.java

```java
Button eventButton = findViewById(R.id.event_button);
eventButton.setOnClickListener(new View.OnClickListener() {
    @Override
    public void onClick(View view) {
        Toast.makeText(getApplicationContext(),
            "ボタンクリック", Toast.LENGTH_SHORT).show();
    }
});
```

イベント処理

長押しイベントを処理する

構文

≫ [android.view.View]

 void setOnLongClickListener (OnLongClickListener l)　ボタンが長押しされたときに呼び出されるリスナーを登録する

≫ [android.view.View.OnLongClickListener]

 boolean onLongClick(View v)　ボタンが長押しされたときに呼び出される

引数

l　　　ボタンがクリックされたときに呼び出されるリスナー
v　　　長押しされたViewオブジェクト

解説

長押しイベントを受け取るにはsetOnLongClickListenerを用います。

呼び出されるonLongClickメソッドは戻り値のbooleanで後続のOnClickメソッドをコールバックで呼び出すかどうかに利用しています。

trueを渡すと後続のOnClickメソッドはコールバック実行されず、falseを渡すと実行されます。

サンプル

サンプルプロジェクト：ui_Event
ソース：src/MainActivity.java

```java
eventButton.setOnLongClickListener(new View.OnLongClickListener() {
    @Override
    public boolean onLongClick(View view) {
        Toast.makeText(getApplicationContext(),
            "長押しされました", Toast.LENGTH_SHORT).show();
        // trueを返すと、後続のOnClickイベントがコールバック
        // 処理されなくなります
        return true;
    }
});
```

イベント処理

タッチイベントを処理する

構文

≫ [android.view.View]

boolean onTouchEvent
(MotionEvent event)　　　　タッチされたときのイベントを処理する

≫ [android.view.View.OnTouchListener]

boolean onTouch
(View v, MotionEvent event)　　タッチされたときのイベントを処理する

引数

event	タッチのイベント
v	タッチされたViewオブジェクト

サンプル

サンプルプロジェクト：ui_Event
ソース：src/MainActivity.java

```java
@Override
public boolean onTouchEvent(MotionEvent event) {
    switch (event.getAction()) {
        case MotionEvent.ACTION_UP:
            Toast.makeText(getApplicationContext(),
                "画面タッチから手を離しました", Toast.LENGTH_SHORT).show();
    }
    return false;
}
```

ViewPager

ViewPager で画面切り替えを行う

ウィジェット

```
<android.support.design.widget.TabLayout />
<android.support.v4.view.ViewPager />
```

構文

≫ [android.support.v4.view.ViewPager]

Lv 4	void setAdapter (PagerAdapter adapter)	ViewPager用のAdapterを設定する

≫ [android.support.design.widget.TabLayout]

Lv 4	void setupWithViewPager (ViewPager viewPager)	ViewPagerとTabLayoutを紐付ける

≫ [android.support.v4.app.FragmentPagerAdapter]

Lv 4	FragmentPagerAdapter (FragmentManager fm)	FragmentPagerAdapterのコンストラクタ
	Fragment getItem(int position)	画面に表示するFragmentを返す
	int getCount()	表示する画面数を返す
	CharSequence getPageTitle (int position)	TabLayout上に表示するページタイトルを返す

引数

adapter	ViewPager用のAdapter
viewPager	ViewPagerオブジェクト
fm	FragmentManagerオブジェクト
position	表示するページの位置

解説

スワイプの操作で画面を切り替えるようにするには、ViewPagerを利用します。

ViewPagerのみでの利用も可能ですが、TabLayoutを利用することで、画面上にタイトルを表示することが可能です。

TabLayoutを利用する場合はDesign Support Libraryをプロジェクトに組み込む必要があります。サンプルプログラムにあるように、build.gradleでの定義を忘れないようにしてください。

→ サンプル

サンプルプロジェクト：ui_ViewPager
ソース：app/build.gradle

```
dependencies {
  implementation "com.android.support:design:$support_library_version"
}
```

ソース：res/layout/activity_main.xml

```xml
<?xml version="1.0" encoding="utf-8"?>
<android.support.constraint.ConstraintLayout
    xmlns:android="http://schemas.android.com/apk/res/android"
    xmlns:app="http://schemas.android.com/apk/res-auto"
    xmlns:tools="http://schemas.android.com/tools"
    android:layout_width="match_parent"
    android:layout_height="match_parent"
    tools:context="net.buildbox.pokeri.ui_viewpager.MainActivity">

    <android.support.v7.widget.Toolbar
        android:id="@+id/tool_bar"
        android:layout_width="0dp"
        android:layout_height="wrap_content"
        android:background="@color/colorPrimary"
        app:layout_constraintEnd_toEndOf="parent"
        app:layout_constraintStart_toStartOf="parent"
        app:layout_constraintTop_toTopOf="parent"/>

    <android.support.design.widget.TabLayout
        android:id="@+id/tab_layout"
        android:layout_width="0dp"
        android:layout_height="wrap_content"
        android:background="@color/colorPrimary"
        app:layout_constraintEnd_toEndOf="parent"
        app:layout_constraintStart_toStartOf="parent"
        app:layout_constraintTop_toBottomOf="@+id/tool_bar"/>

    <android.support.v4.view.ViewPager
        android:id="@+id/view_pager"
        android:layout_width="0dp"
        android:layout_height="0dp"
        app:layout_constraintBottom_toBottomOf="parent"
        app:layout_constraintEnd_toEndOf="parent"
        app:layout_constraintStart_toStartOf="parent"
        app:layout_constraintTop_toBottomOf="@+id/tab_layout"/>
</android.support.constraint.ConstraintLayout>
```

ソース：src/MainActivity.java

```java
@Override
```

```java
protected void onCreate(Bundle savedInstanceState) {
    super.onCreate(savedInstanceState);
    setContentView(R.layout.activity_main);

    initializeToolbar();
    setViewPager();
}

private void initializeToolbar() {
    Toolbar toolbar = findViewById(R.id.tool_bar);
    setSupportActionBar(toolbar);
    ActionBar actionBar = getSupportActionBar();
    if (actionBar != null) {
        actionBar.setTitle(R.string.app_name);
    }
}

private void setViewPager() {
    // ViewPager の初期化
    FragmentManager fragmentManager = getSupportFragmentManager();
    ViewPager viewPager = findViewById(R.id.view_pager);
    SampleFragmentPagerAdapter adapter = new SampleFragmentPagerAdapter ↴
(fragmentManager);
    viewPager.setAdapter(adapter);
    // TabLayout の初期化
    TabLayout tabLayout = findViewById(R.id.tab_layout);
    tabLayout.setupWithViewPager(viewPager);
}
```

ソース：src/adapter/SampleFragmentPagerAdapter.java

```java
public class SampleFragmentPagerAdapter extends FragmentPagerAdapter {
    public SampleFragmentPagerAdapter(FragmentManager fm) {
        super(fm);
    }

    @Override
    public Fragment getItem(int position) {
        switch (position) {
            case 0:
                return FirstFragment.newInstance();
            case 1:
                return SecondFragment.newInstance();
            case 2:
                return ThirdFragment.newInstance();
            default:
                throw new IllegalArgumentException("position: " + position ↴
+ " is unsupported.");
        }
```

```java
    }

    @Override
    public int getCount() {
        return 3;
    }

    @Override
    public CharSequence getPageTitle(int position) {
        return (position + 1) + " ページ";
    }
}
```

→ 実行結果

ナビゲーションビュー

ナビゲーションビューを表示する

レイアウトとウィジェット

```
<android.support.v4.widget.DrawerLayout>
<android.support.design.widget.NavigationView />
</android.support.v4.widget.DrawerLayout>
```

ウィジェット属性

Lv 21	app:headerLayout	ナビゲーションビューのヘッダー部のレイアウト
	app:menu	メニュー項目

構文

≫ [android.support.v7.app.ActionBarDrawerToggle]

	ActionBarDrawerToggle (Activity activity, DrawerLayout drawerLayout, @Nullable Toolbar toolbar, @StringRes int openDrawerContentDescRes, @StringRes int closeDrawerContentDescRes)	ActionBarDrawerToggleのコンストラクタ
	void onDrawerOpened (View drawerView)	ナビゲーションビューが開かれたときに通知
Lv 7	void onDrawerClosed (View drawerView)	ナビゲーションビューが閉じられたときに通知
	void onDrawerSlide(View drawerView, float slideOffset)	ナビゲーションビューがスライド中に通知
	void onDrawerStateChanged (int newState)	ナビゲーションビューの状態が変わったときに通知
	void syncState()	アクティビティとナビゲーションビューの状態の同期化

≫ [android.support.v7.widget.DrawerLayout]

Lv 4	void addDrawerListener (DrawerListener listener)	ナビゲーションビューのリスナー設定
	void openDrawer(int gravity)	ナビゲーションビューを開く

222

引数

activity	ナビゲーションビューと紐づけるアクティビティ
drawerLayout	DrawerLayoutのオブジェクト
toolbar	Toolbarオブジェクト
openDrawerContentDescRes	ナビゲーションビューが開かれたときのアクセシビリティ用文字列リソース
closeDrawerContentDescRes	ナビゲーションビューが閉じられたときのアクセシビリティ用文字列リソース
drawerView	ナビゲーションビューのViewオブジェクト
slideOffset	ナビゲーションビューがスライド中のスライドの大きさ
newState	ナビゲーションビューの新しい状態 0:表示済みか、閉じた状態 1:ドラッグ中の状態 2:ドラッグ後のアニメーション状態
listener	ナビゲーションビューのリスナー (ActionBarDrawerToggleオブジェクト)を設定
gravity	ナビゲーションビューが出てくる方向の指定

定数

≫ [android.support.v4.GravityCompat]

 START　　言語の指定(LTR or RTL)に合わせて開く

解説

DrawerLayoutとNavigationViewを利用することで、ナビゲーションビューを開くUIを実現することができます。

サンプルプログラムにあるようにSupport Design Libraryを読み込む必要があります。

サンプル

サンプルプロジェクト:ui_NavigationView
ソース:app/build.gradle

```
dependencies {
    implementation "com.android.support:design:$support_library_version"
}
```

ソース:res/layout/activity_main.xml

```
<android.support.v4.widget.DrawerLayout
    android:id="@+id/drawer_layout"
    xmlns:android="http://schemas.android.com/apk/res/android"
```

```xml
    xmlns:app="http://schemas.android.com/apk/res-auto"
    android:layout_width="match_parent"
    android:layout_height="match_parent"
    android:fitsSystemWindows="true">
    <!-- メインコンテンツ -->
    <android.support.design.widget.AppBarLayout
        android:layout_width="match_parent"
        android:layout_height="match_parent">

        <android.support.v7.widget.Toolbar
            android:id="@+id/tool_bar"
            android:layout_width="match_parent"
            android:layout_height="wrap_content"
            android:minHeight="?attr/actionBarSize"/>

        <FrameLayout
            android:id="@+id/main_contents"
            android:layout_height="match_parent"
            android:background="@android:color/white"/>
    </android.support.design.widget.AppBarLayout>

    <!-- ナビゲーションビュー -->
    <android.support.design.widget.NavigationView
        android:id="@+id/navigation_view"
        android:layout_width="wrap_content"
        android:layout_height="match_parent"
        android:layout_gravity="start"
        app:headerLayout="@layout/drawer_header"
        app:menu="@menu/menu_drawer"/>
</android.support.v4.widget.DrawerLayout>
```

ソース：res/layout/drawer_header.xml

```xml
<RelativeLayout
    xmlns:android="http://schemas.android.com/apk/res/android"
    android:layout_width="match_parent"
    android:layout_height="240dp"
    android:background="@color/colorPrimaryDark"/>
```

ソース：res/menu/menu_drawer.xml

```xml
<menu xmlns:android="http://schemas.android.com/apk/res/android">
    <group
        android:checkableBehavior="single">
        <item
            android:id="@+id/menu_location"
            android:icon="@android:drawable/ic_menu_mylocation"
            android:title=" 現在地 "/>
        <item
            android:id="@+id/menu_gallery"
```

```xml
                android:icon="@android:drawable/ic_menu_gallery"
                android:title=" ギャラリー "/>
        </group>
        <item
            android:title=" その他 ">
            <menu android:checkableBehavior="single">
                <item
                    android:icon="@android:drawable/ic_menu_info_details"
                    android:title=" お知らせ "/>
                <item
                    android:icon="@android:drawable/ic_menu_help"
                    android:title=" ヘルプ "/>
            </menu>
        </item>
    </menu>
```

ソース：src/MainActivity.java

```java
private static final String TAG = MainActivity.class.getSimpleName();
private Toolbar mToolbar;
private DrawerLayout mDrawerLayout;
private ActionBarDrawerToggle mDrawerToggle;

@Override
protected void onCreate(Bundle savedInstanceState) {
    super.onCreate(savedInstanceState);
    setContentView(R.layout.activity_main);

    initializeToolbar();
    initializeDrawer();
    initializeNavigationView();
}

private void initializeToolbar() {
    mToolbar = findViewById(R.id.tool_bar);
    setSupportActionBar(mToolbar);
    ActionBar actionBar = getSupportActionBar();
    if (actionBar != null) {
        actionBar.setTitle(R.string.app_name);
        actionBar.setDisplayHomeAsUpEnabled(true);
    }
}

private void initializeDrawer() {
    // ナビゲーションビュー用のトグルを用意
    mDrawerLayout = findViewById(R.id.drawer_layout);
    mDrawerToggle = new ActionBarDrawerToggle(this,
        mDrawerLayout, mToolbar, R.string.drawer_open, R.string.drawer_close) {
        // ナビゲーションビューが開かれたときに通知
```

```java
        @Override
        public void onDrawerOpened(View drawerView) {
            super.onDrawerOpened(drawerView);
            Log.i(TAG, "call onDrawerOpened().");
        }

        // ナビゲーションビューが閉じられたときに通知
        @Override
        public void onDrawerClosed(View drawerView) {
            super.onDrawerClosed(drawerView);
            Log.i(TAG, "call onDrawerClosed().");
        }

        // ナビゲーションビューがスライド中に通知
        @Override
        public void onDrawerSlide(View drawerView, float slideOffset) {
            super.onDrawerSlide(drawerView, slideOffset);
            Log.i(TAG, "call onDrawerSlide().");
        }

        // ナビゲーションビューの状態変更通知
        @Override
        public void onDrawerStateChanged(int newState) {
            super.onDrawerStateChanged(newState);
            Log.i(TAG, "call onDrawerStateChanged().");
        }
    };

    // ナビゲーションビューのリスナー設定
    mDrawerLayout.addDrawerListener(mDrawerToggle);
}

@Override
protected void onPostCreate(@Nullable Bundle savedInstanceState) {
    super.onPostCreate(savedInstanceState);
    // アクティビティとナビゲーションビューの状態を同期化
    mDrawerToggle.syncState();
}

@Override
public void onConfigurationChanged(Configuration newConfig) {
    super.onConfigurationChanged(newConfig);
    // デバイスの状態変化をナビゲーションビューに通知
    mDrawerToggle.onConfigurationChanged(newConfig);
}

@Override
public boolean onOptionsItemSelected(MenuItem item) {
    switch (item.getItemId()) {
```

```
        case android.R.id.home:
            // ナビゲーションビューを開く
            mDrawerLayout.openDrawer(GravityCompat.START);
            return true;
        default:
            return super.onOptionsItemSelected(item);
    }
}
```

実行結果

ナビゲーションビュー

ナビゲーションビューの
メニューイベントを処理する

構文

≫ [android.support.design.widget.NavigationView]

> Lv ㉑ setNavigationItemSelectedListener
> (@Nullable OnNavigationItemSelected
> Listener listener)
> ナビゲーションビューのメニュー選択用リスナー設定

≫ [android.support.design.widget.NavigationView.OnNavigationItemSelectedListener]

> Lv ㉑ boolean onNavigationItemSelected
> (@NonNull MenuItem item)
> ナビゲーションビューのメニューが選ばれたときに呼び出される

引数

listener　　　　　　　　　　　　ナビゲーションビューのメニュー選択時のリスナー
item　　　　　　　　　　　　　　ユーザに選択されたMenuItemオブジェクト

サンプル

サンプルプロジェクト：ui_NavigationView
ソース：src/MainActivity.java

```java
public class MainActivity extends AppCompatActivity
    implements NavigationView.OnNavigationItemSelectedListener {

    ……省略……

    private void initializeNavigationView() {
        NavigationView navigationView = findViewById(R.id.navigation_view);
        navigationView.setNavigationItemSelectedListener(this);
    }

    @Override
    public boolean onNavigationItemSelected(@NonNull MenuItem item) {
        switch (item.getItemId()) {
            case R.id.menu_location:
                Toast.makeText(this, "現在地のメニューが選ばれました", ⤵
Toast.LENGTH_SHORT).show();
                return true;
            case R.id.menu_gallery:
                Toast.makeText(this, "ギャラリーのメニューが選ばれました", ⤵
Toast.LENGTH_SHORT).show();
                return true;
```

```
        }
        return false;
    }
}
```

> **COLUMN** **本書で取り上げたオープンソースライブラリ・ソースコード**

本書ではなるべくAndroid SDKの素の状態の活用方法について理解を深めていただくため、オープンソースで公開されているライブラリやソースコードは極力利用しない方針で取りまとめています。

しかし、現在のAndroidアプリ開発では、オープンソースライブラリを利用しないケースはほとんどない状態です。本書でも一部のサンプルコードでオープンソースライブラリ・ソースコードを利用しています。

以下に、本書のサンプルコード内で利用した主要なオープンソースライブラリ・ソースコードを紹介しますので、今後の開発の参考としてください。

● PermissionsDispatcher
リンク：https://github.com/permissions-dispatcher/PermissionsDispatcher
ライセンス：Apache License, Version 2.0

権限チェックをアノテーションを利用して設定できるようになります。煩雑となる権限チェックが楽に実現可能となります。

● SimpleCursorLoader
リンク：https://gist.github.com/jiahaoliuliu/9ead39591b48249a3af1
ライセンス：Apache License, Version 2.0

SQLiteの解説を行う際にLoaderを介してDBアクセスするところをシンプルにするため、こちらのコードを利用させて頂いています。

Chapter **4**

ウィンドウ

Android SDK Pocket Reference

画面の幅と高さを取得する

構文

» [android.app.Activity]

| WindowManager getWindowManager() | WindowManagerを取得する |

» [android.view.WindowManager]

| Display getDefaultDisplay() | デフォルトディスプレイを取得する |

» [android.view.Display]

| void getMetrics(DisplayMetrics outMetrics) | ディスプレイ情報を取得する |

引数

| outMetrics | 取得したディスプレイ情報の格納先 |

フィールド

» [android.util.DisplayMetrics]

| int widthPixels | 画面の幅情報 |
| int heightPixels | 画面の高さ情報 |

解説

画面の幅と高さを取得するには、DisplayMetricsの情報を取得する必要があります。WindowManagerからgetDefaultDisplayメソッドでDisplayの情報を取得し、getMetricsメソッドを呼び出すことで取得できます。

サンプル

サンプルプロジェクト:window_DisplaySize
ソース:src/MainActivity.java

```java
private void showDisplaySize() {
    DisplayMetrics displayMetrics = new DisplayMetrics();
    getWindowManager().getDefaultDisplay().getMetrics(displayMetrics);
    
    String message = "幅: "
        + displayMetrics.widthPixels
        + ", 高さ: "
        + displayMetrics.heightPixels;
```

```
    mBinding.displaySizeView.setText(message);
}
```

➜ 実行結果

画面

画面の明るさを取得する

構文

≫ [android.provider.Setting.System]

 String getString(ContentResolver resolver, String name) 　設定情報(文字列)を取得する

引数

resolver　　　ContentResolverのオブジェクトを設定する
name　　　　設定情報から取得するキー値を設定する

定数

≫ [Setting.System]

SCREEN_BRIGHTNESS　　　画面の明るさ

解説

画面の明るさを取得するには、設定情報から情報を取得する必要があります。

サンプル

サンプルプロジェクト：window_Brightness
ソース：src/MainActivity.java

```
// 画面の明るさを取得
String brightness = Settings.System.getString(
    getContentResolver(),
    Settings.System.SCREEN_BRIGHTNESS);

TextView brightnessMessage = findViewById(R.id.brightness_message);
brightnessMessage.setText(String.format(" 画面の明るさ： %s", brightness));
```

実行結果

画面

画面の Screen ON をキープする

構文

「フルスクリーンで表示する」…… P.238

定数

≫ [android.view.WindowManager.LayoutParams]

| FLAG_KEEP_SCREEN_ON | スクリーンがONとなった状態のキープ |

解説

画面がスリープ状態にならないようにしたい場合は、Activity#getWindowメソッドなどを利用してWindowオブジェクトを取得し、Window#addFlagsメソッドに定数のWindowManager.LayoutParams.FLAG_KEEP_SCREEN_ONを設定する必要があります。

キープの状態を解除したい場合は、Window#clearFlagsメソッドに同様の変数を指定します。

サンプル

サンプルプロジェクト：window_Screen
ソース：src/MainActivity.java

```java
Window window = getWindow();
if (isChecked) {
    // スクリーンのキープ
    window.addFlags(WindowManager.LayoutParams.FLAG_KEEP_SCREEN_ON);
} else {
    // スクリーンのキープを解除
    window.clearFlags(WindowManager.LayoutParams.FLAG_KEEP_SCREEN_ON);
}
```

スリープに入らないように設定する

画面

▶ 構文

》[android.os.PowerManager]

| Lv 1 | PowerManager.WakeLock newWakeLock
(int levelAndFlags, String tag) | WakeLockオブジェクトを取得する |

》[android.PowerManager.WakeLock]

Lv 1	void acquire()	WakeLock機能を有効化する
	void acquire(long timeout)	timeoutに指定した時間だけ、WakeLock機能を有効化する
	void release()	WakeLock機能を無効化する

▶ 引数

levelAndFlags	WakeLock取得時のフラグ
tag	デバッグを目的としたタグ名の指定(クラス名か、任意の名前を指定する)
timeout	releaseするまでのタイムアウト時間(ミリ秒)

▶ 定数

● levelAndFlags

次のようなフラグが設定できます。

フラグ	CPU	ディスプレイ	キーボード
PARTIAL_WAKE_LOCK	オン	オフ	オフ
SCREEN_DIM_WAKE_LOCK	オン	少し暗い	オフ
SCREEN_BRIGHT_WAKE_LOCK	オン	明るい	オフ
FULL_WAKE_LOCK	オン	明るい	明るい

ACQUIRE_CAUSES_WAKEUP　WakeLockを取得したとき、スクリーンを強制的にONにする
ON_AFTER_RELEASE　　　releaseメソッド呼び出し後、通常の設定に戻る
※FULL_WAKE_LOCKはAPI Level 17以降は非推奨となっています。

▶ パーミッション

| Lv 1 | android.permission.WAKE_LOCK | WakeLockの使用を許可 |

解説

音楽プレイヤーを開発する際、ディスプレイはオフとなってもCPUは動いていてほしいときに、WakeLockを設定します。

電力使用量が増加しますので、使用する際はonResume／onPauseメソッドのタイミングで適切にロック／解放を行うようにするなど、解放漏れが起こらないように気を付けてください。

サンプル

```
// PowerManager オブジェクトの取得
PowerManager powerManager = (PowerManager) getSystemService(POWER_SERVICE);
// WakeLock オブジェクトの取得
PowerManager.WakeLock wakeLock = powerManager.newWakeLock(
  PowerManager.SCREEN_BRIGHT_WAKE_LOCK, "myTag");

// デバイス機能をオンにする
wakeLock.acquire();
…CPU ON 中に行う処理…
// デバイス機能をオフにする
wakeLock.release();
```

ウィンドウ

フルスクリーンで表示する

構文

≫ [android.app.Activity]

Lv 4 Window getWindow() ウィンドウを取得する

≫ [android.view.Window]

Lv 1 View getDecorView() トップレベルのViewを取得

≫ [android.view.View]

Lv 11 void setSystemUiVisibility (int visibility) システムUIの表示を設定する

引数

visibility システムUIの表示を制御するフラグ

定数

● visibility

≫ [android.view.View]

Lv 14	SYSTEM_UI_FLAG_HIDE_NAVIGATION	操作がない間、ナビゲーションバーを非表示にする
Lv 16	SYSTEM_UI_FLAG_FULLSCREEN	ステータスバーを非表示にし、フルスクリーンにする
Lv 19	SYSTEM_UI_FLAG_IMMERSIVE_STICKY	一定期間経過すると、ナビゲーションバーを非表示にする

解説

　任意のタイミングで画面をフルスクリーン化したい場合に、Windowオブジェクトに対してフルスクリーン化のフラグを設定します。フルスクリーンとすることでステータスバーは非表示となりますが、アクションバーは消えません。アクションバーを消したい場合には、テーマの指定でアクションバーを非表示にしてください。

サンプル

サンプルプロジェクト：window_Fullscreen
ソース：src/MainActivity.java

```
View decorView = getWindow().getDecorView();
if (Build.VERSION.SDK_INT >= Build.VERSION_CODES.KITKAT) {
    decorView.setSystemUiVisibility(View.SYSTEM_UI_FLAG_HIDE_NAVIGATION
        | View.SYSTEM_UI_FLAG_FULLSCREEN | View.SYSTEM_UI_FLAG_IMMERSIVE_STICKY);
} else {
    decorView.setSystemUiVisibility(
        View.SYSTEM_UI_FLAG_HIDE_NAVIGATION | View.SYSTEM_UI_FLAG_FULLSCREEN);
}
```

スタイル

スタイルを設定する

要素

```
<style>                    スタイルを指定する
    <item></item>          アイテムを指定する
</style>
```

親要素

● \<style>

```
<resources></resources>
```

属性

● \<style>

name	スタイル名
parent	継承するスタイル

● \<item>

name	スタイルを定義する要素名

解説

複数のアクティビティ間で色や幅、高さなどのレイアウトに関する情報を共通化させたい場合は、スタイルを指定することで可能です。スタイルは、res/values配下に任意のファイル名で定義できます。

テーマの定義も、スタイルと同様に作成できます。

サンプル

サンプルプロジェクト：window_Theme
ソース：res/values/styles.xml

```
<resources>
    <!-- マイテーマ -->
    <style name="MyAppTheme" parent="Theme.AppCompat.Light.DarkActionBar">
        <item name="colorPrimary">@color/colorPrimary</item>
        <item name="colorPrimaryDark">@color/colorPrimaryDark</item>
        <item name="colorAccent">@color/colorAccent</item>
        <item name="android:windowBackground">@android:color/white</item>
    </style>
</resources>
```

ソース：res/layout/activity_main.xml

```
<TextView
    style="@style/MyStyle"
    android:text="@string/hello_world" />
```

テーマ

テーマを設定する

▶ マニフェスト定義

```
<application>                        アプリケーション全体の指定
    <activity></activity>           アクティビティ単位の指定
</application>
```

▶ マニフェスト属性

● <application>, <activity>

android:theme   テーマの設定。スタイルを指定する

▶ 解説

アクティビティ全体やアプリケーション全体のスタイルは、テーマとして設定することができます。プロジェクト生成時には、res/values配下に自動生成されるstyles.xmlにデフォルトのテーマが記載されていますので、そちらを拡張しても良いですし、カスタマイズしたテーマを定義するのも可能です。

アクティビティやアプリケーション全体にテーマを割り当てる場合は、android:theme属性に指定する必要があります。アプリケーション全体に指定したい場合は<application>要素で、アクティビティ毎に個別に設定したい場合は<activity>要素で属性を設定します。

▶ サンプル

サンプルプロジェクト：window_Theme
ソース：AndroidManifest.xml

● マニフェストで定義する場合

```
<application
    android:allowBackup="true"
    android:icon="@mipmap/ic_launcher"
    android:label="@string/app_name"
    android:roundIcon="@mipmap/ic_launcher_round"
    android:supportsRtl="true"
    android:theme="@style/MyAppTheme">
    <activity android:name=".MainActivity">
        ……省略……

</application>
```

画面の向きを取得する

向き

構文

≫ [android.content.Context]

 Resources getResources()　　　Resourcesオブジェクトを取得する

≫ [android.content.res.Resources]

 Configuration getConfiguration()　Configurationオブジェクトを取得する

フィールド

≫ [android.content.res.Configuration]

 orientation　　　　　　　　　　画面の向きの情報

定数

≫ [android.content.res.Configuration]

 ORIENTATION_LANDSCAPE, ORIENTATION_PORTRAIT, ORIENTATION_UNDEFINED

サンプル

サンプルプロジェクト：window_Configuration
ソース：src/MainActivity.java

```java
// 画面の向きを表示
Resources resources = getResources();
Configuration config = resources.getConfiguration();
String strOrientation = "";
if (config.orientation == Configuration.ORIENTATION_PORTRAIT) {
    strOrientation = "縦方向";
} else if (config.orientation == Configuration.ORIENTATION_LANDSCAPE) {
    strOrientation = "横方向";
}
Toast.makeText(this,
        "画面の向きは、" + strOrientation,
        Toast.LENGTH_SHORT).show();
```

向き

画面の向きを設定する

4
ウィンドウ

➤ マニフェスト定義

`<activity></activity>`

➤ マニフェスト属性

`android:screenOrientation` 　　　　　画面の向きを設定する

➤ 構文

≫ [android.app.Activity]

| Lv ① | `void setRequestedOrientation`
`(int requestedOrientation)` | 画面の向きを設定する |

➤ 引数

`requestedOrientation` 　　　　　画面の向きの設定（定数を参照）

➤ 定数

● android:screenOrientation

	unspecified	デフォルト値。システムが自動的に選択
	user	現在のユーザの向きに従う
	behind	直前に表示したアクティビティ（スタック上）と同じ方向
Lv ①	landscape	横方向
	portrait	縦方向
	sensor	センサの状態に従う
	nosensor	センサの状態に従わない（それ以外はシステムが自動的に選択）
	reverseLandscape	横方向（逆向き）
	reversePortrait	縦方向（逆向き）
Lv ⑨	sensorLandscape	横方向だが、センサに基づいて画面の向きを通常か逆向きに切り替える
	sensorPortrait	縦方向だが、センサに基づいて画面の向きを通常か逆向きに切り替える
	fullSensor	ユーザが動かしたデバイスの向きに合わせて切り替える

244

● requestedOrientation

≫ [android.content.pm.ActivityInfo]

Lv 1
SCREEN_ORIENTATION_UNSPECIFIED, SCREEN_ORIENTATION_LANDSCAPE, SCREEN_ORIENTATION_PORTRAIT, SCREEN_ORIENTATION_USER, SCREEN_ORIENTATION_BEHIND, SCREEN_ORIENTATION_SENSOR, SCREEN_ORIENTATION_NOSENSOR

Lv 9
SCREEN_ORIENTATION_SENSOR_LANDSCAPE, SCREEN_ORIENTATION_SENSOR_PORTRAIT, SCREEN_ORIENTATION_REVERSE_LANDSCAPE, SCREEN_ORIENTATION_REVERSE_PORTRAIT, SCREEN_ORIENTATION_FULL_SENSOR

4

ウィンドウ

➡ サンプル

サンプルプロジェクト：window_Orientation

ソース：AndroidManifest.xml

```xml
<activity
    android:name="net.buildbox.pokeri.window_orientation.MainActivity"
    android:label="@string/app_name"
    android:screenOrientation="landscape" >
    <intent-filter>
        <action android:name="android.intent.action.MAIN" />

        <category android:name="android.intent.category.LAUNCHER" />
    </intent-filter>
</activity>
```

ソース：src/MainActivity.java

```java
@Override
protected void onCreate(Bundle savedInstanceState) {
    super.onCreate(savedInstanceState);
    setContentView(R.layout.activity_main);

    // 画面の向きを横の逆向きにする
    setRequestedOrientation(ActivityInfo.SCREEN_ORIENTATION_REVERSE_LANDSCAPE);
}
```

向き

画面の向きを変更したとき、Activityが破棄されないようにする

> **マニフェスト属性**

● Activity

android:configChanges　　Activityの状態変化の検知を受け取る条件を設定する

> **構文**

≫ [android.app.Activity]

| Lv 1 | void onConfigurationChanged (Configuration newConfig) | アクティビティの状態が変化したときに呼び出される |

> **引数**

newConfig　　　　　　　　　　　　新しい状態

> **定数**

| Lv 1 | mcc, mnc, locale, touchscreen, keyboard, keyboardHidden, navigation, screenLayout, fontScale, uiMode, orientation, screenSize, smallestScreenSize |

> **解説**

デバイスによっては、端末の向きを変更したりハードウェアキーボードの開閉を行ったりすると、画面の向きが自動で設定されることがあります。

このとき、ActivityはいったんPrint破棄され、新たにonCreateメソッドを呼び出して画面の再構築を行うため、それまでに画面上で入力されていた内容が破棄されてしまいます。

画面上に入力された情報を保持したい場合は、マニフェスト（AndroidManifest.xml）で状態変化を検知する対象の操作を設定します。

これによりActivity#onConfigurationChangedメソッドが呼び出されるようになるため、親メソッドを呼び出すだけで何もしなければ、Activityの破棄は行われません。

> **サンプル**

サンプルプロジェクト：window_Configuration
ソース：AndroidManifest.xml

```
<activity
```

```
     ……省略……
  android:configChanges="orientation|keyboardHidden|screenSize"
 />
```

ソース： src/MainActivity.java

```
@Override
public void onConfigurationChanged(Configuration newConfig) {
    super.onConfigurationChanged(newConfig);

    if (newConfig.orientation == Configuration.ORIENTATION_PORTRAIT) {
        Toast.makeText(this, "縦向きに変わりました", Toast.LENGTH_SHORT).show();
    } else if (newConfig.orientation == Configuration.ORIENTATION_LANDSCAPE) {
        Toast.makeText(this, "横向きに変わりました", Toast.LENGTH_SHORT).show();
    }
}
```

| COLUMN | 参考情報 |

Androidの情報は多岐にわたり、必要な情報は様々な1次情報から取得する必要があります。参考とすべき情報を以下にまとめましたので、ぜひ開発の参考としてください。

●サイト

・Android Developers

リンク：https://developer.android.com/

Googleの開発者向け公式サイトです。Androidアプリ開発に関する最新の情報は常にこちらにあがりますので、まずはこちらの情報をチェックするようにしてください。

・Material Design

リンク：https://material.io/

昨今のAndroidアプリを開発する上で避けて通れないのがMaterial Designへの適用です。デザイナーがAndroid向けアプリを開発する際に参考とすべきですし、アプリ開発者も実装時にどのような設定（余白の指定など）をすべきかを知る指標として目を通しておいてください。

・Stack Overflow

リンク：https://stackoverflow.com/

Android開発の現場で発生した課題への対応方法が日々蓄積されていっている海外最大のサイトです。英語のサイトですが、一番情報が集まっているのも英語圏となりますので、上記サイトを上手く活用してください。

●Webドキュメント

・『Androidアプリのセキュア設計・セキュアコーディングガイド』
（一般社団法人日本スマートフォンセキュリティ協会（JSSEC）セキュアコーディングWG 著）

ドキュメント：https://www.jssec.org/dl/android_securecoding.pdf
サンプルコード一式：https://www.jssec.org/dl/android_securecoding.zip

Google Playストアなどで一般に公開することを目的としたアプリを開発する際、セキュアに設計・コーディングするための指標となるガイドラインが詰まった資料です。企業向けのアプリを開発するような際には、セキュリティにも気をつけるためにも上記資料を参考とするようにしてください。

Chapter 5

グラフィックス

Android SDK Pocket Reference

イメージビュー

画像を表示する

ウィジェット　Lv.1
≫ [android.widget.ImageView]

```
<ImageView></ImageView>
```

ウィジェット属性

Lv		
1	android:src	画像イメージのリソースID
4	android:contentDescription	アクセシビリティとして設定する要素の説明文

解説

画像を簡単に表示したい場合は、ImageViewを用いると簡単です。リソースとして定義した画像を、属性（android:src）で指定することで表示できます。

サンプル

サンプルプロジェクト：graph_ImageView
ソース：res/layout/activity_main.xml

```xml
<ImageView
    android:id="@+id/image_target"
    android:layout_width="wrap_content"
    android:layout_height="wrap_content"
    android:layout_marginStart="16dp"
    android:layout_marginTop="16dp"
    android:contentDescription=" サンプルイメージ "
    android:src="@android:drawable/sym_def_app_icon"
    app:layout_constraintStart_toStartOf="parent"
    app:layout_constraintTop_toTopOf="parent"/>
```

実行結果

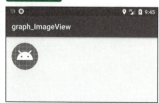

イメージビュー

画像リソースを変更する

構文

≫ [android.widget.ImageView]

Lv ①	void setImageResource(int resId)	画像のリソースを設定する
	void setImageLevel(int level)	画像レベルの設定

引数

resId	画像のリソースID(R.drawableの配下のリソース)
level	レベル値

解説

　画像のリソースを画面に表示したい場合は、setImageResourceメソッドに引数で画像のリソースを指定して呼び出すことで設定できます。

　レベル別画像リソースを利用することで、setImageLevelメソッドで画像の切り替えを行うことも可能です。

サンプル

サンプルプロジェクト：graph_ImageLevel
ソース：src/MainActivity.java

```
// 画像リソースの読み込み
mBinding.imageTarget.setImageResource(R.drawable.flight_level);

mBinding.levelToggle.setOnCheckedChangeListener(new CompoundButton.
OnCheckedChangeListener() {
    @Override
    public void onCheckedChanged(CompoundButton compoundButton, boolean checked) {
        // トグルの選択状態をみて画像レベルの切替
        if (checked) {
            mBinding.imageTarget.setImageLevel(1);
        } else {
            mBinding.imageTarget.setImageLevel(0);
        }
    }
});
```

実行結果

関連 「レベル別画像リソースを定義する」…… P.481

251

ビットマップ形式の画像を表示する

イメージビュー

構文

≫ [android.widget.ImageView]

 void setImageBitmap(Bitmap bm) 　Bitmapクラスのオブジェクトを設定する

引数

bm　　　　　　　　　　　　　　　ビットマップ形式のデータ

サンプル

サンプルプロジェクト：graph_ImageBitmap
ソース：src/MainActivity.java

```
// ビットマップ形式で読み込み
Bitmap bitmap = BitmapFactory.decodeResource(getResources(), R.drawable.dog);
binding.imageTarget.setImageBitmap(bitmap);
```

実行結果

関連　「リソース上のビットマップを読み込む」…… P.266

イメージビュー

Drawable形式の画像を表示する

構文

≫ [android.support.v4.content]

| Lv 4 | Drawable getDrawable (int resId) | リソースからDrawable形式で読み込む |

引数

drawable　　　　　　　　　　　　　Drawableクラスのオブジェクト

解説

リソースからDrawable形式で読み込みを行う場合はResourcesクラスを用いる方法もありますが、テーマの指定を求められるため、現在はContextCompatに定義されているgetDrawableメソッドを用いると良いでしょう。

戻り値の型がDrawableとなっているので、BitmapDrawableにキャストが必要です。

サンプルでは読み込んだ画像に透過度を設定し、setImageDrawableメソッドで描画しています。

サンプル

サンプルプロジェクト：graph_ImageDrawable
ソース：src/MainActivity.java

```java
// Drawable形式で読み込み
BitmapDrawable drawable = (BitmapDrawable) ContextCompat.getDrawable(this, R.drawable.dog);
if (drawable != null) {
    drawable.setAlpha(50);
    binding.imageTarget.setImageDrawable(drawable);
}
```

➜ 実行結果

イメージビュー

Uri形式の画像を表示する

構文

≫ [android.widget.ImageView]

 void setImageURI(Uri uri)　　　　Uri形式の画像を設定する

引数

uri　　　　　　　　　　　　　　　　Uriクラスのオブジェクト

解説

カメラで撮影したデータや、ギャラリーからの共有で渡されてきた画像を画面に表示する際に、このメソッドを用いて設定を行います。

サンプル

サンプルプロジェクト：graph_ImageUri
ソース：src/MainActivity.java

```java
if (Intent.ACTION_SEND.equals(getIntent().getAction())) {
    Uri uri = null;
    try {
        Bundle bundle = getIntent().getExtras();
        if (bundle != null) {
            Object streamObject = bundle.get(Intent.EXTRA_STREAM);
            if (streamObject != null) {
                uri = Uri.parse(streamObject.toString());
            }
        }
    } catch (Exception e) { // エラー時の処理を実装してください
        e.printStackTrace();
    }

    if (uri != null) {
        binding.imageTarget.setImageURI(uri);
    }
}
```

実行結果

キャンバス

キャンバスに描画する

> 構文

≫ [android.view.View]

 void onDraw(Canvas canvas)　画面描画イベントが発生したときに呼び出される

> 引数

canvas　　　　　　　　　　　　　描画対象のCanvasオブジェクト

> 解説

画面上に描画処理を行いたい場合は、Viewクラスから継承したクラスを用意し、onDrawメソッドをオーバーライドして独自の処理を実装することが可能です。

> サンプル

サンプルプロジェクト：graph_DrawLine
ソース：src/MainActivity.java

```java
public class GraphView extends View {

    public GraphView(Context context) {
        super(context);
    }

    @Override
    protected void onDraw(Canvas canvas) {
        super.onDraw(canvas);
        // 独自の処理
    }
}
```

キャンバス

点を描画する

構文

≫ [android.graphics.Canvas]

| void drawPoint(float x, float y, Paint paint)　点を描画する |
| void drawPoints(float[] pts, Paint paint)　　　連続した点を描画する |

引数

x	X座標
y	Y座標
pts	連続したXY座標
paint	描画に用いるPaintオブジェクト

サンプル

サンプルプロジェクト：graph_DrawPoint
ソース：src/MainActivity.java

```java
@Override
protected void onDraw(Canvas canvas) {
    super.onDraw(canvas);

    mPaint.setColor(Color.RED);        // 色の設定
    mPaint.setStrokeWidth(32.0f);      // 点の太さ

    // 点を描画する
    canvas.drawPoint(100.0f, 100.0f, mPaint);

    // 連続で点を描画する
    mPaint.setColor(Color.BLUE);
    float[] points = {
        100.0f, 300.0f,    // 1点目：X, Y座標
        160.0f, 120.0f,    // 2点目：X, Y座標
        200.0f, 180.0f,    // 3点目：X, Y座標
        260.0f, 160.0f     // 4点目：X, Y座標
    };
    canvas.drawPoints(points, mPaint);
}
```

→ 実行結果

キャンバス

線を描画する

構文

≫ [android.graphics.Canvas]

Lv ①

```
void drawLine(float startX, float startY,
float stopX, float stopY, Paint paint)
```
線を描画する

```
void drawLines(float[] pts, Paint paint)
```
連続で線を描画する

引数

startX	始点のX座標
startY	始点のY座標
stopX	終点のX座標
stopY	終点のY座標
pts	連続したXY座標
paint	描画に用いるPaintオブジェクト

サンプル

サンプルプロジェクト：graph_DrawLine
ソース：src/MainActivity.java

```java
@Override
protected void onDraw(Canvas canvas) {
    super.onDraw(canvas);

    mPaint.setColor(Color.RED);          // 色の設定
    mPaint.setStrokeWidth(16.0f);        // 線の太さ

    // 線を描画する
    canvas.drawLine(100.0f, 100.0f, 250.0f, 100.0f, mPaint);

    // 連続で線を描画する
    mPaint.setColor(Color.BLUE);
    float[] points = {
        150.0f, 300.0f,     // 1本目：始点
        160.0f, 420.0f,     // 1本目：終点
        160.0f, 420.0f,     // 2本目：始点
        200.0f, 560.0f      // 2本目：終点
    };
    canvas.drawLines(points, mPaint);
}
```

実行結果

キャンバス

円を描画する

構文

≫ [android.graphics.Canvas]

| Lv ① | void drawCircle(float cx, float cy, float radius, Paint paint) | 円を描画する |

引数

cx	描画する円(中心)のX座標
cy	描画する円(中心)のY座標
radius	半径の大きさ
paint	描画に用いるPaintオブジェクト

サンプル

サンプルプロジェクト：graph_DrawCircle
ソース：src/MainActivity.java

```java
@Override
protected void onDraw(Canvas canvas) {
    super.onDraw(canvas);

    mPaint.setColor(Color.RED);    // 色の設定

    // 円を描画する
    canvas.drawCircle(100.0f, 100.0f, 50.0f, mPaint);
}
```

実行結果

キャンバス

楕円を描画する

構文

≫ [android.graphics.Canvas]

 void drawOval(RectF oval, Paint paint)　　　　楕円を描画する

引数

oval　　　　　　　矩形領域を指定するRectF型オブジェクト
paint　　　　　　描画に用いるPaintオブジェクト

サンプル

サンプルプロジェクト：graph_DrawOval
ソース：src/MainActivity.java

```java
public GraphView(Context context) {
    super(context);
    mPaint = new Paint();
    mRectF = new RectF(300.0f, 300.0f, 600.0f, 800.0f);
}

@Override
protected void onDraw(Canvas canvas) {
    super.onDraw(canvas);

    mPaint.setColor(Color.RED);   // 色の設定

    // 楕円を描画する
    canvas.drawOval(mRectF, mPaint);
}
```

実行結果

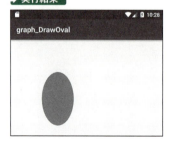

キャンバス

弧を描画する

構文

≫ [android.graphics.Canvas]

 void drawArc(RectF oval, float startAngle, float sweepAngle, Boolean useCenter, Paint paint)　　弧を描画する

引数

oval	弧を描画する領域(左上と右下の指定)
startAngle	開始角度(時計：3時の位置が0度)
sweepAngle	弧の角度
useCenter	弧の開始点と終了点の間の中心線の有無
paint	Paintのオブジェクト

サンプル

サンプルプロジェクト：graph_DrawArc
ソース：src/MainActivity.java

```java
public GraphView(Context context) {
    super(context);
    mPaint = new Paint();
    mRectF = new RectF(100.0f, 100.0f, 600.0f, 600.0f);
}

@Override
protected void onDraw(Canvas canvas) {
    super.onDraw(canvas);

    mPaint.setColor(Color.RED);    // 色の設定

    // 弧を描画する
    canvas.drawArc(mRectF, 20.0f, 80.0f, true, mPaint);
}
```

実行結果

キャンバス

四角形を描画する

構文

≫ [android.graphics.Canvas]

 void drawRect(RectF rect, Paint paint) 　　四角形を描画する

引数

rect 　　　　　　　　　　四角形の描画位置(左上と右下の指定)
paint 　　　　　　　　　　Paintのオブジェクト

サンプル

サンプルプロジェクト：graph_DrawRect
ソース：src/MainActivity.java

```java
public GraphView(Context context) {
    super(context);
    mPaint = new Paint();
    mRect = new Rect(100, 100, 230, 180);
}

@Override
protected void onDraw(Canvas canvas) {
    super.onDraw(canvas);

    mPaint.setColor(Color.RED);    // 色の設定

    // 四角形を描画する
    canvas.drawRect(mRect, mPaint);
}
```

実行結果

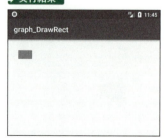

キャンバス

テキストを描画する

構文

≫ [android.graphics.Canvas]

 void drawText(String text, float x, float y, Paint paint)　テキストを描画する

引数

text	画面上に描画するテキスト
x	テキストの描画開始位置のX座標
y	テキストの描画開始位置のY座標
paint	描画に用いるPaintオブジェクト

サンプル

サンプルプロジェクト：graph_DrawText
ソース：src/MainActivity.java

```java
public GraphView(Context context) {
    super(context);
    mPaint = new Paint();
}

@Override
protected void onDraw(Canvas canvas) {
    super.onDraw(canvas);

    mPaint.setColor(Color.RED);      // 色の指定
    mPaint.setTextSize(64.0f);       // テキストサイズの指定

    // テキストを描画する
    canvas.drawText("テキストの描画", 100.0f, 100.0f, mPaint);
}
```

実行結果

5 グラフィックス

ビットマップ

InputStream形式のデータをビットマップで読み込む

構文

≫ [android.graphics.BitmapFactory]

Lv ①	Bitmap decodeStream(InputStream is)	InputStream形式のデータから Bitmapを取得する
	Bitmap decodeStream(InputStream is, Rect outPadding, BitmapFactory.Options opts)	InputStream形式のデータから Bitmapを取得する

引数

is	InputStream形式のデータ
outPadding	切り抜く位置を指定するRectオブジェクト
opts	Bitmapのオプション指定

解説

InputStream形式で取得した画像を画面に表示したい場合は、ビットマップに変換してから表示処理を行います。

サンプル

サンプルプロジェクト:graph_BitmapAssets
ソース:src/MainActivity.java

```java
// 画像リソースの読み込み
AssetManager assetManager = getAssets();
try {
    // assetsから取得した画像からBitmapオブジェクトを取得
    // https://commons.wikimedia.org/wiki/File:Android_7.0_Nougat.jpg?uselang=ja
    InputStream is = assetManager.open("nougat.jpg");
    BufferedInputStream buf = new BufferedInputStream(is);
    Bitmap bitmap = BitmapFactory.decodeStream(buf);

    // 画像をImageViewで表示
    ImageView nougatImageView = findViewById(R.id.nougat_image_ ⤷
view);
    nougatImageView.setImageBitmap(bitmap);

    // ストリームのクローズ
    buf.close();
} catch (IOException e) {
    e.printStackTrace();
}
```

実行結果

関連 「ビットマップ形式の画像を表示する」…… P.252

ビットマップ

端末内のビットマップ画像を読み込む

構文

≫ [android.graphics.BitmapFactory]

Lv ❶	Bitmap decodeFile(String pathName)	ローカルのファイルからBitmapを取得する
	Bitmap decodeFile(String pathName, BitmapFactory.Options opts)	ローカルのファイルからBitmapを取得する(オプション指定可)

引数

pathName　　　　　　　　　　　　　ファイルのパス
opts　　　　　　　　　　　　　　　　ビットマップのオプション指定

パーミッション

| Lv ❶ | android.permission.READ_EXTERNAL_STORAGE | SDカードの読み込みを許可 |

解説

引数pathNameに指定したパスに置かれた画像を取得し、ビットマップに変換します。

Mashmallow(Android 6.0)からファイルアクセスする際には読み込みの権限チェックが必要です。

サンプル

サンプルプロジェクト：graph_BitmapStorage
ソース：src/MainActivity.java

```
// サンプルを試す場合は、/sdcard/ 直下に nougat.jpg という画像ファイルを
// 置いてください
Bitmap bitmap = BitmapFactory.decodeFile(Environment.
getExternalStorageDirectory().getPath() + "/nougat.jpg");

ImageView imageView = findViewById(R.id.image_view);
imageView.setImageBitmap(bitmap);
```

実行結果

関連　「権限の許可をユーザに要求する」
　　　……P.44

ビットマップ

リソース上のビットマップを
読み込む

構文

≫ [android.graphics.BitmapFactory]

Lv ❶	Bitmap decodeResource(Resources res, int id)	リソースのデータからBitmapを取得する
	Bitmap decodeResource(Resources res, int id, BitmapFactory.Options opts)	リソースのデータからBitmapを取得する(オプション指定可)

引数

res　　　　リソースのオブジェクト。getResourcesメソッドで取得する
id　　　　リソースの指定。R.drawable.[画像リソース名]形式で指定する
opts　　　ビットマップのオプション

サンプル

サンプルプロジェクト：graph_ImageBitmap
ソース：src/MainActivity.java

```
// ビットマップ形式で読み込み
Bitmap bitmap = BitmapFactory.decodeResource(getResources(), R.drawable.dog);
binding.imageTarget.setImageBitmap(bitmap);
```

実行結果

「ビットマップ形式の画像を表示する」…… P.252

関連

「リソースを管理する情報を取得する」…… P.474

ビットマップ

ビットマップを回転させる

構文

>> [android.graphics.Matrix]

boolean postRotate(float degrees) 回転する角度を設定する

>> [android.graphics.Bitmap]

Bitmap createBitmap(Bitmap source, int x, int y, int width, int height, Matrix m, boolean filter)　ビットマップを生成する

引数

degrees	回転する角度
source	ビットマップを生成する元となるビットマップ
x	元ビットマップから切り抜く開始X座標
y	元ビットマップから切り抜く開始Y座標
width	x, yを起点とした幅
height	x, yを起点とした高さ
m	ビットマップを生成する際のオプション情報。回転する情報はここに与える
filter	アンチエイリアスをかけるかどうかの指定。trueを指定すると、アンチエイリアスがかかる

解説

ビットマップを回転して表示したい場合は、ビットマップを生成する際に用いるcreateBitmapメソッドにMatrixの情報を設定します。回転はpostRotateメソッドで、時計回りに回転させたい角度を指定します。

サンプル

サンプルプロジェクト：graph_BitmapRotate
ソース：src/MainActivity.java

```java
// 画像リソースの読み込み
AssetManager assetManager = getAssets();
try {
    // assetsから取得した画像からBitmapオブジェクトを取得
    InputStream is = assetManager.open("nougat.jpg");
    BufferedInputStream buf = new BufferedInputStream(is);
```

```java
    Bitmap bitmap = BitmapFactory.decodeStream(buf);

    // ビットマップの回転を設定
    Matrix matrix = new Matrix();
    matrix.postRotate(90.0f);

    Bitmap rotateBitmap = Bitmap.createBitmap(bitmap, 0, 0,
        bitmap.getWidth(), bitmap.getHeight(), matrix, true);

    // 画像を ImageView で表示
    ImageView nougatRotateView = findViewById(R.id.nougat_rotate_view);
    nougatRotateView.setImageBitmap(rotateBitmap);

    // ストリームのクローズ
    buf.close();
} catch (IOException e) {
    e.printStackTrace();
}
```

実行結果

ビットマップ

ビットマップを拡大／縮小する

構文

≫ [android.graphics.Bitmap]

Bitmap createScaledBitmap
(Bitmap src, int dstWidth, int　拡大／縮小したビットマップを生成する
dstHeight, boolean filter)

引数

src　　　　ビットマップを生成する元となるビットマップ
dstWidth　元ビットマップの変換後の幅
dstHeight　元ビットマップの変換後の高さ
filter　　　アンチエイリアスをかけるかの指定。trueを指定すると、アンチエイリアスがかかる

解説

ビットマップを拡大／縮小したい場合は、createScaledBitmapメソッドで対象のビットマップから拡大／縮小したビットマップを生成します。dstWidth、dstHeightに指定したサイズで拡大／縮小が行われます。

サンプル

サンプルプロジェクト：graph_ScaleBitmap
ソース：src/MainActivity.java

```
Bitmap normalBitmap = BitmapFactory.decodeResource(getResources(), R.drawable.↲
dog);
// 縮小したビットマップの作成
Bitmap scaleBitmap = Bitmap.createScaledBitmap(normalBitmap,
    normalBitmap.getWidth() / 2,
    normalBitmap.getHeight() / 2,
    true);
binding.normalBitmap.setImageBitmap(normalBitmap);
binding.scaleBitmap.setImageBitmap(scaleBitmap);
```

▶ 実行結果

ビットマップ

ビットマップのサイズを取得する

構文

≫ [android.graphics.Bitmap]

Lv ❶	int getWidth()	ビットマップの幅を取得する
	int getHeight()	ビットマップの高さを取得する

サンプル

サンプルプロジェクト：graph_BitmapWidth
ソース：src/MainActivity.java

```
// ビットマップの幅、高さの取得
Bitmap bitmap = BitmapFactory.decodeResource(getResources(), R.drawable.dog);
int width = bitmap.getWidth();
int height = bitmap.getHeight();

// 幅、高さの表示設定
TextView widthText = findViewById(R.id.image_width_text);
widthText.setText("幅: " + width);
TextView heightText = findViewById(R.id.image_height_text);
heightText.setText("高さ: " + height);
```

実行結果

ビットマップ

ビットマップ画像を保存する

構文

≫ [android.graphics.Bitmap]

| Lv ① | boolean compress(Bitmap.CompressFormat format, int quality, OutputStream stream) | ビットマップ画像を指定したフォーマットで保存する |

引数

format	圧縮フォーマット
quality	圧縮率(0〜100で指定)
stream	画像を書き込むための OutputStream オブジェクト

定数

● format

≫ [android.graphics.Bitmap.CompressFormat]

Lv ①	JPEG	JPEG形式での保存
	PNG	PNG形式での保存
	WEBP	WEBP形式での保存

パーミッション

| Lv ① | android.permission.WRITE_EXTERNAL_STORAGE | SDカードへの書き込みを許可 |

サンプル

サンプルプロジェクト：graph_BitmapCompress
ソース：src/MainActivity.java

```
Bitmap bitmap = BitmapFactory.decodeResource(getResources(),
    R.mipmap.ic_launcher_round);

// 保存先を指定
File dir = Environment.getExternalStoragePublicDirectory(Environment. ↴
DIRECTORY_DOWNLOADS);

// 日付でファイル名を作成
Date date = new Date();
SimpleDateFormat fileName = new SimpleDateFormat("yyyyMMdd_HHmmss", ↴
```

```
Locale.JAPANESE);
 try {
    // 保存処理開始
    FileOutputStream fos = new FileOutputStream(
    new File(dir, fileName.format(date) + ".jpg"));

    // jpeg で保存
    bitmap.compress(Bitmap.CompressFormat.JPEG, 100, fos);
    MediaScannerConnection.scanFile(this,
    new String[]{dir.getAbsolutePath()}, new String[]{"image/jpg"}, null);

    fos.close();
} catch (IOException e) {
    e.printStackTrace();
}
```

関連 「データ格納へのディレクトリパスを取得する」…… P.310
「ファイルの情報を書き込む」…… P.322

サーフェイスビュー

サーフェイスビューを表示する

構文

≫ [android.view.SurfaceHolder.Callback]

Lv ❶	void surfaceCreated(SurfaceHolder holder)	サーフェイスの生成時に呼ばれる
	void surfaceChanged(SurfaceHolder holder, int format, int w, int h)	サーフェイスの変更時に呼ばれる
	void surfaceDestroyed(SurfaceHolder holoder)	サーフェイスの破棄時に呼ばれる

≫ [android.view.SurfaceView]

Lv ❶	SurfaceHolder getHolder()	SurfaceHolder オブジェクトを取得する

≫ [android.view.SurfaceHolder]

Lv ❶	void addCallback(SurfaceHolder. Callback callback)	コールバックを追加する

引数

holder	SurfaceHolder オブジェクト
format	サーフェイスの新しい PixelFormat
w	サーフェイスの幅
h	サーフェイスの高さ
callback	コールバック用オブジェクト

解説

　サーフェイスビューは、簡単なゲームの作成やカメラのプレビュー画面を表示する際に利用します。ユーザのタッチで絵を描くペイントアプリのような場合でも、活用できるでしょう。

サンプル

サンプルプロジェクト：graph_SurfaceView
ソース：src/view/SampleSurfaceView.java

```
public class SampleSurfaceView extends SurfaceView implements SurfaceHolder.↴
Callback {
    private SurfaceHolder mHolder;
```

```java
    public SampleSurfaceView(Context context) {
        super(context);

        // SurfaceHolderを取得し、描画処理用のコールバックを登録する
        mHolder = getHolder();
        mHolder.addCallback(this);
    }

    // SurfaceView生成時のコールバック処理
    @Override
    public void surfaceCreated(SurfaceHolder holder) {
        // 描画用スレッドの実行開始
        new Thread(new Runnable() {
            @Override
            public void run() {
                Canvas canvas = mHolder.lockCanvas();
                if (canvas != null) {
                    // 背景色を青に変更
                    canvas.drawColor(Color.BLUE);

                    // 四角形の描画
                    Rect rect = new Rect(100, 100, 500, 500);
                    Paint paint = new Paint();
                    paint.setColor(Color.YELLOW);
                    canvas.drawRect(rect, paint);
                    mHolder.unlockCanvasAndPost(canvas);
                }
            }
        }).start();
    }

    // SurfaceView変更時のコールバック処理
    @Override
    public void surfaceChanged(SurfaceHolder holder, int format, int width,
                               int height) {
    }

    // SurfaceView破棄時のコールバック処理
    @Override
    public void surfaceDestroyed(SurfaceHolder holder) {
    }
}
```

▶ 実行結果

壁紙の設定を変更する

壁紙

構文

>> [android.app.WallpaperManager]

Lv 6	WallpaperManager getInstance(Context context)	WallpaperManagerのオブジェクトを取得する
	void setBitmap(Bitmap bitmap) throws IOException	壁紙の画像を設定する
	void clear() throws IOException	壁紙の設定をクリアする

引数

context　　　　　　　　　アプリケーションのコンテキスト
bitmap　　　　　　　　　壁紙に設定する画像

パーミッション

Lv 1	android.permission.SET_WALLPAPER	壁紙の設定を許可

解説

WallpaperManagerに表示したい壁紙を渡すことでHOME画面の壁紙を設定できます。

サンプル

サンプルプロジェクト：graph_Wallpaper
ソース：AndroidManifest.xml

```
<uses-permission android:name="android.permission.SET_WALLPAPER"/>
```

ソース：src/MainActivity.java

```
private WallpaperManager mWallpaperManager = null;

@Override
protected void onCreate(Bundle savedInstanceState) {
    super.onCreate(savedInstanceState);
    setContentView(R.layout.activity_main);

    mWallpaperManager = WallpaperManager.getInstance(this);
}

public void onWallpaperSetting(View view) {
```

```
    // 壁紙の設定
    try {
        Bitmap bitmap = BitmapFactory.decodeResource(getResources(), ⮯
R.drawable.dog);
        mWallpaperManager.setBitmap(bitmap);
    } catch (IOException e) {
        e.printStackTrace();
    }
}

public void onWallpaperClear(View view) {
    // 壁紙のクリア
    try {
        mWallpaperManager.clear();
    } catch (IOException e) {
        e.printStackTrace();
    }
}
```

ライブ壁紙

ライブ壁紙を登録する

▶ 構文

≫ 〔android.service.wallpaper.WallpaperService〕

Lv 7	WallpaperService.Engine onCreateEngine()	ライブ壁紙用のエンジン生成時に呼ばれる

≫ 〔android.service.wallpaper.WallpaperService.Engine〕

	Engine(Resources r)	WallpaperService.Engine のコンストラクタ
	void onSurfaceCreated(SurfaceHolder holder)	サーフェイス生成時に呼ばれる
Lv 7	void onSurfaceChanged(SurfaceHolder holder, int format, int width, int height)	サーフェイス変更時に呼ばれる
	void onSurfaceDestroyed(SurfaceHolder holder)	サーフェイス破棄時に呼ばれる
	void onVisibilityChanged(boolean visible)	表示状態が変更されるときに呼ばれる

▶ 引数

holder	SurfaceHolder オブジェクト
format	サーフェイスの PixelFormat
width	サーフェイスの幅
height	サーフェイスの高さ
visible	true の場合、表示状態

▶ マニフェスト定義

```
<service>
    <intent-filter></intent-filter>
    <meta-data />
</service>
```

▶ マニフェスト属性

● <service>

android:name	ライブ壁紙用に用意したクラス名

278

| android:label | ライブ壁紙選択時に表示する名称 |
| android:permission | android.permission.BIND_WALLPAPER |

→ インテントフィルタ

● action

| android:name | android.service.wallpaper.WallpaperService |

→ メタデータ

| android:name | android.service.wallpaper |
| android:resource | @xml/[ライブ壁紙用のリソースファイル名] |

解説

ライブ壁紙を作成したい場合は、WallpaperServiceを継承したライブ壁紙用のサービスを実装します。描画用のEngineを継承したクラスのオブジェクトをonCreateEngineメソッドの戻り値として渡すことで、ライブ壁紙の処理が実行されます。

描画処理を行うEngineクラスに用意されているメソッドは、SurfaceViewと同様です。

ライブ壁紙をシステムに設定するための情報は、res/xml/に格納したリソースで定義します。この設定の詳細については、「関連」にある「ライブ壁紙用リソースを定義する」（P.466）を参照してください。

→ サンプル

サンプルプロジェクト：graph_LiveWallpaper
ソース：src/SampleLiveWallpaperService.java

```java
public class SampleLiveWallpaperService extends WallpaperService {

    @Override
    public void onCreate() {
        super.onCreate();
    }

    @Override
    public void onDestroy() {
        super.onDestroy();
    }

    @Override
    public Engine onCreateEngine() {
        // Engine を継承した RenderEngine のオブジェクトを返す
        return new RenderEngine();
    }
```

```java
public class RenderEngine extends Engine {

    @Override
    public void onSurfaceCreated(SurfaceHolder holder) {
        super.onSurfaceCreated(holder);

        // 画面の描画
        onDrawCanvas();
    }

    @Override
    public void onSurfaceChanged(SurfaceHolder holder, int format,
            int width, int height) {
        super.onSurfaceChanged(holder, format, width, height);
    }

    @Override
    public void onSurfaceDestroyed(SurfaceHolder holder) {
        super.onSurfaceDestroyed(holder);
    }

    public void onDrawCanvas() {
        // Canvas の取得
        Canvas canvas = getSurfaceHolder().lockCanvas();
        if (canvas != null) {
            // 背景色を青に変更
            canvas.drawColor(Color.BLUE);

            // 四角形の描画
            Rect rect = new Rect(100, 100, 500, 500);
            Paint paint = new Paint();
            paint.setColor(Color.YELLOW);
            canvas.drawRect(rect, paint);

            // Canvas の解放
            getSurfaceHolder().unlockCanvasAndPost(canvas);
        }
    }
}
```

ソース：AndroidManifest.xml

```xml
<uses-feature android:name="android.software.live_wallpaper"/>

<application
    android:allowBackup="true"
    android:icon="@mipmap/ic_launcher"
    android:label="@string/app_name"
    android:roundIcon="@mipmap/ic_launcher_round"
    android:supportsRtl="true"
    android:theme="@style/AppTheme">
    <activity android:name=".MainActivity">
        <intent-filter>
            <action android:name="android.intent.action.MAIN"/>

            <category android:name="android.intent.category.LAUNCHER"/>
        </intent-filter>
    </activity>
    <activity android:name=".activity.SettingsPreferenceActivity">
        <intent-filter>
            <action android:name="android.intent.action.MAIN"/>
        </intent-filter>
    </activity>

    <service
        android:name=".service.SampleLiveWallpaperService"
        android:label=" ライブ壁紙のサンプル "
        android:permission="android.permission.BIND_WALLPAPER">
        <intent-filter>
            <action android:name="android.service.wallpaper.WallpaperService"/>
        </intent-filter>
        <meta-data
            android:name="android.service.wallpaper"
            android:resource="@xml/wallpaper"/>
    </service>
</application>
```

ソース：res/xml/wallpaper.xml

```xml
<?xml version="1.0" encoding="utf-8"?>
<wallpaper
    xmlns:android="http://schemas.android.com/apk/res/android"
    android:description="@string/description"
    android:settingsActivity="net.buildbox.pokeri.graph_livewallpaper. ⮷
activity.SettingsPreferenceActivity"
    android:thumbnail="@mipmap/ic_launcher"/>
```

実行結果

関連 「ライブ壁紙用リソースを定義する」…… P.482

Chapter **6**

マルチメディア

Android SDK Pocket Reference

トーンジェネレータ

トーン音を鳴らす

構文
≫ [android.media.ToneGenerator]

Lv ❶	ToneGenerator (int streamType, int volume)	ToneGeneratorのコンストラクタ
	boolean startTone (int toneType)	トーンを開始する
	void release()	ToneGeneratorオブジェクトを解放する
Lv ❺	boolean startTone (int toneType, int durationMs)	トーンを開始する(再生時間を指定)

引数

streamType	使用するトーンのストリームタイプ
volume	音量
toneType	再生するトーンのタイプ
durationMs	再生時間(ミリ秒)

定数
● streamType
≫ [android.media.AudioManager]

Lv ❶	STREAM_RING	着信音
	STREAM_NOTIFICATON	通知音
	STREAM_ALARM	アラーム音
	STREAM_MUSIC	音楽音
	STREAM_SYSTEM	システム音
	STREAM_VOICE_CALL	ボイス音
	USE_DEFAULT_STREAM_TYPE	システムが使うデフォルト音
Lv ❸	STREAM_NOTIFICATION	通知音
Lv ❺	STREAM_DTMF	DTMF音

6

マルチメディア

284

≫ [android.media.ToneGenerator]

Lv ❶	MAX_VOLUME	最大ボリューム
	MIN_VOLUME	最小ボリューム

● toneType

Lv ❶

TONE_DTMF_0, TONE_DTMF_1, TONE_DTMF_2, TONE_DTMF_3, TONE_DTMF_4, TONE_DTMF_5, TONE_DTMF_6, TONE_DTMF_7, TONE_DTMF_8, TONE_DTMF_9, TONE_DTMF_A, TONE_DTMF_B, TONE_DTMF_C, TONE_DTMF_D, TONE_DTMF_P, TONE_DTMF_S, TONE_PROP_ACK, TONE_PROP_BEEP, TONE_PROP_BEEP2, TONE_PROP_NACK, TONE_PROP_PROMPT, TONE_SUP_BUSY, TONE_SUP_CALL_WAITING, TONE_SUP_CONGESTION, TONE_SUP_DIAL, TONE_SUP_ERROR, TONE_SUP_RADIO_ACK, TONE_SUP_RADIO_NOTAVAIL, TONE_SUP_RINGTONE

Lv ❹

TONE_CDMA_ABBR_ALERT, TONE_CDMA_ABBR_INTERCEPT, TONE_CDMA_ABBR_REORDER, TONE_CDMA_ALERT_AUTOREDIAL_LITE, TONE_CDMA_ALERT_CALL_GUARD, TONE_CDMA_ALERT_INCALL_LITE, TONE_CDMA_ALERT_NETWORK_LITE, TONE_CDMA_ANSWER, TONE_CDMA_CALLDROP_LITE, TONE_CDMA_CALL_SIGNAL_ISDN_INTERGROUP, TONE_CDMA_CALL_SIGNAL_ISDN_NORMAL, TONE_CDMA_CALL_SIGNAL_ISDN_PAT3, TONE_CDMA_CALL_SIGNAL_ISDN_PAT5, TONE_CDMA_CALL_SIGNAL_ISDN_PAT6, TONE_CDMA_CALL_SIGNAL_ISDN_PAT7, TONE_CDMA_CALL_SIGNAL_ISDN_PING_RING, TONE_CDMA_CALL_SIGNAL_ISDN_SP_PRI, TONE_CDMA_CONFIRM, TONE_CDMA_DIAL_TONE_LITE, TONE_CDMA_EMERGENCY_RINGBACK, TONE_CDMA_HIGH_L, TONE_CDMA_HIGH_PBX_L, TONE_CDMA_HIGH_PBX_SLS, TONE_CDMA_HIGH_PBX_SS, TONE_CDMA_HIGH_PBX_SSL, TONE_CDMA_HIGH_PBX_S_X4, TONE_CDMA_HIGH_SLS, TONE_CDMA_HIGH_SS, TONE_CDMA_HIGH_SSL, TONE_CDMA_HIGH_SS_2, TONE_CDMA_HIGH_S_X4, TONE_CDMA_INTERCEPT, TONE_CDMA_KEYPAD_VOLUME_KEY_LITE, TONE_CDMA_LOW_L, TONE_CDMA_LOW_PBX_L, TONE_CDMA_LOW_PBX_SLS, TONE_CDMA_LOW_PBX_SSTONE_CDMA_LOW_PBX_SSL, TONE_CDMA_LOW_PBX_S_X4, TONE_CDMA_LOW_SLS, TONE_CDMA_LOW_SS, TONE_CDMA_LOW_SSL, TONE_CDMA_LOW_SS_2, TONE_CDMA_LOW_S_X4, TONE_CDMA_MED_L, TONE_CDMA_MED_PBX_L, TONE_CDMA_MED_PBX_SLS, TONE_CDMA_MED_PBX_SS, TONE_CDMA_MED_PBX_SSL, TONE_CDMA_MED_PBX_S_X4, TONE_CDMA_MED_SLS, TONE_CDMA_MED_SS, TONE_CDMA_MED_SSL, TONE_CDMA_MED_SS_2, TONE_CDMA_MED_S_X4, TONE_CDMA_NETWORK_BUSY, TONE_CDMA_NETWORK_BUSY_ONE_SHOT, TONE_CDMA_NETWORK_CALLWAITING, TONE_CDMA_NETWORK_USA_RINGBACK, TONE_CDMA_ONE_MIN_BEEP, TONE_CDMA_PIP, TONE_CDMA_PRESSHOLDKEY_LITE, TONE_CDMA_REORDER, TONE_CDMA_SIGNAL_OFF, TONE_CDMA_SOFT_ERROR_LITE, TONE_SUP_CONFIRM, TONE_SUP_CONGESTION_ABBREV, TONE_SUP_INTERCEPT, TONE_SUP_INTERCEPT_ABBREV, TONE_SUP_PIP

▶ 解説

ToneGeneratorを用いることで、トーン音を鳴らすことができます。

ToneGeneratorの生成時にstreamTypeでトーン音のタイプを指定し、startToneメソッドでトーン音を開始するときにtoneTypeで鳴らすトーン音を指定します。

サンプル

サンプルプロジェクト：`media_ToneGenerator`
ソース：`src/MainActivity.java`

```java
private ToneGenerator mToneGenerator;

private View.OnClickListener mOnClickListener = new View.OnClickListener() {

    @Override
    public void onClick(View view) {
        switch (view.getId()) {
            case R.id.button_1:
                mToneGenerator.startTone(ToneGenerator.TONE_DTMF_1, 200);
                break;
            case R.id.button_2:
                mToneGenerator.startTone(ToneGenerator.TONE_DTMF_2, 200);
                break;
            ……省略……
        }
    }
};

//region Lifecycle
@Override
protected void onCreate(Bundle savedInstanceState) {
    super.onCreate(savedInstanceState);
    mBinding = DataBindingUtil.setContentView(this, R.layout.activity_main);
    // ToneGenerator の生成
    mToneGenerator = new ToneGenerator(AudioManager.STREAM_SYSTEM, ⤵
ToneGenerator.MAX_VOLUME);

    initializeButton();
}

@Override
public void onDestroy() {
    // ToneGenerator の解放
    mToneGenerator.release();
    super.onDestroy();
}

;
//endregion

//region Private
private void initializeButton() {
    mBinding.button1.setOnClickListener(mOnClickListener);
    mBinding.button2.setOnClickListener(mOnClickListener);
    ……省略……
}
//endregion
```

音量

音量を調整する

> 構文

≫ [android.media.AudioManager]

Lv ①	int getStreamVolume(int streamType)	音量を取得する
	void setStreamVolume (int streamType, int index, int flags)	音量を設定する

> 引数

streamType	調整する音量のタイプ
index	新たに設定する音量
flags	UIを表示するかどうかのフラグ。0を指定すると何も表示しない

> 定数

● streamType

≫ [android.media.AudioManager]

「トーン音を鳴らす」…… P.284

● flags

≫ [android.media.AudioManager]

| Lv ① | FLAG_SHOW_UI | 選択された音量を調整するトーストを表示する |

> 解説

Androidで調整できる音量は、定数にある通り9種類あります。音量を調整したい場合は、AudioManagerを取得してsetStreamVolumeメソッドで設定を行います。現在の音量を取得したい場合は、getStreamVolumeメソッドを呼び出します。

> サンプル

サンプルプロジェクト：media_AudioManager
ソース：src/MainActivity.java

```
private ActivityMainBinding mBinding;
private AudioManager mAudioManager;

@Override
protected void onCreate(Bundle savedInstanceState) {
```

```java
        super.onCreate(savedInstanceState);
        mBinding = DataBindingUtil.setContentView(this, R.layout.activity_main);
        mBinding.setMainActivity(this);

        // 着信音量の取得
        mAudioManager = (AudioManager) getSystemService(AUDIO_SERVICE);
        if (mAudioManager != null) {
            int ringVolume = mAudioManager.getStreamVolume(AudioManager. ↴
STREAM_RING);
            mBinding.volume.setText(String.valueOf(ringVolume));
        }
    }

    public void onMinusClick(View view) {
        // 着信音の取得
        int ringVolume = mAudioManager.getStreamVolume(AudioManager.STREAM_RING);
        if (ringVolume > 1) {
            // 着信音の設定（ボリュームを1下げる）
            mAudioManager.setStreamVolume(AudioManager.STREAM_RING, ↴
--ringVolume, AudioManager.FLAG_SHOW_UI);
            mBinding.volume.setText(String.valueOf(ringVolume));
        } else {
            // 0を指定するとSecurityExceptionを出力してクラッシュするため、
            // Toastでメッセージ表示
            Toast.makeText(this, "これ以上下げることができません", Toast. ↴
LENGTH_SHORT).show();
        }
    }

    public void onPlusClick(View view) {
        // 着信音の取得
        int ringVolume = mAudioManager.getStreamVolume(AudioManager.STREAM_RING);
        // 着信音の設定（ボリュームを1上げる）
        mAudioManager.setStreamVolume(AudioManager.STREAM_RING, ↴
++ringVolume, AudioManager.FLAG_SHOW_UI);
        mBinding.volume.setText(String.valueOf(ringVolume));
    }
```

音量

音量調整コントロールを制御するソースを指定する

構文

≫ [android.app.Activity]

| Lv ❶ | void setVolumeControlStream (int streamType) | 音量調整コントロールで制御するソースを指定する |

引数

streamType 調整する音量のタイプ

定数

● streamType
「トーン音を鳴らす」 …… P.284

解説

音量調整コントロールを制御するソースを指定したい場合は、Activity の setVolumeControlStream メソッドで対象を指定できます。この指定はアプリケーションがアクティブな間のみ有効となり、アプリを終了すれば制御はシステム側に返されます。

サンプル

サンプルプロジェクト：media_VolumeControl
ソース：src/MainActivity.java

```java
@Override
protected void onCreate(Bundle savedInstanceState) {
    super.onCreate(savedInstanceState);
    setContentView(R.layout.activity_main);

    // アプリ起動中のボリューム変更はアラートに変更
    setVolumeControlStream(AudioManager.STREAM_ALARM);
}
```

音楽

音楽を鳴らす

➤ 構文

≫［android.media.MediaPlayer］

	static MediaPlayer create(Context context, Uri uri, SurfaceHolder holder)	Uriからメディアプレイヤーを生成する
	static MediaPlayer create(Context context, int resid)	リソースIDからメディアプレイヤーを生成する
	static MediaPlayer create (Context context, Uri uri)	Uriからメディアプレイヤーを生成する
	void start()	音楽の再生を開始する
Lv ❶	void stop()	音楽の再生を停止する
	void pause()	音楽の再生を一時停止する
	void seekTo(int msec)	再生開始のポジションにシークする
	boolean isPlaying()	再生状態を取得する
	void setOnPreparedListener(MediaPlayer.OnPreparedListener listener)	再生準備完了の通知を受け取るリスナーを登録する
	void release()	メディアプレイヤーのリソースを解放する

≫［anroid.media.MediaPlayer.OnPreparedListener］

Lv ❶	void onPrepared(MediaPlayer mp)	音楽の再生準備が完了したときに呼び出されるコールバックメソッド

≫［android.media.SoundPool.Builder］

	SoundPool.Builder()	SoundPool.Builderのコンストラクタ
Lv ㉑	SoundPool.Builder setMaxStreams(int maxStreams)	ストリームの最大数を設定する
	SoundPool build()	SoundPoolのオブジェクトを生成する

≫［android.media.SoundPool］

Lv ❶	int load(Context context, int resId, int priority)	リソースID指定で音楽を読み込む

	int load(String path, int priority)	指定したパスにある音楽を読み込む
	int load(FileDescriptor fd, long offset, long length, int priority)	ファイルデスクリプタ指定で音楽を読み込む
	boolean unload(int soundID)	読み込んだ音楽を破棄する
Lv ①	int play(int soundID, float leftvolume, float rightVolume, int priority, int loop, float rate)	SoundPoolに読み込んだ音楽を再生する
	void pause(int streamID)	音楽の再生を一時停止する
	void stop(int streamID)	音楽の再生を一時停止する
	void release()	SoundPoolのリソースを解放する
Lv ⑧	void setOnLoadCompleteListener(SoundPool.OnLoadCompleteListener listener)	音楽ファイルの読み込み完了の通知を受け取るリスナーを登録する

≫ [android.media.SoundPool.OnLoadCompleteListener]

Lv ⑧	void onLoadComplete(SoundPool soundPool, int sampleId, int status)	音楽ファイルの読み込みが完了したときに呼び出されるコールバックメソッド

引数

context	アプリケーションのコンテキスト
uri	格納された音楽を指し示すUri
holder	SurfaceHolderオブジェクト
resid	音楽のリソースID
msec	シーク時に指定する時間。ミリ秒で指定する
resId	音楽のリソースID
listener	再生準備完了／音楽ファイルの読み込み完了の通知を受け取るリスナー
mp	MediaPlayerオブジェクト
priority	音の優先順位。将来の互換性のために、1を指定する
path	音楽へのパス
fd	FileDescriptorオブジェクト
offset	ファイル内の開始位置
length	ファイルから読み込む長さ
soundID	読み込んだ音楽のID
leftVolume	左側のスピーカーのボリューム(0.0～1.0)
rightVolume	右側のスピーカーのボリューム(0.0～1.0)
loop	再生のループ回数(-1で無限ループ。0でループしない)
rate	再生スピード(0.5～2.0)
streamID	再生中の音楽のID
soundPool	SoundPoolのオブジェクト
sampleId	読み込んだ音楽のID

status	読み込み結果ステータス（0が成功）
maxStreams	ストリームの最大数

解説

　音楽を再生するためには、MediaPlayerとSoundPoolの2つの方法が提供され
ています。これらの再生方法の違いは、1つのオブジェクトで複数の音楽を流すか
どうかです。CDなどの音楽を流したい場合、音を重ねることは嫌われますが、ピ
アノのようにユーザが演奏するアプリでは、音楽を重ねて流したいでしょう。複数
の音楽を重ねて流したい場合は、SoundPoolを利用します。

サンプル

サンプルプロジェクト：media_MediaPlayer
ソース：src/MainActivity.java

```java
@Override
protected void onPause() {
    if (mMediaPlayer != null) {
        mMediaPlayer.stop();
        mMediaPlayer.release();
    }
    super.onPause();
}

public void onButtonClick(View view) {
    mMediaPlayer = MediaPlayer.create(this, R.raw.waltz);
    mMediaPlayer.setOnPreparedListener(new MediaPlayer.OnPreparedListener() {
        @Override
        public void onPrepared(MediaPlayer mediaPlayer) {
            // 読み込みが完了したら、再生を開始
            mediaPlayer.start();
        }
    });
}
```

サンプルプロジェクト：media_SoundPool
ソース：src/MainActivity.java

```java
private static final String TAG = MainActivity.class.getSimpleName();
private static final int SOUND_COMPLETE_COUNT = 5;

private SoundPool mSoundPool = null;
private List<Integer> mSoundList = null;
private int mSoundCompleteCount = 0;
private ActivityMainBinding mBinding;


@Override
```

```java
protected void onCreate(Bundle savedInstanceState) {
    super.onCreate(savedInstanceState);
    mBinding = DataBindingUtil.setContentView(this, R.layout.activity_main);
    mBinding.setMainActivity(this);

    // 音楽ファイルの読み込み
    mSoundPool = new SoundPool.Builder()
        .setMaxStreams(SOUND_COMPLETE_COUNT)
        .build();
    mSoundList = new ArrayList<>();
    mSoundList.add(0, mSoundPool.load(this, R.raw.cat, 1));
    mSoundList.add(1, mSoundPool.load(this, R.raw.crows, 1));
    mSoundList.add(2, mSoundPool.load(this, R.raw.door_chime, 1));
    mSoundList.add(3, mSoundPool.load(this, R.raw.knocking_iron_door1, 1));
    mSoundList.add(4, mSoundPool.load(this, R.raw.station_announce, 1));
    mSoundPool.setOnLoadCompleteListener(new SoundPool. ⤸
OnLoadCompleteListener() {
        @Override
        public void onLoadComplete(SoundPool soundPool, int sampleId, ⤸
int status) {
            if (status == 0) {
                // 音楽ファイルの読み込みが完了
                Log.d(TAG, "sampleId " + sampleId + " の読み込みが完了");
                mSoundCompleteCount++;
            }
            if (mSoundCompleteCount == SOUND_COMPLETE_COUNT) {
                mBinding.playSound.setEnabled(true);
            }
        }
    });

}


@Override
protected void onDestroy() {
    if (mSoundPool != null) {
        mSoundPool.release();
    }
    super.onDestroy();
}


public void onSoundPool(View view) {
    // 乱数の生成
    int r = new Random().nextInt(SOUND_COMPLETE_COUNT);

    // 音楽の再生
    mSoundPool.play(mSoundList.get(r), 1.0f, 1.0f, 1, 0, 1.0f);
}
```

音楽

音を録音する

構文

≫［android.media.MediaRecorder］

Lv ❶	void setAudioSource (int audio_source)	録音に使うオーディオソースを指定する
	void setOutputFormat (int output_format)	録音したデータの出力フォーマットを指定する
	void setAudioEncoder (int audio_encoder)	録音に使うエンコーダを指定する
	void setOutputFile(String path)	録音したデータの出力先を指定する
	void prepare()	録音の開始を準備する
	void start()	録音を開始する
	void stop()	録音を停止する
	void reset()	状態をリセットして待機状態にする
	void release()	MediaRecorderオブジェクトを解放する

引数

audio_source	録音に使うオーディオソース
output_format	出力フォーマット
audio_encoder	録音に使うエンコーダ
path	録音したデータの出力先

定数

● audio_source

≫［android.media.MediaRecorder.AudioSource］

Lv ❶	DEFAULT	デフォルトのオーディオソース
	MIC	マイク
Lv ❹	VOICE_CALL	通話
	VOICE_DOWNLINK	相手の通話音声
	VOICE_UPLINK	自分の通話音声
Lv ❼	CAMCORDER	カメラデバイス(利用不可の場合はデフォルト)
	VOICE_RECOGNITION	音声認識(利用不可の場合はデフォルト)

Lv 11	VOICE_COMMUNICATION	VoIPを用いた音声通信（利用不可の場合はデフォルト）

● output_format
≫ [android.media.MediaRecorder.OutputFormat]

	DEFAULT	機種に依存したデフォルトファイルフォーマット
Lv 1	MPEG_4	MPEG4ファイルフォーマット
	THREE_GPP	3GPPファイルフォーマット
Lv 10	AMR_NB	AMR NBファイルフォーマット
	AMR_WB	AMR WBファイルフォーマット
Lv 16	AAC_ADTS	AAC ADTSファイルフォーマット

パーミッション

Lv 1	android.permission.RECORD_AUDIO	音声の録音を許可する

● ファイルとして保存する場合

Lv 1	android.permission.WRITE_EXTERNAL_STORAGE	外部ストレージへの書き込みを許可する

解説

音声を録音したい場合は、MediaRecorderを利用します。

録音の処理を行うとき、setOutputFormatメソッドの前にsetAudioEncoderメソッドを呼ぼうとすると、IllegalStateExceptionが発生してエラーとなりますので、注意してください。

サンプル

サンプルプロジェクト：media_Recorder
ソース：src/MainActivity.java

```
if (isChecked) {    // 録音開始
    mRecorder = new MediaRecorder();
    mRecorder.setAudioSource(MediaRecorder.AudioSource.DEFAULT);
    mRecorder.setOutputFormat(MediaRecorder.OutputFormat.MPEG_4);
    mRecorder.setAudioEncoder(MediaRecorder.AudioEncoder.DEFAULT);

    // 保存先の指定
    String path = Environment.getExternalStorageDirectory() + "/record_audio.⏎
mp4";
```

```
        mRecorder.setOutputFile(path);

    // 録音準備
    try {
        mRecorder.prepare();
    } catch (IllegalStateException | IOException e) {
        e.printStackTrace();
    }

    // 録音開始
    mRecorder.start();
} else {
    // 録音の停止
    if (mRecorder != null) {
        mRecorder.stop();
        mRecorder.reset();
        mRecorder.release();
        mRecorder = null;
    }
}
```

関連 「権限の許可をユーザに確認する」…… P.44

動画

動画を再生する

→ ウィジェット

≫ [android.widget.VideoView] Lv 1

`<VideoView></VideoView>`

→ 構文

≫ [android.widget.VideoView]

Lv		
1	void setVideoPath(String path)	再生する動画へのパスを設定する
	void start()	動画の再生を開始する
	boolean isPlaying()	再生状態を取得する

→ 引数

path　再生する動画へのパス

→ サンプル

サンプルプロジェクト：media_VideoView
ソース：activity_main.xml

```xml
<VideoView
    android:id="@+id/video_view"
    android:layout_width="match_parent"
    android:layout_height="match_parent"/>
```

ソース：src/MainActivity.java

```java
VideoView videoView = findViewById
(R.id.video_view);
// 動画のパス指定
videoView.setVideoPath(Environment.
getExternalStorageDirectory() +
"/video_record.3gp");
// 動画の再生開始
videoView.start();
```

→ 実行結果

6 マルチメディア

アニメーション

Tween アニメーションを行う

▶ 構文

≫ [android.view.animation.AnimationUtils]

| Lv ❶ | static Animation loadAnimation (Context context, int id) | リソースからAnimationオブジェクトを読み込む |

≫ [android.view.View]

| Lv ❶ | void startAnimation(Animation animation) | アニメーションを開始する |

▶ 引数

context	コンテキスト
id	アニメーションを定義したリソースID
animation	Animationオブジェクト

▶ リソース定義

Lv ❶	<set></set>	複数のアニメーションを入れ子構造にすることができるコンテナ
	<alpha></alpha>	透過度の指定
	<scale></scale>	拡大／縮小の指定
	<translate></translate>	移動の指定
	<rotate></rotate>	回転の指定

▶ リソース属性

●全体

≫ [android.view.animation.Animation]

Lv ❶	android:duration	アニメーションの動作時間(ミリ秒)
	android:fillBefore	trueでアニメーション開始前のアニメーション変換を有効化
	android:fillAfter	trueでアニメーション開始後のアニメーション変換を有効化
	android:fillEnabled	trueでfillAfterを有効化する
	android:repeatCount	アニメーションの繰り返し回数

Lv ❶	android:repeatMode	繰り返しのモード設定
	android:startOffset	アニメーション開始前のオフセット時間(ミリ秒)
	android:zAdjustment	アニメーションしているオブジェクトどうしの重ね合わせ順序の設定

●alpha要素
≫ [android.view.animation.AlphaAnimation]

Lv ❶	android:fromAlpha	アニメーション開始時の透過率(0.0〜1.0の間で指定)
	android:toAlpha	アニメーション終了時の透過率(0.0〜1.0の間で指定)

●scale要素
≫ [android.view.animation.ScaleAnimation]

Lv ❶	android:interpolator	アニメーションの動きを補完
	android:fromXScale	アニメーション開始時のX軸の倍率
	android:fromYScale	アニメーション開始時のY軸の倍率
	android:toXScale	アニメーション終了時のX軸の倍率
	android:toYScale	アニメーション終了時のY軸の倍率
	android:pivotXType	android:pivotXの設定タイプ
	android:pivotYType	android:pivotYの設定タイプ
	android:pivotX	アニメーションのX座標の基準
	android:pivotY	アニメーションのY座標の基準

●translate要素
≫ [android.view.animation.TranslateAnimation]

Lv ❶	android:fromXDelta	アニメーション開始時のX座標
	android:fromYDelta	アニメーション開始時のY座標
	android:toXDelta	アニメーション終了時のX座標
	android:toYDelta	アニメーション終了時のY座標

●rotate要素
≫ [android.view.animation.RotateAnimation]

Lv ❶	android:fromDegrees	アニメーション開始時の角度
	android:toDegrees	アニメーション終了時の角度
	android:pivotX	回転時のX座標の基点
	android:pivotY	回転時のY座標の基点

解説

Tweenアニメーションを用いると、指定したViewに対してアニメーションさせることができます。可能なアニメーションは透過率の変化、拡大／縮小、移動、回転です。アニメーションはxmlで定義する必要があり、res/anim配下に格納します。格納したxmlファイル名(filename.xmlであれば、filenameの部分)がリソースIDとして使用されます。

▶ サンプル

プロジェクト：media_TweenAnimation
ソース：res/anim/sample.xml

```xml
<set xmlns:android="http://schemas.android.com/apk/res/android">
    <translate
        android:duration="3000"
        android:toXDelta="100"
        android:toYDelta="170"/>
    <alpha
        android:duration="3000"
        android:fromAlpha="1.0"
        android:toAlpha="0.3"/>
</set>
```

ソース：src/MainActivity.java

```
// アニメーションの設定
Animation animation = AnimationUtils.loadAnimation(getApplicationContext(), 
R.anim.sample);
// アニメーション後の状態を保持
animation.setFillAfter(true);
// アニメーションの開始
view.startAnimation(animation);
```

▶ 実行結果

関連 「アニメーションリソースを定義する」
…… P.477

アニメーション

フレームアニメーションを行う

構文

≫ [android.view.View]

| Lv 1 | void setBackgroundResource (int resid) | バックグラウンドで処理するリソースを指定する |
| | Drawable getBackground() | バックグラウンドのDrawableオブジェクトを取得する |

≫ [android.graphics.drawable.AnimationDrawable]

| Lv 1 | void start() | フレームアニメーションを開始する |

引数

resid　　　　リソースID

リソース定義

| Lv 1 | <animation-list> </animation-list> | ルートの要素で、1つ以上の<item>要素が含まれる必要がある |
| | <item></item> | アニメーションの単一のフレーム。<animation-list>の子要素となる必要がある |

属性

● animation-list要素

android:oneshot[boolean]　　trueで1回だけ実行する。falseの場合は繰り返し実行される

● item要素

android:drawable[Drawable]　　フレームで利用するDrawableリソース
android:duration[integer]　　アニメーションの動作時間(ミリ秒)

解説

　イメージ画像を連続して表示するアニメーションを行いたい場合は、フレームアニメーションを用いると便利です。<animation-list>要素に<item>要素を子要素として、各イメージを定義することでイメージ画像の連続したアニメーションを行えます。

6

マルチメディア

301

getBackgroundメソッドでDrawableオブジェクトを取得するときは、AnimationDrawableにキャストする必要がある点に注意してください。

サンプル

プロジェクト：media_FrameAnimation
ソース：res/drawable/pic_animation.xml

```xml
<animation-list xmlns:android="http://schemas.android.com/apk/res/android">
    <item android:drawable="@drawable/pic1" android:duration="1000"/>
    <item android:drawable="@drawable/pic2" android:duration="2000"/>
    <item android:drawable="@drawable/pic3" android:duration="1000"/>
    <item android:drawable="@drawable/pic4" android:duration="2000"/>
    <item android:drawable="@drawable/pic5" android:duration="1000"/>
    <item android:drawable="@drawable/pic6" android:duration="2000"/>
    <item android:drawable="@drawable/pic7" android:duration="1000"/>
</animation-list>
```

ソース：src/MainActivity.java

```java
// 背景の設定
mBinding.animationView.setBackgroundResource(R.drawable.pic_animation);

AnimationDrawable animationDrawable = (AnimationDrawable) mBinding.
animationView.getBackground();
animationDrawable.start();
```

実行結果

アニメーション

プロパティアニメーションを行う

▶ 構文

≫ [android.animation.ObjectAnimator]

Lv ⑪	static ObjectAnimator offloat(Object target, String propertyName, float... values)	指定した値のアニメーションを持ったObjectAnimatorオブジェクトを構築して返す
	static ObjectAnimator ofInt(Object target, String propertyName, int... values)	指定した値のアニメーションを持ったObjectAnimatorオブジェクトを構築して返す
	static ObjectAnimator ofObject (Object target, String propertyName, TypeEvaluator evaluator, Object... values)	指定したオブジェクト値のアニメーションを持ったObjectAnimatorオブジェクトを構築して返す
	ObjectAnimator setDuration(long duration)	アニメーションの長さを設定する
	void setFloatValues(float... values)	アニメーションのfloat値を設定する
	void setIntValues(int... values)	アニメーションのint値を設定する
	void setObjectValues(Object... values)	アニメーションの値を設定する
	void setProperty(Property property)	アニメーションのプロパティを設定する
	void setPropertyName(String propertyName)	アニメーション中のプロパティ名を設定する
	void setTarget(Object target)	アニメーション対象のターゲットを設定する
	void setupStartValues()	開始時の値を設定する
	void setupEndValues()	終了時の値を設定する
	void start()	アニメーションを開始する

▶ 引数

target	アニメーションを行うターゲット
propertyName	アニメーションのプロパティ名

値
● propertyName

	"translationX"	X座標方向の移動を行うアニメーションプロパティ
	"translationY"	Y座標方向の移動を行うアニメーションプロパティ
	"rotation"	回転を行うアニメーションプロパティ
	"rotationX"	X軸方向の回転を行うアニメーションプロパティ
	"rotationY"	Y軸方向の回転を行うアニメーションプロパティ
Lv ⑪	"scaleX"	X軸方向の拡大／縮小を行うアニメーションプロパティ
	"scaleY"	Y軸方向の拡大／縮小を行うアニメーションプロパティ
	"pivotX"	回転や拡大／縮小を行うときのX軸の基準
	"pivotY"	回転や拡大／縮小を行うときのY軸の基準
	"x"	X軸方向への移動を行うアニメーションプロパティ
	"y"	Y軸方向への移動を行うアニメーションプロパティ
	"alpha"	透過度の設定を行うアニメーションプロパティ(0が透明で、1が不透明)

解説

プロパティアニメーションは、Honeycombから追加されたアニメーションの機能です。オブジェクトに対してアニメーションを設定できるところが特徴で、より豊かな表現が可能となりました。

サンプル

プロジェクト：media_PropertyAnimation
ソース：src/MainActivity.java

```
TextView helloView = findViewById(R.id.hello_view);
helloView.setOnClickListener(new View.OnClickListener() {

    @Override
    public void onClick(View view) {
        // TextView をフェードアウトするアニメーションの実施
        ObjectAnimator.ofFloat(view, "alpha", 0.0f).start();
    }
});
```

アニメーション

アクティビティ移動時にフェードイン／フェードアウトする

➡ 構文

≫ [android.app.Activity]

| | void overridePendingTranslation (int enterAnim, int exitAnim) | アクティビティ移動時のアニメーションを行う |

➡ 引数

enterAnim　呼び出すアクティビティを開始するときのアニメーション用リソースID。0を指定すればアニメーションしない

exitAnim　現在のアクティビティを抜けるときのアニメーション用リソースID。0を指定すればアニメーションしない

➡ 解説

アクティビティ間を移動するときにアニメーションさせたい場合は、startActivityで対象の画面遷移を実行した後にoverridePendingTranslationメソッドを呼び出し、実行したいアニメーションを設定することで可能です。

➡ サンプル

プロジェクト：media_PendingTranslation
ソース：src/MainActivity.java

```
Intent intent = new Intent(this, SubActivity.class);
startActivity(intent);

// 画面スライドのアニメーション設定
overridePendingTransition(android.R.anim.slide_in_left, android.R.anim.↵
slide_out_right);
```

その他

ギャラリーにファイルを反映する

構文

≫ [android.media.MediaScannerConnection]

| Lv ① | void scanFile(String path, String mimeType) | 指定したパスのファイルをスキャンして反映する |
| Lv ⑧ | void scanFile(Context context, String[] paths, String[] mimeTypes, MediaScannerConnection. OnScanCompletedListener callback) | 指定したパスのファイルをスキャンして反映する（複数ファイル可） |

≫ [android.media.MediaScannerConnection.OnScanCompletedListener]

| Lv ⑧ | void onScanCompleted(String path, Uri uri) | ファイルのスキャンが完了したときに呼び出すコールバックメソッド |

引数

path, paths	ファイルのパス
mimeType, mimeTypes	ファイルのMIMEタイプ
context	コンテキスト
callback	ファイルのスキャンが完了したときに呼び出すコールバック用リスナーの指定
uri	コンテンツプロバイダのURI

解説

プログラムでSDカード上などにファイルを作成して、USB経由でWindowsのPCなどから参照しようとしたときに、対象のファイルが表示されないことがあります。

これはAndroidのメディアデータベースに、追加したファイルが登録されていないことによるものです。

MediaScannerConnectionのscanFileメソッドによって、指定したファイルを反映できます。

サンプル

サンプルプロジェクト：media_MediaScannerConnection
ソース：src/MainActivity.java

```
// スキャンが完了したときのコールバック処理
private MediaScannerConnection.OnScanCompletedListener mListener = ↴
```

306

```java
new MediaScannerConnection.OnScanCompletedListener() {
    @Override
    public void onScanCompleted(String path, Uri uri) {
        Log.d(TAG, "path = " + path);
        Log.d(TAG, "uri = " + uri);
    }
};

@Override
protected void onCreate(Bundle savedInstanceState) {
    super.onCreate(savedInstanceState);
    setContentView(R.layout.activity_main);

    MainActivityPermissionsDispatcher.generateSampleFileWithPermissionCheck ⬎
(this);
}

@NeedsPermission(Manifest.permission.WRITE_EXTERNAL_STORAGE)
public void generateSampleFile() {
    // SD カードにファイルを作成
    String fileName = "pokeri_test.txt";
    String mimeType = "plain/text";
    File file = new File(
        Environment.getExternalStoragePublicDirectory(Environment. ⬎
DIRECTORY_DOWNLOADS),
        fileName);
    try {
        FileWriter fileWriter = new FileWriter(file);
        fileWriter.write("Hello, Android SDK ポケットリファレンス ");
        fileWriter.close();
    } catch (IOException e) {
        e.printStackTrace();
    }


    // MediaScannerConnection でスキャン
    MediaScannerConnection.scanFile(
        this,
        new String[]{file.getPath()},
        new String[]{mimeType},
        mListener);
}
```

▶ 実行結果

```
D/MainActivity: path = /storage/emulated/0/pokeri_test.txt
D/MainActivity: uri = content://media/external/file/38
```

COLUMN コミュニティ

　Androidアプリを開発する上で必要な技術情報を一人ですべて追いかけ続けるには難しい状況となってきています。一人ではなく、アプリ開発者それぞれが経験した知見を共有し合うことでAndroid開発で発生する課題を解消しようと、コミュニティを形成して知見共有が活発に行われています。

　以下に、主要なコミュニティを紹介します。

●コミュニティ

・DroidKaigi

リンク：https://droidkaigi.jp/

　国内最大級の開発者向けカンファレンスが年に1度開催されています。トップレベルのエンジニアが集まり、現場の知見が集まる場となっていますので、Androidエンジニアとして活動される方は是非参加してください。

・日本Androidの会

リンク：http://www.android-group.jp/

　国内最大のコミュニティです。メーリングリストでAndroidに関する技術的なノウハウのやりとりが行われています。わからない点が出てきたときには、本メーリングリストを参照してみてください。解決策が見つからないときには質問を投げかけることで、情報を得ることができるでしょう。

Chapter **7**

ストレージ

Android SDK Pocket Reference

全般

データ格納へのディレクトリパスを取得する

構文

≫［android.os.Environment］

Lv ❶	File getDataDirectory()	Androidのデータディレクトリを取得する
	File getDownloadCacheDirectory()	Androidのダウンロード／キャッシュ用ディレクトリを取得する
	File getExternalStorageDirectory()	拡張ディレクトリを取得する
	String getExternalStorageState()	拡張ディレクトリの状態を取得する
	File getRootDirectory()	ルートディレクトリを取得する
Lv ❽	File getExternalStoragePublicDirectory(String type)	パブリックな拡張ディレクトリを取得する

引数

type	取得する拡張ディレクトリ

定数

● type

≫［android.os.Environment］

Lv ❽	DIRECTORY_ALARMS	アラームに使用する音楽ファイルを格納するディレクトリ
	DIRECTORY_DCIM	ユーザがカメラで撮影した動画と写真を格納するディレクトリ
	DIRECTORY_DOWNLOADS	ユーザがダウンロードしたファイルが格納されるディレクトリ
	DIRECTORY_MOVIES	ユーザが利用可能な動画を格納するディレクトリ
	DIRECTORY_MUSIC	ユーザが音楽ファイルを格納するディレクトリ
	DIRECTORY_NOTIFICATIONS	通知に使用する音楽ファイルを格納するディレクトリ
	DIRECTORY_PICTURES	ユーザが写真を格納するディレクトリ

● getExternalStorageState メソッドの戻り値

≫［android.os.Environment］

Lv ❶	MEDIA_BAD_REMOVAL	アンマウントされる前にメディアが削除された状態
	MEDIA_CHECKING	メディアのディスクチェック中
	MEDIA_MOUNTED	メディアがマウントされ、読み込み／書き込みが可能な状態
	MEDIA_MOUNTED_READ_ONLY	読み取り専用のメディアがマウントされた状態

サンプル　●格納ディレクトリへのパスを取得する

「音を録音する」…… P.294

プリファレンス

プリファレンスを取得する

構文

≫ [android.content.ContextWrapper]

SharedPreferences getSharedPreferences
(String name, int mode)
　　SharedPreferencesのオブジェクトを取得する

≫ [android.preference.PreferenceManager]

static SharedPreferences getDefaultSharedPreferences(Context context)
　　SharedPreferencesのオブジェクトを取得する

≫ [android.app.Activity]

SharedPreferences getPreferences
(int mode)
　　SharedPreferencesオブジェクトを取得する

引数

name	プリファレンスファイル名
mode	プリファレンスの処理モード
context	コンテキスト

定数

● mode

MODE_PRIVATE	自アプリのみが読み書き可能

解説

SharedPreferencesのオブジェクトを取得します。呼び出すメソッドによって、格納先が次のように異なりますので、注意してください。プリファレンス画面の設定内容は、getDefaultSharedPreferencesメソッドで取得したオブジェクトで読み書きできます。

● getSharedPreferences
　/data/data/[パッケージ名]/shared_prefs/[指定したファイル名].xml

● getDefaultSharedPreferences
　/data/data/[パッケージ名]/shared_prefs/[パッケージ名]_preference.xml

● getPreferences
　/data/data/[パッケージ名]/shared_prefs/[呼び出し元のActivityクラス名].xml

getPreferencesメソッドの引数で指定するmodeに用意されていたMODE_
WORLD_READABLEとMODE_WORLD_WRITABLEはAPI Level 17で非推奨
になりました。また、MODE_MULTI_PROCESSもAPI Level 23で非推奨となっ
ています。これらは利用しないようにしてください。

● サンプル
●データを読み込む場合
「プリファレンスからデータを読み込む」…… P.313
●データを書き込む場合
「プリファレンスにデータを書き込む」…… P.314

関連 「プリファレンス画面を作成する」…… P.204

プリファレンス

プリファレンスからデータを
読み込む

構文

≫ [android.content.SharedPreferences]

Lv ❶	boolean contains(String key)	keyに指定したキーがプリファレンスにあるかチェックする
	Map<String, ?> getAll()	プリファレンスに格納されたすべてのデータを取得する
	boolean getBoolean(String key, boolean defValue)	boolean型のデータを取得する
	float getFloat(String key, float defValue)	float型のデータを取得する
	int getInt(String key, int defValue)	int型のデータを取得する
	long getLong(String key, int defValue)	long型のデータを取得する
	String getString(String key, String defValue)	String型のデータを取得する
Lv ⑪	Set<String> getStringSet(String key, Set<String> defValues)	String型の配列のデータを取得する

引数

key プリファレンスに格納したデータのキー

defValue 引数に指定したキーのデータが見つからなかったときのデフォルト値

解説

プリファレンスにはプリミティブな型ごとにメソッドが用意されています。格納したデータに合わせたメソッドを用いて、データの読み込みを行います。

サンプル

サンプルプロジェクト：storage_Preference

ソース：src/MainActivity.java

```
// プリファレンスからの読み込み
SharedPreferences prefs = PreferenceManager.getDefaultSharedPreferences(this);
String message = prefs.getString("key_message", "");
```

7

ストレージ

313

プリファレンス

プリファレンスにデータを書き込む

▶ 手順

① editメソッドでSharedPreferences.Editorインタフェースを取得する。
② 書き込みたいデータをputXxxメソッドで設定する(Xxxは各型)。
③ commitメソッドでプリファレンスへの書き込みをコミットする。

▶ 構文

≫ [android.content.SharedPreferences]

| Lv 1 | SharedPreferences.Editor edit() | SharedPreferences.Editのオブジェクトを取得する |

≫ [android.content.SharedPreferences.Editor]

	SharedPreferences.Editor putBoolean(String key, boolean value)	boolean型のデータを設定する
	SharedPreferences.Editor putFloat(String key, float value)	float型のデータを設定する
	SharedPreferences.Editor putInt(String key, int value)	int型のデータを設定する
Lv 1	SharedPreferences.Editor putLong(String key, long value)	long型のデータを設定する
	SharedPreferences.Editor putString(String key, String value)	String型のデータを設定する
	SharedPreferences.Editor remove(String key)	指定したキーを削除する
	SharedPreferences.Editor clear()	プリファレンスのデータをすべて削除する
Lv 9	void apply()	commitメソッドのパフォーマンスの改善版
Lv 11	SharedPreferences.Editor putStringSet(String key, Set<String> values)	String型の配列の設定

7

ストレージ

引数	
key	プリファレンスに書き込む際のキー
value	プリファレンスに書き込む値
values	プリファレンスに書き込む配列のデータ

解説

プリファレンスの書き込みは、editメソッドでSharedPreferences.Editorインタフェースのオブジェクトを取得する必要があります。

サンプル

サンプルプロジェクト：storage_Preference
ソース：src/MainActivity.java

```
// プリファレンスへの書き込み処理
PreferenceManager.getDefaultSharedPreferences(this).edit()
    .putString("key_message", message)
    .apply();
```

7

ストレージ

AssetManager を取得する

構文

≫ [android.app.Activity]

 AssetManager getAssets()   AssetManager を取得する

解説

assets上に配置したファイルを取得するには、AssetManagerオブジェクトを取得する必要があります。AssetManagerはActivityに属しているgetAssetsメソッドを呼び出すことで取得できます。

サンプル

サンプルプロジェクト：Chapter05/graph_BitmapAssets
ソース：src/MainActivity.java

```java
@Override
protected void onCreate(Bundle savedInstanceState) {
    super.onCreate(savedInstanceState);
    setContentView(R.layout.activity_main);

    // 画像リソースの読み込み
    AssetManager assetManager = getAssets();
    ……省略……
```

assets

assets 上のファイルを取得する

構文

≫ [android.content.res.AssetManager]

Lv ❶	InputStream open(String fileName)	assetsディレクトリに格納したファイルを開く
	InputStream open (String fileName, int accessMode)	ディレクトリに格納したファイルを開く（アクセスモード指定）

引数

fileName	取得対象のファイル名(拡張子を含む)
accessMode	ファイルを取得する際のアクセス方法

定数

● accessMode

Lv ❶	ACCESS_UNKNOWN	データへのアクセス方法が指定されていない
	ACCESS_RANDOM	データのチャンクを読み込み、前と後ろにシークしながら読み込む
	ACCESS_STREAMING	データをストリーミング方式で読み込む
	ACCESS_BUFFER	データをバッファに読み込む

解説

assets 上に配置したデータを読み込みたい場合は、getAssets メソッドで AssetManager を取得し、open メソッドで指定したファイルを InputStream の形式で取得します。

注意点として、getAssets メソッドで取得した AssetManager のオブジェクトで close メソッドを呼び出さないでください。AssetManager は OS 全体で共有されているため、close メソッドを呼び出そうとするとエラーとなってしまいます。

サンプル

サンプルプロジェクト：Chapter05/graph_BitmapAssets
ソース：src/MainActivity.java

```
// 画像リソースの読み込み
AssetManager assetManager = getAssets();
try {
    // assets から取得した画像から Bitmap オブジェクトを取得
```

```
// https://commons.wikimedia.org/wiki/File:Android_7.0_Nougat.jpg?uselang=ja
InputStream is = assetManager.open("nougat.jpg");
BufferedInputStream buf = new BufferedInputStream(is);
Bitmap bitmap = BitmapFactory.decodeStream(buf);
……省略……
```

assets

assetsディレクトリ内のファイル一覧を取得する

構文

≫ [android.content.res.AssetManager]

| String[] list(String path) throws IOException | 指定したパス内のファイル一覧を取得する |

引数

| path | 取得するassets上のファイルパス |

解説

assets内に格納されたファイルの一覧を取得したい場合は、listメソッドを呼び出します。引数pathに指定する際は、assetsをカレントディレクトリとして、Webと同様に"/"でディレクトリを区切って指定してください。（サンプル参照）

サンプル

サンプルプロジェクト：storage_AssetManager
ソース：src/MainActivity.java

```
// AssetManager の取得
AssetManager assetManager = getAssets();
try {
    // 『data』ディレクトリ内のファイル一覧を取得
    String[] fileList = assetManager.list("data");
    TextView tv_list1 = findViewById(R.id.data_filelist);
    showList(tv_list1, fileList);

    // 『data/gif』ディレクトリ内のファイル一覧取得
    fileList = assetManager.list("data/gif");
    TextView tv_list2 = findViewById(R.id.gif_filelist);
    showList(tv_list2, fileList);
} catch (IOException e) {
    e.printStackTrace();
}
```

→ 実行結果

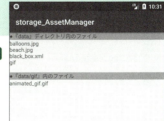

7 ストレージ

ファイル

ファイルの情報を読み込む

手順

① ファイルを読み込む。

(ア)内部ストレージに格納する場合、openFileInputメソッドを用いる。

(イ)SDカード上など場所を指定する場合はFileInputStreamのオブジェクトを生成する。

② バッファにファイルを展開し、ファイル内のデータを読み込む。

(ア)テキスト形式のデータを読み込む場合は、BufferedReader.readLineメソッドを用いる。

(イ)バイナリ形式のデータを読み込む場合は、BufferedInputStream.readメソッドを用いる。

③ バッファを解放する(BufferedReader.closeメソッド／BufferedInputStream.closeメソッド)。

構文

≫ [android.content.ContentWrapper]

Lv 1	FileInputStream openFileInput(String name)	ファイルの読み込みを行うFileInputStreamのオブジェクトを取得する

≫ [android.io.FileInputStream]

Lv 1	FileInputStream(File file)	Fileオブジェクトを引数に指定したコンストラクタ
	FileInputStream (FileDescriptor fd)	FileDescriptorオブジェクトを引数に指定したコンストラクタ
	FileInputStream(String path)	読み込み先のパスを指定するコンストラクタ

≫ [java.io.InputStreamReader]

Lv 1	InputStreamReader(InputStream in)	InputStreamReaderのコンストラクタ

≫ [java.io.BufferedReader]

Lv 1	BufferedReader(InputStream in)	BufferedReaderのコンストラクタ
	String readLine()	1行のテキストを読み込む
	void close()	読み込み用に確保したバッファを解放する

≫ [java.io.BufferedInputStream]

Lv ❶	BufferedInputStream (InputStream in)	BufferedInputStreamのコンストラクタ
	int read(byte[] buffer, int offset, int byteCount)	バイト単位のデータ読み取り（戻り値が−1の場合、読み取りエラー）

引数

name	ファイル名
file	Fileオブジェクト
fd	FileDescriptorオブジェクト
path	ファイルを読み込むパス
in	読み込むInputStreamオブジェクト
buffer	読み込んだバイナリデータを展開するバッファ
offset	読み込みの開始位置
byteCount	読み込むバイト数

解説

　ファイルの読み込みを行う場合は、openFileInputメソッドで引数に指定したファイルを読み込みます。ファイルは「/data/data/[パッケージ名]/files/」配下のファイルが対象となります。

　パフォーマンスを考慮し、バッファに展開を行ってから読み込みます。読み込むデータがテキスト形式なのか、バイナリ形式なのかで、データの読み込み方法を変更します。

サンプル

サンプルプロジェクト：storage_File
ソース：src/MainActivity.java

```
try {
    FileInputStream file = openFileInput("pokeri.txt");
    BufferedReader inBuf = new BufferedReader(new InputStreamReader(file));
    EditText etWriteText = findViewById(R.id.etWriteText);
    String temp = inBuf.readLine();
    while (temp != null) {
        etWriteText.setText(String.format("%s%s\n", etWriteText. ⬇
getText().toString(), temp));

        temp = inBuf.readLine();
    }

    inBuf.close();
    file.close();
} catch (IOException e) {
    e.printStackTrace();
}
```

7

ストレージ

321

ファイル

ファイルの情報を書き込む

→ 手順

① ファイル出力先のパスを指定する。

（ア）内部ストレージに格納する場合、openFileOutputメソッドを用いる。

（イ）SDカード上など場所を指定する場合は、FileOutputStreamのオブジェクトを生成する。

② バッファを用意し、バッファ上に書き込むデータを出力する。

（ア）テキスト形式のデータを読み込む場合は、BufferedWriter.writeメソッドを用いる。

（イ）バイナリ形式のデータを読み込む場合は、BufferedOutputStream.writeメソッドを用いる。

③ flushメソッドでバッファのデータをファイルに書き込む。

④ バッファを解放する。

→ 構文

≫ [android.content.ContentWrapper]

Lv ①	FileOutputStream openFileOutput (String name, int mode)	ファイルの書き込みを行うオブジェクトを取得する

≫ [android.io.FileOutputStream]

	FileOutputStream(File file) File	オブジェクトを引数に指定したコンストラクタ
	FileOutputStream(File file, boolean append)	ファイルへの書き込み制御がついたコンストラクタ
Lv ①	FileOutputStream (FileDescriptor fd)	FileDescriptorオブジェクトを引数に指定したコンストラクタ
	FileOutputStream(String path)	出力先のパスを指定するコンストラクタ
	FileOutputStream(String path, boolean append)	ファイルへの書き込み制御がついたコンストラクタ

≫ [java.io.OutputStreamWriter]

	OutputStreamWriter(OutputStream out)	OutputStreamWriterのコンストラクタ
Lv ①	OutputStreamWriter(OutputStream out, Charset cs)	エンコード形式を指定したコンストラクタ

≫ [java.io.BufferedWriter]

Lv ❶	BufferedWriter(Writer out)	BufferedWriterのコンストラクタ
	void write(String str)	バッファに書き込む
	void flush()	バッファの内容をファイルに書き出す
	void close()	書き込み用に確保したバッファを解放する

≫ [java.io.BufferedOutputStream]

Lv ❶	BufferedOutputStream(OutputStream out)	BufferedOutputStreamのコンストラクタ
	void write(byte[] buffer)	バッファに出力するデータを書き込む
	void flush()	バッファの内容をファイルに書き出す
	void close()	書き込み用に確保したバッファを解放する

7

ストレージ

➡ 引数

name	ファイル名
mode	書き込みモード
file	Fileオブジェクト
append	既存ファイルへの追記を行う場合はtrue、上書きする場合はfalseを指定する
fd	FileDescriptorオブジェクト
path	出力先のパス
out	OutputStreamのオブジェクト
cs	エンコードのCharsetを指定する
str	書き込むデータ

➡ 定数

● mode

Lv ❶	MODE_PRIVATE	アプリケーション専用
	MODE_APPEND	既存ファイルへの追記

➡ パーミッション

Lv ❶	android.permission.WRITE_EXTERNAL_STORAGE SDカードへの書き込みを許可

323

解説

ファイルの書き込みを行う場合は、openFileOutputメソッドでファイル名を引数に指定します。ファイルは「/data/data/[パッケージ名]/files/」配下に書き出されます。

SDカード上にファイルを書き出したい場合は、FileOutputStreamで出力先のパスを指定してオブジェクトを生成します。SDカードに書き出しを行う場合は、パーミッションの設定を行う必要があります。

書き込みの場合もパフォーマンスを考慮し、バッファに展開を行ってからflushメソッドを呼び出して書き込みを行います。

サンプル

サンプルプロジェクト：storage_File
ソース：src/MainActivity.java

```java
try {
    EditText etWriteText = findViewById(R.id.etWriteText);
    FileOutputStream fos = openFileOutput("pokeri.txt", Context.MODE_PRIVATE);
    BufferedWriter outBuf = new BufferedWriter(new OutputStreamWriter(fos));
    outBuf.write(etWriteText.getText().toString());
    outBuf.flush();

    outBuf.close();
    fos.close();
} catch (IOException e) {
    e.printStackTrace();
}
```

> **関連**　「データ格納へのディレクトリパスを取得する」…… P.310
> 　　　　　「権限の許可をユーザに要求する」…… P.44

データベース

SQLite を利用する

構文

≫ [android.database.sqlite.SQLiteOpenHelper]

Lv ❶	SQLiteOpenHelper(Context context, String name, SQLiteDatabase. CursorFactory factory, int version)	SQLiteOpenHelper を実装するためのコンストラクタ
	void onCreate(SQLiteDatabase db)	データベースの生成時に呼び出される
	void onUpgrade(SQLiteDatabase db, int oldVersion, int newVersion)	データベースが更新されるときに一度だけ呼び出される

引数

context	コンテキスト
name	データベース名
factory	Cursorを生成するために使用。nullでデフォルト指定
version	データベースのバージョン
db	SQLiteDatabaseオブジェクト
oldVersion	データベースがアップグレードされる際の古いバージョン番号
newVersion	データベースがアップグレードされる際の新しいバージョン番号

解説

Androidには、SQLiteを簡単に利用するためのSQLiteOpenHelperというヘルパークラスが用意されています。SQLiteを用いる場合は、このヘルパークラスを継承したクラスを用意する必要があります。

アプリケーションが初めてインストールされたタイミングでSQLiteOpenHelperのオブジェクトを生成することで呼び出される、コンストラクタでデータを格納するデータベースが生成されます。

その後、onCreateメソッドが呼び出されるので、このタイミングでテーブルの生成や初期データの投入を行ってください。

アプリケーションのアップデートを実施する際に、テーブルの追加、変更、削除の必要が出てきたときには、onUpgradeメソッドの中で実施します。

→ サンプル

サンプルプロジェクト：storage_SQLite
ソース：src/MainActivity.java

```java
private SQLiteDBHelper(Context context) {
    super(context, DB_NAME, null, DB_VERSION);
}

@Override
public void onCreate(SQLiteDatabase db) {
    // テーブルの生成
    db.execSQL("create table if not exists "
        + DB_TABLE
        + "(_id integer primary key autoincrement, "
        + "book text, "
        + "type text)");

    // 初期データの登録
    db.execSQL("insert into " + DB_TABLE + "(book, type) values ↴
('Android SDK ポケリ', ' 書籍 ');");
    db.execSQL("insert into " + DB_TABLE + "(book, type) values ↴
('Software  Design', ' 雑誌 ');");
    db.execSQL("insert into " + DB_TABLE + "(book, type) values ↴
('Android 技術者養成読本 ', ' ムック本 ');");
}

@Override
public void onUpgrade(SQLiteDatabase db, int oldVersion, int newVersion) {
    // テーブルの再生成処理を実施
    db.execSQL("drop table if exists " + DB_TABLE);
    onCreate(db);
}
```

データベース

SQLite を操作する

→ 構文

≫ [android.database.sqlite.SQLiteOpenHelper]

| Lv ❶ | SQLiteDatabase getReadableDatabase() | 読み込み可能なデータベースを取得する |
| | SQLiteDatabase getWritableDatabase() | 書き込み可能なデータベースを取得する |

7

ストレージ

≫ [android.database.sqlite.SQLiteDatabase]

Lv ❶	void execSQL(String sql) throws SQLException	SQL文を実行する
	void beginTransaction()	SQLのトランザクション処理を開始する
	void setTransactionSuccessful()	トランザクション処理の成功を設定する
	void endTransaction()	トランザクションの終了処理を行う。失敗していた場合はロールバックする
	long insert(String table, String nullColumnHack, ContentValues values)	データベースに行の挿入を行う
	int update(String table, ContentValues values, String whereClause, String[] whereArgs)	データベース内の行の更新を行う
	int delete(String table, String whereClause, String[] whereArgs)	データベース内の行の削除を行う
	Cursor query(String table, String[] columns, String selection, String[] selectionArgs, String groupBy, String having, String orderBy, String limit)	データベース内から条件に一致するデータを検索する

→ 引数

sql	実行するSQL文
table	挿入、更新、削除、検索を行うテーブル
nullColumnHack	nullが許可されていない項目に値が設定されていない場合に、代わりに利用する値
values	挿入、更新、削除するデータ
whereClause	where条件文

327

whereArgs	where条件文で指定する引数の配列
columns	検索で抽出する項目
selection	検索条件
selectionArgs	検索条件の引数
groupBy	グループ化の指定
orderBy	並び替えの指定
having	groupByの絞り込み条件
limit	取得する最大行数

> **解説**

SQLiteのデータベースを操作する場合は、前項で作成したSQLiteOpenHelperからgetReadableDatabaseメソッドとgetWritableDatabaseメソッドを用いてSQLiteDatabaseオブジェクトを取得します。

利用したいケース(挿入、更新、削除)に応じて対応したメソッドを呼び出してください。

● テーブルを作成する

> **SQL文**

create table [テーブル名]([テーブルの各列項目]);	テーブルの生成
insert into [テーブル名] ([列項目], [列項目]...) values ([値], [値]...);	データの挿入
update [テーブル名] SET [列項目] = [値] where ([列項目] = [値]);	データの更新
delete from [テーブル名] where [列項目] = [値]	データの削除

> **解説**

データベース上にテーブルを作成したい場合は、SQLiteOpenHelperを継承したクラスのonCreateメソッド内でexecSQLメソッドを用いてSQL文を実行することで作成できます。

テーブルを作成する際には、必ず_idを含めるようにしてください。Androidで提供されているSimpleCursorAdapterなど、_idが定義されていることを前提で実装されているクラスがあります。

> **サンプル**

サンプルプロジェクト：storage_SQLite
ソース：src/database/SQLiteDBHelper.java

```
// テーブルの生成
db.execSQL("create table if not exists "
    + DB_TABLE
    + "(_id integer primary key autoincrement, "
```

```
    + "book text, "
    + "type text)");
```

```
 // 初期データの登録
 db.execSQL("insert into " + DB_TABLE + "(book, type) values ⤷
('Android SDK ポケリ ', ' 書籍 ');");
 db.execSQL("insert into " + DB_TABLE + "(book, type) values ⤷
('Software Design', ' 雑誌 ');");
 db.execSQL("insert into " + DB_TABLE + "(book, type) values ⤷
('Android 技術者養成読本 ', ' ムック本 ');");
```

▶ テーブルに挿入する

➥ サンプル

サンプルプロジェクト：storage_SQLite
ソース：src/MainActivity.java

```
SQLiteDBHelper dbHelper = SQLiteDBHelper.getInstance(this);
SQLiteDatabase db = dbHelper.getWritableDatabase();
ContentValues values = new ContentValues();

switch (item.getItemId()) {
    case R.id.action_insert:
        // 挿入処理
        values.put("book", "Android ポケリ ");
        values.put("type", "test");
        db.insert(SQLiteDBHelper.DB_TABLE, null, values);

        getSupportLoaderManager().restartLoader(0, null, this);
        break;
```

▶ データを更新する

➥ サンプル

サンプルプロジェクト：storage_SQLite
ソース：src/MainActivity.java

```
SQLiteDBHelper dbHelper = SQLiteDBHelper.getInstance(this);
SQLiteDatabase db = dbHelper.getWritableDatabase();
ContentValues values = new ContentValues();

……省略……

    case R.id.action_update:
        // 更新処理
        values.put("book", "Android SDK 技術書 ");
        db.update(SQLiteDBHelper.DB_TABLE, values, "book = ⤷
'Android ポケリ '", null);

        getSupportLoaderManager().restartLoader(0, null, this);
```

```
        break;
```

▶ データをコミットする

▶サンプル

```
mDB.beginTransaction();
try {
    mDB.execSQL(
        "insert into " + SQLiteDBHelper.DB_TABLE
        + " (book, type) values ('Web+DB Press', '雑誌');");
    mDB.setTransactionSuccessful();
} finally {
    mDB.endTransaction();
}
```

▶ データを削除する

▶サンプル

```
サンプルプロジェクト：storage_SQLite
ソース：src/MainActivity.java
```

```
SQLiteDBHelper dbHelper = SQLiteDBHelper.getInstance(this);
SQLiteDatabase db = dbHelper.getWritableDatabase();
ContentValues values = new ContentValues();

……省略……

// 削除処理
db.delete(SQLiteDBHelper.DB_TABLE, "book like 'Android%'", null);
```

▶ データを検索する

▶サンプル

```
サンプルプロジェクト：storage_SQLite
ソース：src/database/DBCursorLoader.java
```

```
SQLiteDBHelper dbHelper = SQLiteDBHelper.getInstance(getContext());
SQLiteDatabase db = dbHelper.getReadableDatabase();
return db.query(
    SQLiteDBHelper.DB_TABLE, SQLiteDBHelper.POKERI_PROJECTION, null, null, ⤸
null, null, null, null);
```

クリップボード

クリップボードからテキストを取得する

構文

≫ [android.content.ClipboardManager]

 ClipData getPrimaryClip()　　　　ClipDataオブジェクトを取得する

≫ [android.content.ClipData]

 ClipData.Item getItemAt(int index)　ClipData上のアイテムを取得する

≫ [android.content.ClipData.Item]

 CharSequence getText()　　　　　　テキストを取得する

引数

index　　ClipData上のアイテムの配列にアクセスする際のインデックス

解説

クリップボードからテキストを取得したい場合には、ClipboardManagerのオブジェクト取得後、getPrimaryClipメソッドでClipDataオブジェクトを取得し、getItemAtメソッドでClipData上のアイテムを取得後、getTextメソッドでテキストを取得することができます。

サンプル

サンプルプロジェクト：storage_Clipboard
ソース：src/MainActivity.java

```
ClipboardManager clipboardManager = (ClipboardManager) 
getSystemService(CLIPBOARD_SERVICE);
 if (clipboardManager != null) {
    // ClipDataの取得
    ClipData clipData = clipboardManager.getPrimaryClip();
    // アイテムの取得
    ClipData.Item item = clipData.getItemAt(0);
    // テキストの取得
    String toastText = item.getText().toString();
    Toast.makeText(getApplicationContext(), "Text: " + toastText, Toast.
LENGTH_SHORT).show();
 }
```

クリップボード

クリップボードにテキストを設定する

▶ 構文

≫ [android.text.ClipboardManager]

| Lv ① | void setText(CharSequence text) | テキストを設定する |

≫ [android.content.ClipData.Item]

| Lv ⑪ | ClipData.Item(CharSequence text) | ClipData.Itemのコンストラクタ |

≫ [android.content.ClipData]

| Lv ⑪ | ClipData(ClipDescription description, ClipData.Item item) | ClipDataのコンストラクタ |

≫ [android.content.ClipDescription]

| Lv ⑪ | ClipDescription(CharSequence label, String[] mimeTypes) | ClipDescriptionのコンストラクタ |

≫ [android.content.ClipboardManager]

| Lv ⑪ | void setPrimaryClip(ClipData clip) | ClipDataオブジェクトを設定する |

▶ 引数

text	クリップボードに設定するテキスト
description	クリップボードに設定するテキストの説明
item	テキストが格納されたClipData.Itemオブジェクト
label	ラベル
mimeTypes	クリップボードに設定するテキストのMIMEタイプ
clip	ClipDataオブジェクト

▶ 解説

クリップボードにテキストを設定したい場合には、ClipData.Itemメソッドで設定するテキストを含んだClipDataのアイテムを生成する必要があります。

その後、MIMETYPEを設定したClipDataのオブジェクトを取得後、setPrimaryClipメソッドでClipDataをClipboardManagerに設定してください。

7

ストレージ

▶ サンプル

サンプルプロジェクト：storage_Clipboard
ソース：src/MainActivity.java

```java
EditText et_target = findViewById(R.id.et_target);
// 設定するテキストを含んだ ClipData のアイテムを生成
ClipData.Item item = new ClipData.Item(et_target.getText());


// MIMETYPE の設定
String[] mimeType = new String[1];
mimeType[0] = ClipDescription.MIMETYPE_TEXT_PLAIN;


// ClipData の生成
ClipData clipData = new ClipData(new ClipDescription("text_plain", 
mimeType), item);


// ClipData を ClipManager に設定
ClipboardManager clipboardManager = (ClipboardManager) 
getSystemService(CLIPBOARD_SERVICE);
if (clipboardManager != null) {
    clipboardManager.setPrimaryClip(clipData);
}
```

7

ストレージ

ローダ

ローダを利用してデータを読み込む

> **構文**

≫ [android.support.v4.app.FragmentActivity]

| Lv 4 | LoaderManager getSupportLoaderManager() | LoaderManagerオブジェクトを取得する |

≫ [android.support.v4.app.LoaderManager]

| Lv 4 | Loader<D> initLoader(int id, Bundle args, LoaderCallbacks<D> callback) | ローダを初期化し、読み込みを開始する |
| | Loader<D> restartLoader(int id, Bundle args, LoaderCallbacks<D> callback) | ローダの再スタートを行う |

≫ [android.support.v4.app.LoaderManager.LoaderCallbacks<D>]

Lv 4	Loader<D> onCreateLoader(int id, Bundle args)	ローダの生成時に呼ばれる
	void onLoadFinished(Loader<D> loader, D data)	データロード完了時に呼ばれる
	void onLoaderReset(Loader<D> loader)	ローダがリセットされるときに呼ばれる

≫ [android.support.v4.content.CursorLoader]

| Lv 4 | CursorLoader(Context context, Uri uri, String[] projection, String selection, String[] selectionArgs, String sortOrder) | CursorLoaderのコンストラクタ |

> **引数**

id	ローダを識別するID
args	構築したローダに渡すオプション情報
callback	ローダからのコールバックを受け取るLoaderCallbacks<D>オブジェクト
loader	Loaderオブジェクト
data	読み込んだデータ
context	コンテキスト
uri	読み込むコンテンツURI
projection	読み込む項目
selection	検索条件
selectionArgs	検索条件の引数
sortOrder	並び替えの指定

7

ストレージ

> **解説**

ローダは重いデータなどを読み込むようなときに利用します。SQLiteやコンテンツプロバイダからのデータ読み込みにはCursorを利用するのが一般的で、ローダを利用することが推奨されています。

ローダの開始にはgetSupportLoaderManagerメソッドでLoaderManagerオブジェクトを取得し、initLoaderメソッドでローダの初期化と読み込みを開始します。

initLoaderメソッドが呼び出されると、引数callbackに指定したLoaderCallbacks<D>オブジェクトのonCreateLoaderメソッドがシステムより呼び出されるので、読み込みを行う条件を指定したLoaderオブジェクトを返すようにします。CursorLoaderを利用した例は、「関連」を参照してください。

> **サンプル**

サンプルプロジェクト：storage_SQLite
ソース：src/MainActivity.java

```java
public class MainActivity extends FragmentActivity
        implements LoaderManager.LoaderCallbacks<Cursor> {
    private SimpleCursorAdapter mAdapter = null;

    @Override
    protected void onCreate(Bundle savedInstanceState) {
        super.onCreate(savedInstanceState);
        setContentView(R.layout.activity_main);

        // リストビューの設定
        mAdapter = new SimpleCursorAdapter(this,
                android.R.layout.simple_expandable_list_item_2,
                null,
                new String[] {"book", "type"},
                new int[] {android.R.id.text1, android.R.id.text2}, 0);
        ListView lv_book = (ListView) findViewById(R.id.lv_book);
        lv_book.setAdapter(mAdapter);

        // Loader の初期化
        getSupportLoaderManager().initLoader(0, null, this);
    }

    ……省略……

    @Override
    public boolean onOptionsItemSelected(MenuItem item) {
        SQLiteDBHelper dbHelper = SQLiteDBHelper.getInstance(this);
        SQLiteDatabase db = dbHelper.getWritableDatabase();
        ContentValues values = new ContentValues();

        switch (item.getItemId()) {
```

7

ストレージ

335

```java
        case R.id.action_insert:
            // 挿入処理
            values.put("book", "Android ポケリ ");
            values.put("type", "test");
            db.insert(SQLiteDBHelper.DB_TABLE, null, values);

            getSupportLoaderManager().restartLoader(0, null, this);
            break;
        case R.id.action_update:
            // 更新処理
            values.put("book", "Android SDK 技術書 ");
            db.update(SQLiteDBHelper.DB_TABLE, values, "book = 'Android ポケリ '",
null);

            getSupportLoaderManager().restartLoader(0, null, this);
            break;
        case R.id.action_delete:
            // 削除処理
            db.delete(SQLiteDBHelper.DB_TABLE, "book like 'Android%'", null);

            getSupportLoaderManager().restartLoader(0, null, this);
            break;
    }
    return super.onOptionsItemSelected(item);
}


@NonNull
@Override
public Loader<Cursor> onCreateLoader(int id, Bundle args) {
    return new DBCursorLoader(this);
}


@Override
public void onLoadFinished(@NonNull Loader<Cursor> loader, Cursor data) {
    mAdapter.swapCursor(data);
}


@Override
public void onLoaderReset(@NonNull Loader<Cursor> loader) {
    mAdapter.swapCursor(null);
}
}
```

関連 「カレンダーを取得する」…… P.343
　　　　「通話履歴を取得する」…… P.412

コンテンツプロバイダ

コンテンツプロバイダの概要

● コンテンツプロバイダとは

コンテンツプロバイダはデータを管理する上で重要となる機能の1つで、複数の
アプリケーションから参照／更新されるデータを格納したい場合に利用される機能
です。

Androidの標準機能では、連絡先やブラウザのブックマークなどがこの機能を用
いて実装されています。

7

ストレージ

コンテンツプロバイダ

コンテンツプロバイダのデータを
検索する

➡ 構文

≫ [android.content.ContextWrapper]

Lv 1	ContentResolver getContentResolver()	コンテンツリゾルバを取得する

≫ [android.content.ContentResolver]

Lv 1	Cursor query(Uri uri, String[] projection, String selection, String[] selectionArgs, String sortOrder)	コンテンツプロバイダからデータを検索する

≫ [android.database.Cursor]

	boolean moveToFirst()	Cursorを先頭に移動する
	boolean moveToNext()	Cursorを次に移動する
Lv 1	int getString(int columnIndex)	引数に指定したオフセットのデータを文字列型で取得する
	int getColumnIndex(String columnName)	列のインデックスを取得する

337

引数	
uri	取得するデータソースUri(content:// スキーム)
projection	取得する項目
selection	抽出条件(SQLのWHERE句)
selectionArgs	selectionの抽出条件に使う配列
sortOrder	検索結果のソート条件
columnIndex	列のインデックス番号
columnName	列の名前

解説

　コンテンツプロバイダからデータを検索するには、ContentResolverクラスのqueryメソッドを用います。取得するデータソース、抽出項目、抽出条件などをSQL文と似たような形で指定することで、データの抽出ができます。
　ローダを利用してコンテンツプロバイダを取得したい場合は、「関連」を参照してください。

サンプル

●連絡先

「連絡先の情報を取得する」…… P.340

　関連　「ローダを利用してデータを読み込む」…… P.334
　　　　「カレンダーを取得する」…… P.343

コンテンツプロバイダ

コンテンツプロバイダのデータを 挿入／更新／削除する

構文

≫ [android.content.ContentResolver]

Lv ①	Uri insert(Uri uri, ContentValues values)	データを挿入する（戻り値はデータ登録成功時の、登録した行へのUri）
	Uri update(Uri uri, ContentValues values, String where, String[] selectionArgs)	データを更新する（戻り値はデータ更新成功時の、更新した行へのUri）
	int delete(Uri uri, String where, String[] selectionArgs)	データを削除する（戻り値は削除件数）

≫ [android.content.ContentValues]

Lv ①	void put(String key, String value)	コンテンツプロバイダに保存するデータを設定する

引数

uri	取得するデータソースUri(content:// スキーム)
values	挿入／更新するデータ
where	更新／削除するデータの抽出条件（WHERE句条件）
selectionArgs	whereの抽出条件に使う配列
key	コンテンツプロバイダに保存するデータのキー
value	挿入／更新する値

解説

コンテンツプロバイダへのデータの挿入／更新／削除を行いたい場合は、insert、update、deleteメソッドを利用します。挿入／更新するデータはContentValuesオブジェクトを生成し、putメソッドでキーと値を格納して用意する必要があります。

サンプル

●カレンダー

「カレンダーに予定を登録する」…… P.344
「カレンダーの予定を修正する」…… P.345
「カレンダーから予定を削除する」…… P.345

コンテンツプロバイダ

連絡先の情報を取得する

構文

「コンテンツプロバイダのデータを検索する」…… P.337

定数

» [android.provider.ContactsContract.CommonDataKinds.Phone]

Lv 1	_ID	連絡先の固有ID
	CONTENT_URI	連絡先にアクセスするためのURI
Lv 5	DISPLAY_NAME	名前
	NUMBER	電話番号

パーミッション

Lv 5	android.permission.READ_CONTACTS	連絡先情報の読み取りを許可

解説

連絡先の情報を取得するには、ContactsContractで提供されている定数を利用してコンテンツプロバイダにアクセスすることで取得できます。

具体的なアクセス方法については、次のサンプルを参照してください。

サンプル

サンプルプロジェクト：provider_Contacts
ソース：src/MainActivity.java

```
private Cursor mCursor = null;

// クエリで取得する項目
private String[] CONTACTS_PROJECTION = new String[]{
    ContactsContract.CommonDataKinds.Phone._ID,
    ContactsContract.CommonDataKinds.Phone.DISPLAY_NAME,
    ContactsContract.CommonDataKinds.Phone.NUMBER
};

@Override
protected void onCreate(Bundle savedInstanceState) {
```

```java
    super.onCreate(savedInstanceState);
    setContentView(R.layout.activity_main);

    MainActivityPermissionsDispatcher.readContactsWithPermissionCheck(this);
}

@NeedsPermission({Manifest.permission.WRITE_CONTACTS, Manifest.permission. ⤵
READ_CONTACTS})
public void readContacts() {
    // 連絡先の情報取得
    ContentResolver resolver = getContentResolver();
    mCursor = resolver.query(ContactsContract.CommonDataKinds.Phone.CONTENT_URI,
        CONTACTS_PROJECTION, null, null, null);
    if (mCursor != null) {
        SimpleCursorAdapter adapter = new SimpleCursorAdapter(this,
            android.R.layout.simple_list_item_2,
            mCursor,
            new String[]{ContactsContract.CommonDataKinds.Phone.DISPLAY_ ⤵
NAME, ContactsContract.CommonDataKinds.Phone.NUMBER},
            new int[]{android.R.id.text1, android.R.id.text2}, 0);

        ListView contactsView = findViewById(R.id.contacts_view);
        contactsView.setAdapter(adapter);
    }
}

@Override
protected void onDestroy() {
    if (mCursor != null) {
        mCursor.close();
        mCursor = null;
    }
    super.onDestroy();
}
```

➡ 実行結果

関連 「権限の許可をユーザに要求する」
…… P.44

コンテンツプロバイダ

カレンダーを取得／登録／更新／削除する

構文

「コンテンツプロバイダのデータを検索する」 …… P.337
「コンテンツプロバイダのデータを挿入／更新／削除する」 …… P.339

定数

≫ [android.provider.CalendarContact.Calendars]

Lv 14	CONTENT_URI	カレンダーにアクセスするためのURI

≫ [android.provider.CalendarContact.Events]

	CONTENT_URI	カレンダーのイベント用コンテンツURI
	DTSTART	開始時間
	DTEND	終了時間
Lv 14	EVENT_TIMEZONE	タイムゾーン
	TITLE	イベントのタイトル
	DESCRIPTION	イベントの概要
	CALENDAR_ID	固定値で1を指定

パーミッション

Lv 14	android.permission.READ_CALENDAR	カレンダーの読み込みを許可
	android.permission.WRITE_CALENDAR	カレンダーの書き込みを許可

解説

　カレンダーの情報はコンテンツプロバイダに格納されています。そのため、カレンダーにアクセスするためのURIを指定してCursorオブジェクトを取得すれば、カレンダーの情報を取得することが可能です。

　カレンダーに予定を書き込みしたい場合は、ContentValuesオブジェクトとして書き込む情報を用意し、ContentResolverオブジェクトを通して挿入します。

　カレンダー書き込み用のパーミッションandroid.permission.WRITE_CALENDARの定義を忘れないようにしてください。

▶ カレンダーを取得する

▶ サンプル

サンプルプロジェクト：provider_Calendar
ソース：src/MainActivity.java

```java
// クエリで取得する項目
private String[] CALENDAR_PROJECTION = new String[]{
    CalendarContract.Events._ID,
    CalendarContract.Events.TITLE,
    CalendarContract.Events.DESCRIPTION
};

@Override
protected void onCreate(Bundle savedInstanceState) {
    super.onCreate(savedInstanceState);
    setContentView(R.layout.activity_main);

    mAdapter = new SimpleCursorAdapter(this,
        android.R.layout.simple_list_item_2,
        null,
        new String[]{CalendarContract.Events.TITLE, CalendarContract. ↵
Events.DESCRIPTION},
        new int[]{android.R.id.text1, android.R.id.text2}, 0);

    ListView calendarView = findViewById(R.id.calendar_view);
    calendarView.setAdapter(mAdapter);

    // 権限の有効化
    MainActivityPermissionsDispatcher. ↵
initializeCalendarPermissionWithPermissionCheck(this);

    if (Build.VERSION.SDK_INT >= Build.VERSION_CODES.M) {
        if (checkSelfPermission(Manifest.permission.READ_CALENDAR) ↵
== PackageManager.PERMISSION_GRANTED) {
            // Loader の初期化
            getSupportLoaderManager().initLoader(0, null, this);
        }
    } else {
        // Loader の初期化
        getSupportLoaderManager().initLoader(0, null, this);
    }
}

@NonNull
@Override
public Loader<Cursor> onCreateLoader(int id, Bundle args) {
    // カレンダーのイベントをコンテンツプロバイダから取得する CursorLoader の生成
    return new CursorLoader(this,
```

```
        CalendarContract.Events.CONTENT_URI,
        CALENDAR_PROJECTION,
        null,
        null,
        CalendarContract.Events.DTSTART + " desc");
}
```

ソース：AndroidManifest.xml

```
<uses-permission android:name="android.permission.READ_CALENDAR"/>
<uses-permission android:name="android.permission.WRITE_CALENDAR"/>
```

● カレンダーに予定を登録する

▶ サンプル

サンプルプロジェクト：provider_Calendar
ソース：src/MainActivity.java

```
// イベント開始・終了時間の設定
Calendar calStart = Calendar.getInstance();
calStart.set(2017, 10, 26, 9, 0);
long startMillis = calStart.getTimeInMillis();
Calendar calEnd = Calendar.getInstance();
calEnd.set(2017, 10, 26, 11, 0);
long endMillis = calEnd.getTimeInMillis();


// イベントの登録
ContentResolver cr = getContentResolver();
ContentValues values = new ContentValues();
values.put(CalendarContract.Events.DTSTART, startMillis);
values.put(CalendarContract.Events.DTEND, endMillis);
values.put(CalendarContract.Events.EVENT_TIMEZONE, Time.getCurrentTimezone());
values.put(CalendarContract.Events.TITLE, "Android ポケリ ");
values.put(CalendarContract.Events.DESCRIPTION, "Android ポケリイベント ");
values.put(CalendarContract.Events.CALENDAR_ID, 1);
if (Build.VERSION.SDK_INT >= Build.VERSION_CODES.M) {
    if (checkSelfPermission(Manifest.permission.WRITE_CALENDAR) ➟
== PackageManager.PERMISSION_GRANTED) {
        cr.insert(CalendarContract.Events.CONTENT_URI, values);
    }
} else {
    cr.insert(CalendarContract.Events.CONTENT_URI, values);
}

getSupportLoaderManager().restartLoader(0, null, this);
```

▶ カレンダーの予定を修正する

→ サンプル

サンプルプロジェクト：provider_Calendar
ソース：src/MainActivity.java

```
// イベントの更新
ContentResolver cr = getContentResolver();
ContentValues values = new ContentValues();
values.put(CalendarContract.Events.DESCRIPTION, "Androidポケリイベント更新！");
values.put(CalendarContract.Events.CALENDAR_ID, 1);
if (Build.VERSION.SDK_INT >= Build.VERSION_CODES.M) {
    if (checkSelfPermission(Manifest.permission.WRITE_CALENDAR) ⤵
== PackageManager.PERMISSION_GRANTED) {
        cr.update(CalendarContract.Events.CONTENT_URI,
            values, CalendarContract.Events.TITLE + " = 'Androidポケリ'", null);
    }
} else {
    cr.update(CalendarContract.Events.CONTENT_URI,
        values, CalendarContract.Events.TITLE + " = 'Androidポケリ'", null);
}
getSupportLoaderManager().restartLoader(0, null, this);
```

▶ カレンダーから予定を削除する

→ サンプル

サンプルプロジェクト：provider_Calendar
ソース：src/MainActivity.java

```
// イベントの削除
ContentResolver cr = getContentResolver();
if (Build.VERSION.SDK_INT >= Build.VERSION_CODES.M) {
    if (checkSelfPermission(Manifest.permission.WRITE_CALENDAR) ⤵
== PackageManager.PERMISSION_GRANTED) {
        cr.delete(CalendarContract.Events.CONTENT_URI,
            CalendarContract.Events.TITLE + " = 'Androidポケリ'", null);
    }
} else {
    cr.delete(CalendarContract.Events.CONTENT_URI,
        CalendarContract.Events.TITLE + " = 'Androidポケリ'", null);
}

getSupportLoaderManager().restartLoader(0, null, this);
```

関連 「権限の許可をユーザに要求する」…… P.44

COLUMN ▶ 新旧のメソッドを呼び出すときのエラーへの対処方法

　権限の制御はMarshmallow（Android 6.0）から新たに追加された概念のため、それ以前の端末ではチェックを行う必要がありません。

　「カレンダーを取得/登録/更新/削除する」サンプルプログラムでは、API Level 23から利用可能となったcheckSelfPermissionメソッドを使って権限チェックを行っています（こちらはActivityCompatを使えば実際には問題となりません）。

　こちらを利用すると、プロジェクトが対象としている最小のAPI Levelに対して、使用しているAPIが対応していない状態となり、Lintエラーとなります。

　対応方法としては、サンプルプログラムのようにif文で対象バージョンを見て条件分岐を行う必要があります。特定のOSのときのみ実行されるように処理として定義されているようであれば、@TargetApi(Build.VERSIONCODE.MARSHMALLOW)というアノテーションをロジックが組み込まれたメソッドに対して定義することも有効です。

　また、Deprecatedになったメソッドをどうしても利用したい場合には、@SuppressWarning("deprecation")というアノテーションをロジックが組み込まれたメソッドに対して定義することも有効でしょう。

　Android Studioの警告と、Lintチェックの結果を見ながら、適切に対処するようにしてください。

Chapter **8**

マップ

Android SDK Pocket Reference

Google Maps Android API の概要

Androidでマップを表示するには、Googleが提供するGoogle Maps Android APIを利用します。

Google Maps Android APIを利用してGoogleマップを表示するには次の手順でAPIの利用を可能にする必要があります。

手順

① Google APIsのサイトでGoogle Maps Android APIを有効化する
② Google Maps Android APIのAPIキーを取得する

① Google APIsのサイトでGoogle Maps Android APIを有効化する

Google Maps Android APIを利用するには、Google APIsのサイトで有効化を行う必要があります。

Google APIs: https://console.developers.google.com/

上記のサイトにアクセスし、「APIとサービスの有効化」をクリックします。

画面上の「Google Maps Android API」をクリックし、「有効にする」というボタンをクリックして有効化してください。

これでGoogle Maps Android APIが有効となりましたので、「認証情報」でAPI Keyが発行できるようになりました。

② Google Maps Android APIのAPIキーを取得する

APIキーの取得手順は次ページ「GoogleマップのAPIキーを取得する」で説明します。

Google マップの API キーを取得する

前項に引き続き、Google Maps Android API の API キーを発行していきます。
「認証情報」のページで「認証情報を作成」ボタンをクリックし、「ウィザードで選択」を選んでください。

続いて、認証に使用する API を選びます。
ここでは「Google Maps Android API」が一覧に出てきていると思いますので、こちらを選んでください。

これで API キーが発行されました。しかし、このままだと API キーへの制限がないため、Google Play Store に公開するときには不正利用などで利用される恐れが

あるため、好ましくありません。

「キーの制限」をクリックすることで、本番環境を想定したアプリの利用時のみに利用制限することができます。

● APIキーの制限

APIキーを制限するには、アプリのパッケージ名とSHA-1証明書のフィンガープリントを指定する必要があります。

フィンガープリントはJDKのkeytoolコマンドを用いて取得します。次のような
コマンドを実行し、フィンガープリントを取得してください。

```
% keytool -list -v -keystore debug.keystore
```

```
キーストアのタイプ: JKS
キーストア・プロバイダ: SUN

キーストアには1エントリが含まれます

別名:
作成日:
エントリ・タイプ: PrivateKeyEntry
証明書チェーンの長さ: 1
証明書[1]:
所有者: CN=Android Debug, O=Android, C=US
発行者: CN=Android Debug, O=Android, C=US
シリアル番号: 37821cf9
有効期間の開始日:                          終了日:
証明書のフィンガプリント:
        MD5:
        SHA1:
        SHA256:

        署名アルゴリズム名:
        バージョン: 3
```

上記の例では、デバッグ用に用意されているdebug.keystoreを元にフィンガー
プリントを取得しています。debug.keystoreのパスワードは設定されていないの
で、パスワードの入力を求められたときは何も入力せずにEnterキーを押下すれば
フィンガープリントが取得できます。

取得したフィンガープリントとアプリのパッケージ名を先ほどの画面に設定する
ことで、利用制限ができました。

アプリ側では、APIキーは<meta>要素に属性として指定します。<meta>要素
はAndroidManifest.xmlの<application>要素に含まれるようにしてください。

```
<meta-data
    android:name="com.google.android.geo.API_KEY"
    android:value="%上記で取得したAPIキー%"/>
```

Googleマップ

Google マップを表示する

➡ **ウィジェット** Lv 8

`<fragment></fragment>`

➡ **ウィジェット属性**

xmlns:android	Android用名前空間の指定	
class	android:name Fragmentに適用するクラスとして、SupportMapFragmentの次のコードを指定する "com.google.android.gms.maps.SupportMapFragment"	
map:cameraBearing	ベアリングの指定	
map:cameraTargetLat	初期表示する緯度の指定	
map:cameraTargetLng	初期表示する経度の指定	
map:cameraTilt	チルト(傾き)の指定	
map:cameraZoom	ズームレベルの指定	
map:mapType	マップタイプの指定	
map:uiCompass	コンパスの表示有無の指定(trueで表示)	
map:uiRotateGestures	回転のジェスチャーの有効状態の指定	
map:uiScrollGestures	スクロールのジェスチャーの有効状態の指定	
map:uiTiltGestures	チルトのジェスチャーの有効状態の指定	
map:uiZoomControls	ズームコントロールの有効状態の指定	
map:uiZoomGestures	ズームのジェスチャーの有効状態の指定	

Lv 8 (表左側の縦ラベル)

8 マップ

➡ **解説**

Google Maps Android APIで簡易的にGoogleマップを表示したい場合には、レイアウト定義を用いることが可能です。

その場合は、android:nameにSupportMapFragmentクラスを指定する必要があります。

Googleマップを利用するのに最低限インターネット接続のためのパーミッション設定が必要ですが、現在位置の指定などを行いたい場合には内容に応じてパーミッションの追加設定が必要です。

INTERNETのパーミッションはライブラリ側で定義されているため、Googleマップを利用するためにアプリ内で定義する必要はありません。

➜ サンプル

サンプルプロジェクト：maps_ShowMap
ソース：app/build.gradle

```
dependencies {
    implementation "com.google.android.gms:play-services-maps:$googleplay_
services_maps_version"
}
```

ソース：AndroidManifest.xml

```
<application
    android:allowBackup="true"
    android:icon="@mipmap/ic_launcher"
    android:label="@string/app_name"
    android:roundIcon="@mipmap/ic_launcher_round"
    android:supportsRtl="true"
    android:theme="@style/AppTheme">
    ……省略……

    <meta-data
        android:name="com.google.android.geo.API_KEY"
        android:value="%取得した API キーを指定してください%"/>
</application>
```

ソース：res/layout/activity_main.xml

```
<fragment
    android:id="@+id/map_fragment"
    android:name="com.google.android.
gms.maps.SupportMapFragment"
    android:layout_width="match_parent"
    android:layout_height="match_parent"/>
```

➜ 実行結果

Googleマップ

マップを動的に追加する

→ 構文

≫ [com.google.android.gms.maps.SupportMapFragment]

| Lv 8 | SupportMapFragment newInstance() | SupportMapFragmentオブジェクトを生成する |

→ サンプル

サンプルプロジェクト：maps_DynamicMap
ソース：src/MainActivity.java

```
// Google マップの動的な追加
FragmentManager fragmentManager = getSupportFragmentManager();
SupportMapFragment fragment = (SupportMapFragment) fragmentManager.
findFragmentByTag(MAPFRAGMENT_TAG);
if (fragment == null) {
    // SupportMapFragment のオブジェクトを生成
    fragment = SupportMapFragment.newInstance();
    // フラグメントの追加
    fragmentManager.beginTransaction()
        .add(R.id.map_layout, fragment, MAPFRAGMENT_TAG)
        .commitNow();
}
```

関連 「動的にフラグメントを追加／変更する」…… P.30

Googleマップ

指定した位置のマップを表示する

> **構文**

≫〔com.google.android.gms.maps.model.CameraPosition.Builder〕

Lv 8	CameraPosition.Builder bearing(float bearing)	カメラの向きを、北を0として時計回りに設定する
	CameraPosition.Builder target(LatLng location)	カメラを移動する位置情報を設定する
	CameraPosition.Builder tilt (float tilt)	カメラの傾きを指定する(ズームレベルによって指定できる値が決まっている)
	CameraPosition.Builder zoom (float zoom)	カメラのズームレベルを設定する
	CameraPosition build()	CameraPositionオブジェクトを生成する

≫〔com.google.android.gms.maps.CameraUpdateFactory〕

Lv 8	static CameraUpdate newCameraPosition(CameraPosition cameraPosition)	新しいカメラの位置情報でカメラ更新用オブジェクトCameraUpdateを生成する

≫〔com.google.android.gms.maps.GoogleMap〕

Lv 8	void moveCamera (CameraUpdate update)	マップ上の表示位置を変更する
	void animateCamera (CameraUpdate update)	指定した位置にアニメーションしてカメラワークする

≫〔com.google.android.gms.maps.SupportMapFragmentp〕

Lv 8	void getMapAsync (OnMapReadyCallback onMapReadyCallback)	Googleマップの準備ができたときのイベントを受け取るリスナーを登録する

≫〔com.google.android.gms.maps.OnMapReadyCallback〕

Lv 8	void onMapReady(GoogleMap googleMap)	Googleマップの準備ができた時に呼び出される

> **引数**

bearing	カメラの向き
location	カメラの移動先の位置情報
tilt	カメラの傾き

zoom	カメラのズームレベル
cameraPosition	カメラの位置情報
update	カメラの更新情報
onMapReadyCallback	Googleマップが準備できたら呼び出されるリスナー
googleMap	GoogleMapオブジェクト

解説

　Googleマップ上の表示位置を指定したい場合は、moveCameraメソッドを用います。moveCameraメソッドを呼び出すにはカメラの位置の情報が必要になるため、CameraPosition.Builderでカメラの位置情報を生成し、CameraUpdate FactoryのnewCameraPositionメソッドでCameraUpdateのオブジェクトを取得する必要があります。

8

マップ

サンプル

サンプルプロジェクト：maps_ShowMap
ソース：src/MainActivity.java

```java
public class MainActivity extends AppCompatActivity implements ⤵
OnMapReadyCallback {

    @Override
    protected void onCreate(Bundle savedInstanceState) {
        super.onCreate(savedInstanceState);
        setContentView(R.layout.activity_main);

        FragmentManager fragmentManager = getSupportFragmentManager();
        SupportMapFragment fragment = (SupportMapFragment) ⤵
fragmentManager.findFragmentById(R.id.map_fragment);
        fragment.getMapAsync(this);
    }

    @Override
    public void onMapReady(GoogleMap googleMap) {
        // 表示位置 ( 東京駅 ) の生成
        LatLng posTokyoStation = new LatLng(35.681382, 139.766084);

        // 東京駅を表示
        CameraPosition.Builder builder = new CameraPosition.Builder()
            .target(posTokyoStation)
            .zoom(13.0f)
            .bearing(0)
            .tilt(25.0f);
        googleMap.moveCamera(CameraUpdateFactory.newCameraPosition(builder. ⤵
build()));

        ……省略……
```

Googleマップ

Google マップ上にピン状の
マーカーを表示する

➜ 手順

① GoogleMapオブジェクトを取得する。

② マーカーの表示位置などを格納したMarkerOptionsオブジェクトを生成する。

③ addMarkerメソッドでマーカーを追加する。

➜ 構文

≫ [com.google.android.gms.maps.model.LatLng]

| Lv 8 | LatLng(double latitude, double longitude) | マーカーの表示位置用オブジェクト |

≫ [com.google.android.gms.maps.model.MarkerOptions]

Lv 8	MarkerOptions position(LatLng position)	マーカーの表示位置を設定する
	MarkerOptions title(String title)	マーカーのタイトルを設定する
	MarkerOptions snippet(String snippet)	マーカーのスニペットを設定する
	MarkerOptions icon (BitmapDescriptor icon)	マーカー上に表示するアイコンを設定する

≫ [com.google.android.gms.maps.GoogleMap]

| Lv 8 | Marker addMarker(MarkerOptions options) | マーカーを追加する |

➜ 引数

latitude	緯度
longitude	経度
position	マーカーの表示位置を示すLatLngオブジェクト
title	マーカーのタイトル用文字列
options	マーカー表示のオプション

解説

画面上にピン状のマーカーを表示したい場合は、addMarkerメソッドでピンの追加を行います。マーカーのパラメータは、MarkerOptionsオブジェクトを生成して設定してください。

サンプル

サンプルプロジェクト：map_DynamicMap
ソース：src/MainActivity.java

```java
@Override
public void onMapReady(GoogleMap googleMap) {

    ……省略……

    // ピンの設定
    MarkerOptions options = new MarkerOptions()
        .position(posTokyoStation)
        .title("東京駅");
    googleMap.addMarker(options);
```

実行結果

Googleマップ

マップ操作のイベントを処理する

構文

≫ [com.google.android.gms.maps.GoogleMap]

void setOnMapClickListener(GoogleMap.OnMapClickListener listener)	マップ上のクリックを検知するリスナーを設定する
void setOnMapLongClickListener(GoogleMap.OnMapLongClickListener listener)	マップ上の長押しを検知するリスナーを設定する
void setOnCameraChangeListener(GoogleMap.OnCameraChangeLIstener listener)	マップ上でのカメラの変化を検知するリスナーを設定する
void setOnInfoWindowClickListener(GoogleMap.OnInfoWindowClickListener listener)	ピン上の情報がクリックされたことを検知するリスナーを設定する

≫ [com.google.android.gms.maps.GoogleMap.OnMapClickListener]

void onMapClick (LatLng point)	マップ上でクリックされたときに呼び出される

≫ [com.google.android.gms.maps.GoogleMap.OnMapClickListener]

void onMapLongClick (LatLng point)	マップ上で長押しされたときに呼び出される

≫ [com.google.android.gms.maps.GoogleMap.OnCameraChangeListener]

void onCameraChange (CameraPosition position)	マップ上でカメラが変更されたときに呼び出される

≫ [com.google.android.gms.maps.GoogleMap.OnInfoWindowClickListener]

onInfoWindowClick (Marker marker)	ピン上の情報がクリックされたときのイベント処理

引数

listener	各イベントを検知するためのリスナー
point	マップ上で操作を行った位置情報
marker	クリックされたMarkerのオブジェクト

解説

マップ上のイベントは、各リスナーを登録することで検知できます。

→ サンプル

サンプルプロジェクト：map_DynamicMap
ソース：src/MainActivity.java

// マップ上のクリックイベント処理
```java
googleMap.setOnMapClickListener(new GoogleMap.OnMapClickListener() {
    @Override
    public void onMapClick(LatLng latLng) {
        Toast.makeText(getApplicationContext(),
            "クリック座標：" + latLng.latitude + ", " + latLng.longitude, ⬎
Toast.LENGTH_SHORT).show();
    }
});
```

// マップ上の長押しイベント処理
```java
googleMap.setOnMapLongClickListener(new GoogleMap.OnMapLongClickListener() {
    @Override
    public void onMapLongClick(LatLng latLng) {
        Toast.makeText(getApplicationContext(),
            "長押し座標：" + latLng.latitude + ", " + latLng.longitude, ⬎
Toast.LENGTH_SHORT).show();
    }
});
```

Googleマップ

航空写真を表示する

構文

≫ [com.google.android.gms.maps.GoogleMap]

 void setMapType(int type) マップ上に航空写真の表示を設定する

引数

type　　　　　　　　　　表示するマップのタイプ

定数

●type

MAP_TYPE_NORMAL	基本マップ
MAP_TYPE_SATELLITE	衛星ビュー
MAP_TYPE_TERRAIN	地形ビュー
MAP_TYPE_HYBRID	主要な道路と衛星地図のハイブリッド表示
MAP_TYPE_NONE	基本マップの非表示

サンプル

サンプルプロジェクト：map_DynamicMap
ソース：src/MainActivity.java

```
// 表示タイプの設定
googleMap.setMapType(GoogleMap.
MAP_TYPE_NORMAL);
```

実行結果

●MAP_TYPE_NORMAL

▶実行結果

●MAP_TYPE_SATELLITE

●MAP_TYPE_TERRAIN

●MAP_TYPE_HYBRID

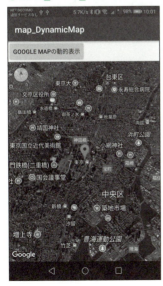

●MAP_TYPE_NONE

Googleマップ

渋滞状況を表示する

→ 構文

≫ [com.google.android.gms.maps.GoogleMap]

| Lv 8 | void setTrafficEnabled (boolean enabled) | マップ上に渋滞状況の表示を設定する |

→ 引数

enabled　　true で渋滞状況のレイヤーが表示される

→ サンプル

```
googleMap.setTrafficEnabled(true);
```

Googleマップ

現在の位置情報を表示する

→ 構文

≫ [com.google.android.gms.maps.GoogleMap]

| Lv 8 | void setMyLocationEnabled (boolean enabled) | マップ上にマイロケーションのレイヤー表示を設定する |

→ 引数

enabled　　true でマイロケーションのレイヤーが表示される

→ パーミッション

| Lv 1 | android.permission.ACCESS_FINE_LOCATION | GPSからの位置情報取得を許可 |
| | android.permission.ACCESS_COARSE_LOCATION | ネットワークからの位置情報取得を許可 |

→ サンプル

サンプルプロジェクト：map_DynamicMap
ソース：AndroidManifest.xml

```
<uses-permission android:name="android.permission.ACCESS_FINE_LOCATION"/>
<uses-permission android:name="android.permission.ACCESS_COARSE_LOCATION"/>
```

ソース：src/MainActivity.java

```
private static final int PERMISSIONS_REQUEST = 317;
private static final String[] PERMISSIONS = {
    Manifest.permission.ACCESS_FINE_LOCATION,
    Manifest.permission.ACCESS_COARSE_LOCATION
};

private GoogleMap mGoogleMap;

……省略……

@Override
public void onRequestPermissionsResult(int requestCode, @NonNull ⬇
String[] permissions, @NonNull int[] grantResults) {
    if (requestCode == PERMISSIONS_REQUEST) {
        if (checkPermission()) {
            mGoogleMap.setMyLocationEnabled(true);
        } else {
            Toast.makeText(this, "現在地を扱う権限がありません", Toast. ⬇
LENGTH_SHORT).show();
        }
    } else {
        super.onRequestPermissionsResult(requestCode, permissions, grantResults);
    }
}

@Override
public void onMapReady(GoogleMap googleMap) {
    mGoogleMap = googleMap;

        ……省略……

    if (checkPermission()) {
        googleMap.setMyLocationEnabled(true);
    } else {
        requestPermission();
    }
}

private boolean checkPermission() {
    return ActivityCompat.checkSelfPermission(this, Manifest.permission. ⬇
ACCESS_FINE_LOCATION) == PackageManager.PERMISSION_GRANTED &&
```

8

マップ

```
        ActivityCompat.checkSelfPermission(this, Manifest.permission.
ACCESS_COARSE_LOCATION) == PackageManager.PERMISSION_GRANTED;
 }

 private void requestPermission() {
     ActivityCompat.requestPermissions(this, PERMISSIONS, PERMISSIONS_REQUEST);
 }
```

関連 「権限の許可をユーザに要求する」 …… P.44

Google マップの UI 表示を設定する

構文

>> [com.google.android.gms.maps.GoogleMap]

| Lv 8 | UiSettings getUiSettings() | UiSettingsオブジェクトを取得する |

>> [com.google.android.gms.maps.UiSettings]

	boolean isCompassEnabled()	コンパスの有効状態を取得する
	boolean isMyLocationButtonEnabled()	マイロケーションボタンの有効状態を取得する
	boolean isRotateGesturesEnabled()	回転のジェスチャーの有効状態を取得する
	boolean isScrollGesturesEnabled()	スクロールのジェスチャーの有効状態を取得する
	boolean isTiltGesturesEnabled()	チルトのジェスチャーの有効状態を取得する
	boolean isZoomControlsEnabled()	ズームコントロールの有効状態を取得する
	boolean isZoomGestureEnabled()	ズームのジェスチャーの有効状態を取得する
Lv 8	void setAllGesturesEnabled (boolean enabled)	すべてのジェスチャーの有効状態を設定する
	void setCompassEnabled (boolean enabled)	コンパスの有効状態を設定する
	void setMyLocationButtonEnabled (boolean enabled)	マイロケーションボタンの有効状態を設定する
	void setRotateGesturesEnabled (boolean enabled)	回転のジェスチャーの有効状態を設定する
	void setScrollGesturesEnabled (boolean enabled)	スクロールのジェスチャーの有効状態を設定する
	void setTiltGesturesEnabled (boolean enabled)	チルトのジェスチャーの有効状態を設定する
	void setZoomControlsEnabled (boolean enabled)	ズームコントロールの有効状態を設定する
	void setZoomGesturesEnabled (boolean enabled)	ズームのジェスチャーの有効状態を設定する

引数

enabled true にすることで各 UI が有効化され、表示される

サンプル

```
// UiSettings の取得
UiSettings uiSettings = googleMap.getUiSettings();
// コンパスが無効の場合、有効化する
if (!uiSettings.isCompassEnabled()) {
    uiSettings.setCompassEnabled(true);
}
```

Google マップ

マップ上に画像をオーバーレイ表示する

手順

① オーバーレイ表示する場所まで moveCamera メソッドでマップ上を移動する（P.342参照）。

② マップ上に貼り付ける画像を BitmapDescriptor オブジェクトとして生成する。

③ 貼り付ける位置情報を GroundOverlayOptions オブジェクトに設定する。

④ GoogleMap#addGroundOverlay メソッドでマップ上にオーバーレイ表示する。

構文

≫ [com.google.android.gms.maps.GoogleMap]

Lv 8	GroundOverlay addGroundOverlay (GroundOverlayOptions options)	マップ上にオーバーレイを追加する

≫ [com.google.android.gms.maps.CameraUpdateFactory]

Lv 8	static CameraUpdate newLatLngZoom (LatLng latLng, float zoom)	指定した位置でズームを行う CameraUpdate オブジェクトを生成する

8

マップ

≫ [com.google.android.gms.maps.model.BitmapDescriptorFactory]

static BitmapDescriptor fromAsset(String assetName)	assetsに格納した画像から BitmapDescriptorオブジェクトを生成する
static BitmapDescriptor fromBitmap(Bitmap image)	BitmapオブジェクトからBitmapDescriptor オブジェクトを生成する
Lv 8 static BitmapDescriptor fromFile(String fileName)	内部ストレージに格納した画像ファイルから BitmapDescriptorオブジェクトの生成。内部 ではopenFileInputオブジェクトを呼び出す
static BitmapDescriptor fromPath(String absolutePath)	絶対パスからBitmapDescriptorオブジェク トを生成する
static BitmapDescriptor fromResource(int resourceId)	リソースからBitmapDescriptorオブジェク トを生成する

≫ [com.google.android.gms.maps.model.GroundOverlayOptions]

GroundOverlayOptions image (BitmapDescriptor descriptor)	オーバーレイ表示するイメー ジを設定する
Lv 8 GroundOverlayOptions anchor(float u, float v)	画像内のアンカーを設定する
GroundOverlayOptions position(LatLng location, float width, float height)	オーバーレイ表示する位置 と、大きさを指定する

≫ [com.google.android.gms.maps.model.GroundOverlay]

Lv 8 void setTransparency (float transparency)	オーバーレイ表示する画像の透過率を設定する

引数

update	マップ上の表示位置
options	オーバーレイ表示のオプション情報
assetName	assets内の画像へのパス
image	Bitmapオブジェクト
filename	openFileInputメソッドで取得できるファイル名
absolutePath	画像ファイルへの絶対パス
resourceId	画像リソース
descriptor	BitmapDescriptorオブジェクト
u	画像内のアンカーのX軸の比率
v	画像内のアンカーのY軸の比率
location	オーバーレイ表示する位置
width	オーバーレイ表示する画像の幅
height	オーバーレイ表示する画像の高さ
transparency	オーバーレイ表示する画像の透過率（0〜1の浮動小数点数で指定）

解説

マップ上にオーバーレイ表示を行いたい場合には、GroundOverlayOptionsを用います。オーバーレイ表示に利用する画像はBitmapDescriptorFactoryを使って用意してください。

サンプル

サンプルプロジェクト：maps_Overlay
ソース：src/MainActivity.java

```java
@Override
public void onMapReady(GoogleMap googleMap) {
    // 東京駅の位置を指定
    LatLng location = new LatLng(35.681382, 139.766084);
    googleMap.moveCamera(CameraUpdateFactory.newLatLngZoom(location, 11));

    // 貼り付ける画像の生成
    BitmapDescriptor descriptor =
        BitmapDescriptorFactory.fromResource(android.R.drawable.sym_def_app_icon);

    // オーバーレイの設定
    GroundOverlayOptions options = new GroundOverlayOptions()
        .image(descriptor)
        .anchor(0, 1)
        .position(location, 5000f, 4000f);
    GroundOverlay overlay = googleMap.addGroundOverlay(options);
    overlay.setTransparency(0.4f);
}
```

実行結果

Google マップ

マップ上に画像をタイル表示する

→ 構文

≫ [com.google.android.gms.maps.GoogleMap]

| Lv 8 | TileOverlay addTileOverlay (TileOverlayOptions options) | タイルを表示する |

≫ [com.google.android.gms.maps.model.TileOverlayOptions]

| Lv 8 | TileOverlayOptions tileProvider (TileProvider tileProvider) | タイル情報が格納されたTileProviderオブジェクトを設定する |

≫ [com.google.android.gms.maps.model.TileProvider]

| Lv 8 | UrlTileProvider (int width, int height) | TileProviderを実装したコンストラクタ |
| | URL getTileUrl (int x, itn y, int zoom) | タイルとして描画する画像のURLを取得する |

→ 引数

options	タイル表示のオプション情報
tileProvider	タイル情報
width	タイルで描画する画像の幅
height	タイルで描画する画像の高さ
x	タイルのX座標
y	タイルのY座標
zoom	タイルのズームレベル

→ サンプル

サンプルプロジェクト：map_Tile
ソース：src/MainActivity.java

```
@Override
public void onMapReady(GoogleMap googleMap) {
    // マップを非表示に設定
    googleMap.setMapType(GoogleMap.MAP_TYPE_NONE);

    // 技術評論社のロゴをタイル表示
    TileProvider tileProvider = new UrlTileProvider(146, 27) {
        URL url;
        @Override
```

```java
        public URL getTileUrl(int x, int y, int zoom) {
            try {
                // 技術評論社のロゴを URL 指定
                url = new URL("http://image.gihyo.co.jp/assets/ ⤵
templates/gihyojp2007/image/gihyo_logo.png");
            } catch (MalformedURLException e) {
                e.printStackTrace();
            }

            return url;
        }
    };

    // マップ上にオーバーレイ表示する
    googleMap.addTileOverlay(new TileOverlayOptions().tileProvider ⤵
(tileProvider));
}
```

Googleマップ

Google マップ上の現在位置を設定する

手順

① LocationSource インタフェースを継承したクラスを作成し、設定する位置情報を用意する。

② LocationSource#activate メソッドをオーバーライドし、引数として渡されてくる OnLocationChangedListener オブジェクトを用いて onLocationChanged メソッドで Location オブジェクトを設定する。

③ GoogleMap#setLocationSource メソッドで Google マップ上の現在位置を変更する。

構文

≫ [com.google.android.gms.maps.LocationSource]

Lv 8	void activate(LocationSource.OnLocationChangedListener listener)	位置情報が有効となるときに呼び出される
	void deactivate()	位置情報が無効となるときに呼び出される

≫ [com.google.android.gms.maps.LocationSource.OnLocationChangedListener]

Lv 8	void onLocationChanged (Location location)	新しい位置情報に変更するときに呼び出す

≫ [com.google.android.gms.maps.GoogleMap]

Lv 8	void setLocationSource (LocationSource source)	現在位置を設定する

引数

listener	位置情報が変更されるときのリスナー
location	新しい位置情報
source	新しい現在位置の情報

解説

現在位置の情報を LocationSource を使って変更することができます。現在位置の情報は GoogleMap#setMyLocationEnabled メソッド（P.350参照）で有効化していないと表示されないので、注意してください。

8

マップ

373

→ サンプル

サンプルプロジェクト：`map_Location`
ソース：`src/MainActivity.java`

```java
@Override
public void onMapReady(GoogleMap googleMap) {
    mGoogleMap = googleMap;

    // 現在位置の表示を有効化
    if (checkPermission()) {
        googleMap.setMyLocationEnabled(true);
        setLocation();
    } else {
        requestPermission();
    }
}

……省略……

private void setLocation() {
    // 現在位置を設定
    mGoogleMap.setLocationSource(new LocalLocationSource());
}
```

ソース：`src/location/LocalLocationSource.java`

```java
public class LocalLocationSource implements LocationSource {
    @Override
    public void activate(OnLocationChangedListener onLocationChangedListener) {
        // 位置情報の設定 ( ディズニーランド )
        Location location = new Location("LocalLocation");
        location.setLatitude(35.632547);      // 緯度
        location.setLongitude(139.88133);     // 経度
        location.setAccuracy(100);            // 精度
        onLocationChangedListener.onLocationChanged(location);
    }

    @Override
    public void deactivate() {
    }
}
```

関連 「現在の位置情報を表示する」…… P.364
「位置情報を取得する」…… P.392

Google マップ

マップ上にポリゴンを描画する

➡ 構文

≫ [com.google.android.gms.maps.GoogleMap]

| Lv 8 | Polygon addPolygon(PolygonOptions options) | マップ上にポリゴンを描画する |

≫ [com.google.android.gms.maps.model.PolygonOptions]

	PolygonOptions add(LatLng point)	ポリゴンを描画する座標を追加する
	PolygonOptions add (LatLng... points)	ポリゴンを描画する座標を複数追加する
	PolygonOptions addAll (Iterable<LatLng> points)	ポリゴンを描画する座標（緯度、経度）をまとめて追加する
Lv 8	PolygonOptions addHole(Iterable<LatLng> points)	ポリゴン上で切り抜く位置を指定する
	PolygonOptions fillColor (int color)	ポリゴンを塗りつぶす色を指定する
	PolygonOptions strokeColor (int color)	ポリゴンの枠線の色を指定する
	PolygonOptions strokeWidth (float width)	ポリゴンの線幅を指定する

➡ 引数

options	ポリゴン描画時の各設定情報
point	ポリゴンを描画する座標
points	ポリゴンを描画するときと、切り抜くときの座標の複数指定
color	ポリゴンの塗りつぶしと枠線の色
width	ポリゴンの線幅

➡ サンプル

サンプルプロジェクト：map_Polygon
ソース：src/MainActivity.java

```
@Override
public void onMapReady(GoogleMap googleMap) {
    // ポリゴンの描画
```

```java
    PolygonOptions options = new PolygonOptions()
        .addAll(createRectangle(new LatLng(70, 100), 10, 10))    // 描画座標
        .addHole(createRectangle(new LatLng(75, 90), 3, 3))      // 抜き取る場所
        .strokeColor(Color.BLACK)                                 // 線の設定
        .strokeWidth(4);                                          // 線の幅
    googleMap.addPolygon(options);
}


private List<LatLng> createRectangle(LatLng center, double width, double height) {
    return Arrays.asList(
        new LatLng(center.latitude - height, center.longitude - width),
        new LatLng(center.latitude - height, center.longitude + width),
        new LatLng(center.latitude + height, center.longitude + width),
        new LatLng(center.latitude + height, center.longitude - width),
        new LatLng(center.latitude - height, center.longitude - width));
}
```

Googleマップ

マップ上に線を描画する

構文

≫ [com.google.android.gms.maps.GoogleMap]

| Lv 8 | Polyline addPolyline (PolylineOptions options) | マップ上に線を描画する |

≫ [com.google.android.gms.maps.model.PolylineOptions]

	PolylineOptions add(LatLng point)	線を描画する座標を追加する
	PolylineOptions add(LatLng... points)	線を描画する座標を複数追加する
Lv 8	PolylineOptions addAll(Iterable<LatLng> points)	線を描画する座標をまとめて追加する
	PolylineOptions geodesic(boolean geodesic)	測地線の描画の有効化を設定する
	PolylineOptions color(int color)	線の色を指定する
	PolylineOptions width(float width)	線幅を指定する

引数

options	線の描画時の各設定情報
point	線を描画する座標
points	線を描画するときの座標の複数指定
geodesic	trueにすると、測地線(指定した座標間を線で結ぶ際の最短曲線)で描画を行う
color	線の色
width	線幅

解説

マップ上で線を引きたい場合は、PolylineOptionsで始点と終点の座標と線の色、太さを設定し、addPolylineメソッドで線を設定します。

サンプル

サンプルプロジェクト:map_Polyline
ソース:src/MainActivity.java

```
@Override
public void onMapReady(GoogleMap googleMap) {
```

8

マップ

377

```
    // 線の描画設定
    PolylineOptions options = new PolylineOptions()
        .add(new LatLng(35.689488, 139.691706))     // 東京
        .add(new LatLng(-14.235004, -51.92528))      // ブラジル
        .color(Color.BLUE)                           // 線の色
        .width(5)                                    // 線の太さ
        .geodesic(true);                             // 測地線形式の表示

    // 線の描画
    googleMap.addPolyline(options);
}
```

Chapter 9

デバイス

Android SDK Pocket Reference

全般

利用可能なデバイス機能を確認する

▶ 構文

≫〔android.app.Activity〕

| Lv ① | PackageManager getPackageManager() | PackageManager のオブジェクトを取得する |

≫〔android.content.pm.PackageManager〕

| Lv ⑤ | boolean hasSystemFeature(String name) | デバイス機能が利用できるかのチェック |

▶ 引数

name　　　デバイス機能名

▶ 定数

●name

≫〔android.content.pm.PackageManager〕

Lv ⑦	FEATURE_CAMERA	カメラ機能
	FEATURE_CAMERA_AUTOFOCUS	カメラのオートフォーカス機能
	FEATURE_CAMERA_FLASH	カメラのフラッシュ機能
	FEATURE_LIVE_WALLPAPER	ライブ壁紙機能
	FEATURE_SENSOR_LIGHT	ライトセンサ機能
	FEATURE_SENSOR_PROXIMITY	近接センサ機能
	FEATURE_TELEPHONY	電話／データ通信機能
	FEATURE_TELEPHONY_CDMA	CDMA方式の電話／データ通信機能
	FEATURE_TELEPHONY_GSM	GSM方式の電話／データ通信機能
	FEATURE_TOUCHSCREEN_MULTITOUCH	マルチタッチ機能
Lv ⑧	FEATURE_BLUETOOTH	Bluetooth機能
	FEATURE_LOCATION	位置情報を特定するための機能
	FEATURE_LOCATION_GPS	GPS機能
	FEATURE_LOCATION_NETWORK	ネットワークからの位置情報取得機能
	FEATURE_MICROPHONE	マイク機能

Lv ⑧	FEATURE_SENSOR_ACCELEROMETER	加速度センサ機能
	FEATURE_SENSOR_COMPASS	磁気センサ(コンパス)機能
	FEATURE_TOUCHSCREEN	タッチスクリーン機能
	FEATURE_TOUCHSCREEN_MULTITOUCH_DISTINCT	2点のマルチタッチ機能
	FEATURE_WIFI	Wi-Fi機能
Lv ⑨	FEATURE_AUDIO_LOW_LATENCY	低遅延を備えたオーディオ入出力機能
	FEATURE_CAMERA_FRONT	フロントカメラ機能
	FEATURE_NFC	NFC機能
	FEATURE_SENSOR_BAROMETER	気圧センサ機能
	FEATURE_SENSOR_GYROSCOPE	ジャイロセンサ機能
	FEATURE_SIP	SIPサービス機能
	FEATURE_SIP_VOIP	SIPのVoIP機能
	FEATURE_TOUCHSCREEN_MULTITOUCH_JAZZHAND	5点以上のマルチタッチ機能
Lv ⑪	FEATURE_FAKETOUCH	タッチスクリーンのエミュレート機能
Lv ⑫	FEATURE_USB_ACCESSORY	USBアクセサリ機能
	FEATURE_USB_HOST	USBホスト機能
Lv ⑬	FEATURE_FAKETOUCH_MULTITOUCH_DISTINCT	2点のマルチタッチのエミュレート機能
	FEATURE_FAKETOUCH_MULTITOUCH_JAZZHAND	5点以上のマルチタッチのエミュレート機能
	FEATURE_SCREEN_LANDSCAPE	横向きの画面表示機能
	FEATURE_SCREEN_PORTRAIT	縦向きの画面表示機能
Lv ⑭	FEATURE_WIFI_DIRECT	Wi-Fi Direct機能
Lv ⑯	FEATURE_TELEVISION	テレビ上のUI表示機能
Lv ⑰	FEATURE_CAMERA_ANY	複数カメラ機能
Lv ⑱	FEATURE_APP_WIDGETS	Appウィジェット機能
	FEATURE_BLUETOOTH_LE	Bluetoothの低消費電力機能
	FEATURE_HOME_SCREEN	ホームスクリーン機能
	FEATURE_INPUT_METHODS	入力機能
Lv ⑲	FEATURE_CONSUMER_IR	消費者のIRデバイス機能

	FEATURE_DEVICE_ADMIN	デバイス管理者の機能
Lv ⑲	FEATURE_NFC_HOST_CARD_EMULATION	NFC HOSTカードエミュレーション機能
	FEATURE_SENSOR_STEP_COUNTER	歩数系機能
	FEATURE_SENSOR_STEP_DETECTOR	歩行検出機能
Lv ⑳	FEATURE_BACKUP	バックアップ機能
	FEATURE_CAMERA_EXTERNAL	外部カメラ機能
	FEATURE_PRINTING	印刷機能
	FEATURE_SENSOR_HEART_RATE	心拍数センサー機能
	FEATURE_WATCH	時計機能
	FEATURE_WEBVIEW	WebView機能
Lv ㉑	FEATURE_AUDIO_OUTPUT	オーディオアウトプット機能
	FEATURE_CAMERA_CAPABILITY_MANUAL_POST_PROCESSING	カメラの手動効果付与機能
	FEATURE_CAMERA_CAPABILITY_MANUAL_SENSOR	カメラの手動センサー機能
	FEATURE_CAMERA_CAPABILITY_RAW	カメラのRAW機能
	FEATURE_CAMERA_LEVEL_FULL	カメラのハードウェアのフル機能
	FEATURE_CONNECTION_SERVICE	コネクションサービスの機能
	FEATURE_GAMEPAD	ゲームパッド機能
	FEATURE_LEANBACK	TVのUI機能
	FEATURE_LIVE_TV	ライブTV機能
	FEATURE_MANAGED_USERS	ユーザ管理機能
	FEATURE_OPENGLES_EXTENSION_PACK	OpenGL ES機能
	FEATURE_SECURELY_REMOVES_USERS	セキュリティ確保のためにユーザを削除する機能
	FEATURE_SENSOR_AMBIENT_TEMPERATURE	周囲の温度センサー機能
	FEATURE_SENSOR_HEART_RATE_ECG	心電図による心拍数センサー機能
	FEATURE_SENSOR_RELATIVE_HUMIDITY	湿度センサー機能
	FEATURE_VERIFIED_BOOT	ブート確認機能
Lv ㉓	FEATURE_AUDIO_PRO	オーディオPRO機能
	FEATURE_AUTOMOTIVE	オートモーティブ機能
	FEATURE_FINGERPRINT	指紋認証機能

Lv		
Lv ㉓	FEATURE_HIFI_SENSORS	高精度センサー機能
	FEATURE_MIDI	MIDI機能
Lv ㉔	FEATURE_ETHERNET	イーサネット機能
	FEATURE_FREEFORM_WINDOW_MANAGEMENT	自由なウィンドウの管理機能
	FEATURE_NFC_HOST_CARD_EMULATION_NFCF	NFCのホストをベースにしたNFC-F カードエミュレーション機能
	FEATURE_PICTURE_IN_PICTURE	ピクチャ・イン・ピクチャ機能
	FEATURE_VR_MODE	VRモード機能
	FEATURE_VR_MODE_HIGH_PERFORMANCE	VRモードのハイパフォーマンス機能
	FEATURE_VULKAN_HARDWARE_LEVEL	VULKANのハードウェアレベル機能
	FEATURE_VULKAN_HARDWARE_VERSION	VULKANのハードウェアバージョン機能
Lv ㉖	FEATURE_ACTIVITIES_ON_SECONDARY_DISPLAYS	2番目のディスプレイ
	FEATURE_AUTOFILL	オートフィル機能
	FEATURE_COMPANION_DEVICE_SETUP	コンパニオンデバイスのセットアップ機能
	FEATURE_EMBEDDED	組み込みの機能
	FEATURE_LEANBACK_ONLY	アプリがTVのみ動作するようにデザインされていることを宣言する機能
	FEATURE_VR_HEADTRACKING	VRハードトラッキング機能
	FEATURE_VULKAN_HARDWARE_COMPUTE	VULKANのハードウェア演算機能
	FEATURE_WIFI_AWARE	Wi-Fiの認識機能
Lv ㉗	FEATURE_PC	PC機能
	FEATURE_RAM_LOW	ActivityManager#isLowRamDevice()メソッドでtrueを返す機能
	FEATURE_RAM_NORMAL	ActivityManager#isLowRamDevice()メソッドでfalseを返す機能
	FEATURE_WIFI_PASSPOINT	Wi-Fiパスポイント機能

9

デバイス

解説

アプリを実装するときに、必要となる機能がデバイス側に実装されているかどうかを調べたい場合には、hasSystemFeatureメソッドを使って確認します。

確認したい機能を引数に渡すことで、利用できればtrue、利用できない場合にはfalseを返します。

→ サンプル

サンプルプロジェクト：device_CheckFeature
ソース：src/MainActivity.java

```java
PackageManager packageManager = getPackageManager();
if (packageManager.hasSystemFeature(PackageManager.FEATURE_CAMERA)) {
    Toast.makeText(this, " このデバイスはカメラ機能に対応しています ", ↴
Toast.LENGTH_SHORT).show();
} else {
    Toast.makeText(this, " このデバイスはカメラ機能に対応していません ", ↴
Toast.LENGTH_SHORT).show();
}
```

ハードキー

キーイベントを処理する

> **構文**

≫ [android.app.Activity]

Lv 1	boolean dispatchKeyEvent(KeyEvent event)	キーイベントの処理

≫ [android.view.KeyEvent]

Lv 1	int getAction()	アクションの取得
	int getKeyCode()	キーコードの取得

> **引数**

event	キーイベントのオブジェクト

> **定数**

●getActionメソッドの戻り値

≫ [android.view.KeyEvent]

Lv 1	ACTION_DOWN	キーが押下されたときに呼び出される
	ACTION_UP	キーの押下後、指を離すときに呼び出される

●getKeyCodeメソッドの戻り値

≫ [android.view.KeyEvent]

Lv 1	KEYCODE_BACK	BACKキー
	KEYCODE_VOLUME_DOWN	ボリュームダウンキー
	KEYCODE_VOLUME_UP	ボリュームアップキー
	KEYCODE_POWER	電源キー
	KEYCODE_MENU	メニューキー
	KEYCODE_CAMERA	カメラキー

> **解説**

　dispatchKeyEventメソッドはActivityクラスから継承されたクラス（サンプルではMainActivity）内でオーバーライドして定義します。

　サンプルではBACKキーを無効化していますが、getKeyCodeメソッドの判定

にVOLUMEキーなどを追加することで、その他のキーの無効化も可能です。

> **サンプル**

サンプルプロジェクト：device_KeyEvent
ソース：src/MainActivity.java

```java
@Override
public boolean dispatchKeyEvent(KeyEvent event) {
    if (event.getAction() == KeyEvent.ACTION_DOWN) {
        switch (event.getKeyCode()) {
            case KeyEvent.KEYCODE_BACK:
                // false で次のイベント処理に流れ、
                // true の時は以降の処理が行われない
                return true;

            case KeyEvent.KEYCODE_VOLUME_UP:
                // ボリュームアップでアプリを終了する
                finish();
                return true;
        }
    }
    return super.dispatchKeyEvent(event);
}
```

関連 ●ボリュームアップ／ダウンでリストビューをスクロールしたい場合
「リストビューの表示位置を指定する」…… P.97

HOME ボタンが押されたことを検知する

ハードキー

構文

≫ [android.app.Activity]

 void onUserLeaveHint()　　Activityがバックグラウンドに遷移するときに呼ばれる

解説

onUserLeaveHintメソッドは、HOMEボタンや通知領域から他のアプリに遷移するときに呼び出されます。HOMEボタンを検知して、アプリから抜けるようなとき、ユーザにメッセージを送りたいようなケースで利用すればよいでしょう。

サンプル

サンプルプロジェクト：device_HOME
ソース：src/MainActivity.java

```
@Override
protected void onUserLeaveHint() {
    super.onUserLeaveHint();
    Toast.makeText(this, "Home ボタンが押下されました ", Toast.LENGTH_SHORT).
show();
}
```

センサ

センサを利用する

構文

≫〔android.hardware.SensorManager〕

Lv ③	List<Sensor> getSensorList(int type)	センサのリストの取得
	boolean registerListener(SensorEventListener listener, Sensor sensor, int rate)	センサのイベントを受け取るリスナーの登録
	boolean unregisterListener(SensorEventListener listener)	リスナーの登録の解除

≫〔android.hardware.SensorEventListener〕

| Lv ③ | void onAccuracyChanged(Sensor sensor, int accuracy) | センサの精度が変更されたときに呼ばれる |
| | void onSensorChanged(SensorEvent event) | センサの値が変化したときに呼ばれる |

引数

type	センサのタイプ
listener	イベントを受け取るリスナー
sensor	受け取るセンサのSensorオブジェクト
rate	イベントを受け取る通知頻度
accuracy	センサの精度
event	SensorEventオブジェクト

フィールド

≫〔android.hardware.SensorEvent〕

Lv ③	accuracy	イベントの精度
	sensor	イベントが発生したセンサ
	timestamp	イベント発生時刻
	values	センサで取得した値(floatの配列)

定数

● type

≫ [android.hardware.Sensor]

Lv ❸	TYPE_ACCELEROMETER	加速度センサ
	TYPE_ALL	すべてのセンサ
	TYPE_GYROSCOPE	ジャイロセンサ
	TYPE_LIGHT	ライトセンサ
	TYPE_MAGNETIC_FIELD	地磁気センサ
	TYPE_PRESSURE	気圧センサ
	TYPE_PROXIMITY	近接センサ
	TYPE_TEMPERATURE	温度センサ

● rate

≫ [android.hardware.SensorManager]

Lv ❸	SENSOR_DELAY_FASTEST	変化があり次第、ただちに取得
	SENSOR_DELAY_GAME	ゲーム利用に適した頻度
	SENSOR_DELAY_NORMAL	通常の操作に適した頻度
	SENSOR_DELAY_UI	ユーザのUI操作に適した頻度

解説

　センサを利用することで、端末から加速度やジャイロなど、さまざまな情報を取得することが可能です。ユーザの身振りなどから得られる情報を元にしたアプリ(端末を傾けると、キャラクターが動くようなゲームなど)を実現する場合に多用されます。

サンプル

サンプルプロジェクト：device_Sensor
ソース：src/MainActivity.java

```
@Override
protected void onCreate(Bundle savedInstanceState) {
    super.onCreate(savedInstanceState);
    setContentView(R.layout.activity_main);

    TextView accelerometerView = findViewById(R.id.accelerometer_view);

    // SensorManager の取得
    SensorManager sensorManager = (SensorManager) getSystemService(SENSOR_ ⤵
```

```java
SERVICE);
    if (sensorManager != null) {
        // 端末が加速度センサに対応しているか確認
        if (sensorManager.getSensorList(Sensor.TYPE_ACCELEROMETER).size() == 0) {
            // 加速度センサに未対応
            accelerometerView.setText(" 加速度センサに未対応です ");
        } else {
            // 端末の加速度センサの取得
            Sensor accelerometer = sensorManager.getSensorList(Sensor.
TYPE_ACCELEROMETER).get(0);

            // 加速度センサのイベントを受け取るリスナーの登録
            if (!sensorManager.registerListener(this, accelerometer,
SensorManager.SENSOR_DELAY_UI)) {
                // 加速度センサのリスナー登録に失敗
                accelerometerView.setText(" リスナーの登録に失敗しました ");
            }
        }
    }
}

// センサの精度が変更された時に呼び出されるコールバック
@Override
public void onAccuracyChanged(Sensor sensor, int accuracy) {
}

// センサの状態が変化した時に呼び出されるコールバック
@Override
public void onSensorChanged(SensorEvent event) {
    // 加速度の情報を表示する
    TextView accelerometerView = findViewById(R.id.accelerometer_view);
    accelerometerView.setText(
        String.format("X: %s, Y: %s, Z: %s", event.values[0], event.values[1],
event.values[2]));
}
```

イヤホン

イヤホンの接続有無を取得する

> 定数

● Intent

| Lv 1 | ACTION_HEADSET_PLUG | イヤホンの状態が変更されたことの検知 |

> キー

state　ハンドセットの接続状態
　　　　0…未接続
　　　　1…接続状態
　　　　2…イヤホン以外の接続

サンプル

サンプルプロジェクト：device_HeadsetPlug
ソース：src/MainActivity.java

```java
BroadcastReceiver handsetPlug = new BroadcastReceiver() {
    @Override
    public void onReceive(Context context, Intent intent) {
        String action = intent.getAction();
        // イヤホンの状態を確認
        if (action != null && action.equalsIgnoreCase(Intent.ACTION_
HEADSET_PLUG)) {
            switch (intent.getIntExtra("state", 0)) {
                case  // 未接続状態
                    Toast.makeText(context, "イヤホンは未接続です",
Toast.LENGTH_SHORT).show();
                    break;
                case  // 接続状態
                    Toast.makeText(context, "イヤホンが接続しました",
Toast.LENGTH_SHORT).show();
                    break;
            }
        }

    }
};

// イヤホン接続の BroadcastReceiver の登録
registerReceiver(handsetPlug, new IntentFilter(Intent.ACTION_HEADSET_PLUG));
```

位置情報

位置情報を取得する

構文

≫ [android.location.Criteria]

Lv ❶	Criteria()	ロケーションプロバイダの取得条件を制御するコンストラクタ
	void setAccuracy(int accuracy)	位置情報の精度の設定
	void setPowerRequirement(int level)	消費電力の設定
	void setBearingRequired(boolean bearingRequired)	方位の取得設定
	void setSpeedRequired(boolean speedRequired)	速度の取得設定
	void setAltitudeRequired(boolean altitudeRequired)	標高の取得設定
Lv ❾	void setBearingAccuracy(int accuracy)	方位取得時の精度の設定
	void setSpeedAccuracy(int accuracy)	速度取得時の精度の設定
	void setVerticalAccuracy(int accuracy)	標高取得時の精度の設定

≫ [android.location.LocationListener]

Lv ❶	void onProviderEnabled(String provider)	プロバイダがONになったときに呼ばれるコールバックメソッド
	void onProviderDisabled(String provider)	プロバイダがOFFになったときに呼ばれるコールバックメソッド
	void onLocationChanged(Location location)	位置情報のステータスが更新されたときに呼ばれるコールバックメソッド
	void onStatusChanged(String provider, int status, Bundle extras)	位置情報のステータスが更新されたときに呼ばれるコールバックメソッド

9

デバイス

≫［android.location.LocationManager］

Lv ❶	String getBestProvider(Criteria criteria, Boolean enabledOnly)	最適なロケーションプロバイダの取得
	void requestLocationUpdates(String provider, long minTime, float minDistance, LocationListener listener)	最新の位置情報を要求
	void removeUpdates(LocationListener listener)	位置情報の要求を解除

≫［android.location.Location］

Lv ❶	double getLatitude()	緯度の取得
	double getLongitude()	経度の取得
	double getAccuracy()	精度の取得
	double getAltitude()	標高の取得
	double getBearing()	方位の取得
	double getSpeed()	速度の取得
	double getTime()	時間の取得

9

デバイス

▶ 引数

criteria	Criteriaのオブジェクト
accuracy	精度
level	消費電力のレベル
bearingRequired	方位情報
speedRequired	速度情報
altitudeRequired	高度情報
provider	プロバイダ名
location	位置情報のLocationオブジェクト
status	位置情報のステータス
extras	ステータスの付加情報
enableOnly	利用可能な位置情報のみ対象
minTime	位置情報を要求する最小の時間間隔（ミリ秒）
minDistance	位置情報を要求する最小の距離間隔（メートル）
listener	位置情報のリスナー

393

定数

● accuracy
>> [android.location.Criteria]

```
ACCURACY_COARCE, ACCURACY_FINE, ACCURACY_HIGH, ACCURACY_LOW,
ACCURACY_MEDIUM
```

● level
>> [android.location.Criteria]

```
POWER_HIGH, POWER_LOW, POWER_MEDIUM
```

● status
>> [android.location.LocationProvider]

```
AVAILABLE, OUT_OF_SERVICE, TEMPORARILY_UNAVAILABLE
```

パーミッション

android.permission.ACCESS_FINE_LOCATION	GPSからの位置情報取得を許可
android.permission.ACCESS_COARSE_LOCATION	ネットワークからの位置情報取得を許可

解説

位置情報はLocationManagerを利用してGPSから取得します。CriteriaでGPSの精度や電力消費の設定を行い、ロケーションプロバイダを取得して位置情報を更新します。

サンプル

```
サンプルプロジェクト：device_Location
ソース：src/MainActivity.java
```

```java
@RuntimePermissions
public class MainActivity extends AppCompatActivity
    implements LocationListener {

    private LocationManager mLocationManager = null;
    private String mProvider;

    @Override
    protected void onCreate(Bundle savedInstanceState) {
        super.onCreate(savedInstanceState);
```

```java
        setContentView(R.layout.activity_main);

        // Criteriaオブジェクトの生成
        Criteria criteria = new Criteria();
        // 緯度の指定
        criteria.setAccuracy(Criteria.ACCURACY_COARSE);
        // 電力消費の設定
        criteria.setPowerRequirement(Criteria.POWER_LOW);

        // ロケーションプロバイダの取得
        mLocationManager = (LocationManager) getSystemService(LOCATION_SERVICE);
        if (mLocationManager != null) {
            mProvider = mLocationManager.getBestProvider(criteria, true);
        }

        // ロケーションプロバイダ名をトーストで表示
        Toast.makeText(this, "provider = " + mProvider, Toast.LENGTH_SHORT). ⮯
show();
    }

    @Override
    protected void onResume() {
        super.onResume();

        MainActivityPermissionsDispatcher.locationUpdatesWithPermissionCheck ⮯
(this);
    }

    @Override
    protected void onPause() {
        // 位置情報要求の解除
        mLocationManager.removeUpdates(this);
        super.onPause();
    }

    @SuppressLint("MissingPermission")
    @NeedsPermission({Manifest.permission.ACCESS_COARSE_LOCATION, Manifest. ⮯
permission.ACCESS_FINE_LOCATION})
    public void locationUpdates() {
        // 位置情報の更新
        if (mProvider != null) {
            mLocationManager.requestLocationUpdates(mProvider, 0, 0, this);
        }
    }

    @Override
    public void onLocationChanged(Location location) {
        // 緯度・経度の情報をトーストで表示
        Toast.makeText(this,
```

```java
                "Location: " + location.getLatitude() + ", " + location.
getLongitude(),
                Toast.LENGTH_SHORT).show();
    }

    @Override
    public void onStatusChanged(String s, int i, Bundle bundle) {
    }

    @Override
    public void onProviderEnabled(String s) {
    }

    @Override
    public void onProviderDisabled(String s) {
    }

    @Override
    public void onRequestPermissionsResult(int requestCode,
                                           @NonNull String[] permissions,
                                           @NonNull int[] grantResults) {
        MainActivityPermissionsDispatcher.onRequestPermissionsResult
(this, requestCode, grantResults);
    }

    @OnPermissionDenied({Manifest.permission.ACCESS_COARSE_LOCATION, Manifest.
permission.ACCESS_FINE_LOCATION})
    void onLocationPermissionDenied() {
        Toast.makeText(this, "位置情報の権限がありません", Toast.LENGTH_
SHORT).show();
    }
}
```

ソース：AndroidManifest.xml

```xml
<uses-permission android:name="android.permission.ACCESS_COARSE_LOCATION"/>
<uses-permission android:name="android.permission.ACCESS_FINE_LOCATION"/>
```

関連 「権限の許可をユーザに要求する」…… P.44

位置情報

住所と位置情報の変換を行う

構文

≫ [android.location.Geocoder]

Lv ❶	Geocoder(Context context, Locale locale)	Geocoderのコンストラクタ
	Geocoder(Context context)	Geocoderのコンストラクタ
	List<Address> getFromLocation(double latitude, double longitude, int maxResults)	位置情報からアドレス情報を取得する
	List<Address> getFromLocationName(String locationName, int maxResults, double lowerLeftLatitude, double lowerLeftLongitude, double upperRightLatitude, double upperRightLongitude)	住所からアドレス情報を取得する
	List<Address> getFromLocationName(String locationName, int maxResults)	住所からアドレス情報を取得する

引数

context	コンテキスト
locale	言語を指定する
latitude	緯度
longitude	経度
maxResults	取得するアドレス情報の最大数
locationName	住所
lowerLeftLatitude	最小の緯度
lowerLeftLongitude	最小の経度
upperRightLatitude	最大の緯度
upperRightLongitude	最大の経度

解説

Geocoderを利用すれば、住所から位置情報の検索、位置情報から住所の変換を行うことができます。getFromLocationメソッドとgetFromLocationNameメソッドでAddressのリスト情報が取得できるので、そこから緯度、経度、住所などを抽出することが可能です。

9

デバイス

→ サンプル

サンプルプロジェクト：device_PositionToAddress
ソース：src/MainActivity.java

```java
Geocoder geocoder = new Geocoder(this, Locale.JAPAN);
// 東京の座標を指定して住所を取得する
try {
    List<Address> addressList = geocoder.getFromLocation(35.689488, ⤵
139.691706, 1);
        // 住所の取得に成功したかチェック
    if (!addressList.isEmpty()) {
        Address address = addressList.get(0);
        StringBuilder addressName = new StringBuilder();
        String buf;
        for (int i = 0; (buf = address.getAddressLine(i)) != null; i++) {
            addressName.append(buf).append("\n");
        }
        // 取得した住所をトーストで表示
        Toast.makeText(this, "取得した住所：" + addressName, Toast. ⤵
LENGTH_SHORT).show();
    }
} catch (IOException e) {
    e.printStackTrace();
}
```

サンプルプロジェクト：device_AddressToPosition
ソース：src/MainActivity.java

```java
Geocoder geocoder = new Geocoder(this, Locale.getDefault());
try {
    // 東京ディズニーランドの位置を取得
    List<Address> addressList = geocoder.getFromLocationName("千葉県浦安市舞⤵
浜1－1", 1);
    // 取得した1件目の位置情報を取得
    Address address = addressList.get(0);
    double lat = address.getLatitude();     // 緯度
    double lng = address.getLongitude();    // 経度
    // 位置情報をトーストで表示
    Toast.makeText(this, "Latitude: " + lat + ", Longitude: " + lng, Toast. ⤵
LENGTH_SHORT).show();
} catch (IOException e) {
    e.printStackTrace();
}
```

Bluetooth

Bluetoothが利用可能かチェックする

構文

≫ [android.bluetooth.BluetoothAdapter]

synchronized static BluetoothAdapter getDefaultAdapter()	ローカルなBluetoothのアダプタを取得する
boolean isEnabled()	Bluetoothの設定が有効かどうかを確認する

引数

なし

パーミッション

android.permission.BLUETOOTH	Bluetoothの利用を許可

解説

Bluetoothが利用可能かどうか判定するには、2つのステップを実行します。まず、getDefaultAdapterメソッドでBluetoothAdapterのオブジェクトを取得します。正常に取得できればよいですが、nullが返ってきた場合には、端末がBluetoothをサポートしていないということになります。

Bluetoothは設定画面での有効化も必要になります。isEnabledメソッドでBluetoothの設定が有効化されているかどうかを確認し、trueであればBluetoothが利用可能ということになります。

サンプル

サンプルプロジェクト：devlice_Bluetooth
ソース：src/MainActivity.java

```
// Bluetoothの有効状態をチェック
BluetoothAdapter bluetoothAdapter = BluetoothAdapter.getDefaultAdapter();
if (bluetoothAdapter != null && bluetoothAdapter.isEnabled()) {
    Toast.makeText(this, "Bluetoothは有効です", Toast.LENGTH_SHORT).show();
} else {
    Toast.makeText(this, "Bluetoothは無効です", Toast.LENGTH_SHORT).show();
}
```

ソース：src/Android Manifest.xml

```
<uses-permission android:name="android.permission.BLUETOOTH"/>
```

関連 「権限の許可をユーザに要求する」…… P.44

Bluetooth

Bluetoothを有効化／無効化する

構文

「暗黙的なインテントを呼び出す」…… P.418

定数

≫ [android.bluetooth.BluetoothAdapter]

| ACTION_REQUEST_ENABLE | Bluetoothの有効化を要求 |

パーミッション

| android.permission.BLUETOOTH | Bluetoothの利用を許可 |
| android.permission.BLUETOOTH_ADMIN | Bluetoothの変更を許可 |

サンプル

サンプルプロジェクト：device_BluetoothEnable
ソース：src/MainActivity.java

```java
private static final int BLUETOOTH_ENABLE_REQUEST = 796;

@Override
protected void onCreate(Bundle savedInstanceState) {
    super.onCreate(savedInstanceState);
    setContentView(R.layout.activity_main);

    BluetoothAdapter bluetoothAdapter = BluetoothAdapter.getDefaultAdapter();
    if (bluetoothAdapter == null) {
        Toast.makeText(this, "Bluetoothが利用できません", Toast.LENGTH_SHORT).show();
        return;
    }
    boolean isEnabled = bluetoothAdapter.isEnabled();
    if (isEnabled) {
        Toast.makeText(this, "Bluetoothは有効です", Toast.LENGTH_SHORT).show();
    } else {
        // Bluetoothの有効化を行う
        Intent bluetoothIntent = new Intent(BluetoothAdapter.ACTION_REQUEST_ENABLE);
        startActivityForResult(bluetoothIntent, BLUETOOTH_ENABLE_REQUEST);
    }
}

@Override
```

```
protected void onActivityResult(int requestCode, int resultCode, Intent data) {
    super.onActivityResult(requestCode, resultCode, data);
    if (requestCode == BLUETOOTH_ENABLE_REQUEST) {
        if (resultCode == Activity.RESULT_OK) {
            Toast.makeText(this, "Bluetoothを有効化しました", Toast.LENGTH_
SHORT).show();
        } else {
            Toast.makeText(this, "Bluetoothを有効化しませんでした", Toast.
LENGTH_SHORT).show();
        }
    }
}
```

ソース：src/AndroidManifest.xml

```
<uses-permission android:name="android.permission.BLUETOOTH"/>
<uses-permission android:name="android.permission.BLUETOOTH_ADMIN"/>
```

関連 「権限の許可をユーザに要求する」…… P.44

Wi-Fi の状態を取得する

Wi-Fi

構文

≫ [android.net.wifi.WifiManager]

Lv 1	boolean isWifiEnabled()	Wi-Fiの有効状態の取得
	int getWifiState()	Wi-Fiの状態の取得

定数

●getWifiStateメソッドの戻り値

≫ [android.net.wifi.WifiManager]

Lv 1	WIFI_STATE_DISABLING	無効化中
	WIFI_STATE_DISABLED	無効
	WIFI_STATE_ENABLING	有効化中
	WIFI_STATE_ENABLED	有効
	WIFI_STATE_UNKNOWN	不明

パーミッション

Lv 1　android.permission.ACCESS_WIFI_STATE　Wi-Fiの状態の参照を許可

解説

　Wi-Fiの有効状態を取得したい場合は、isWifiEnabledメソッドを呼び出すことで可能です。サンプルでは取得したboolean値を三項演算子で判定し、文字列"true"、または"false"を表示するようにしています。より詳細な状態を取得したい場合は、getWifiStateメソッドで状態を取得することができます。この状態は、Wi-Fiの状態変化通知を受け取るときにも利用可能です。

サンプル

サンプルプロジェクト：device_WifiState
ソース：AndroidManifest.xml

```
<uses-permission android:name="android.permission.ACCESS_WIFI_STATE"/>
```

ソース：src/MainActivity.java

```java
// Wi-Fiの有効状態を取得
WifiManager wifiManager = (WifiManager) getApplicationContext().
getSystemService(WIFI_SERVICE);
if (wifiManager == null) {
    Toast.makeText(this, "Wi-Fiの状態が取得できませんでした", Toast.LENGTH_
SHORT).show();
    return;
}

boolean isEnabled = wifiManager.isWifiEnabled();

TextView wifiEnabledView = findViewById(R.id.wifi_enabled);
wifiEnabledView.setText(String.format("Wi-Fiの有効状態：%s", isEnabled ?
"true" : "false"));

// Wi-Fiの状態を取得
int wifiState = wifiManager.getWifiState();
TextView wifiStateView = findViewById(R.id.wifi_state);
switch (wifiState) {
    case WifiManager.WIFI_STATE_DISABLING:   // 無効化中
        wifiStateView.setText("Wi-Fiの状態：無効化中");
        break;
    case WifiManager.WIFI_STATE_DISABLED:    // 無効状態
        wifiStateView.setText("Wi-Fiの状態：無効");
        break;
    case WifiManager.WIFI_STATE_ENABLING:    // 有効化中
        wifiStateView.setText("Wi-Fiの状態：有効化中");
        break;
    case WifiManager.WIFI_STATE_ENABLED:     // 有効状態
        wifiStateView.setText("Wi-Fiの状態：有効");
        break;
    case WifiManager.WIFI_STATE_UNKNOWN:     // 不定
        wifiStateView.setText("Wi-Fiの状態：不明");
        break;
}
```

▶実行結果

関連 「権限の許可をユーザに要求する」
…… P.44

※ エミュレータではWi-Fiの機能はないため、上記のように不明の状態が返ってきます。

Wi-Fiを有効化／無効化する

Wi-Fi

構文

≫ [android.net.wifi.WifiManager]

 boolean setWifiEnabled(boolean enabled) 　　Wi-Fiの有効状態を変更する

引数

enabled 　　Wi-Fiに設定する有効状態

パーミッション

 android.permission.CHANGE_WIFI_STATE 　　Wi-Fiの状態の変更を許可

解説

Wi-Fiの有効状態を変更したい場合は、setWifiEnabledメソッドで変更することが可能です。利用するにはandroid.permission.CHANGE_WIFI_STATEをパーミッションとしてAndroidManifest.xmlに設定する必要があります。

サンプル

サンプルプロジェクト：device_WifiChange
ソース：AndroidManifest.xml

```
<uses-permission android:name="android.permission.ACCESS_WIFI_STATE"/>
<uses-permission android:name="android.permission.CHANGE_WIFI_STATE"/>
```

ソース：src/MainActivity.java

```
// 有効状態の切り替え
wifiChangeButton.setOnCheckedChangeListener(new CompoundButton.
OnCheckedChangeListener() {
    @Override
    public void onCheckedChanged(CompoundButton compoundButton, boolean
isChecked) {
        // Wi-Fiの有効状態の変更
        WifiManager wifiManager = (WifiManager) getApplicationContext().
getSystemService(WIFI_SERVICE);
        if (wifiManager != null) {
            wifiManager.setWifiEnabled(isChecked);
        }
    }
});
```

➡ 実行結果

関連 「権限の許可をユーザに要求する」…… P.44

Wi-Fi

Wi-Fiの状態変化を検知する

マニフェスト定義

●インテントフィルタ

| android:name | android.net.wifi.WIFI_STATE_CHANGED |

解説

Wi-Fiの状態変化を検知したい場合にはBroadcastReceiverを継承したクラスを用意し、WIFI_STATE_CHANGEDのインテントを受け取る必要があります。

以前は暗黙的なブロードキャストレシーバをAndroidManifestに記載することで受け取ることができましたが、Oreo(Android 8.0)より利用禁止となったため、必要な際にはソースコード上で受け取り用のレシーバを定義する必要があります。

サンプル

サンプルプロジェクト:device_WifiChange
ソース:src/MainActivity.java

```java
private BroadcastReceiver mBroadcastReceiver = new WifiChangeReceiver();
private IntentFilter mIntentFilter = new IntentFilter();

……省略……

// インテントフィルタの設定
mIntentFilter.addAction("android.net.wifi.WIFI_STATE_CHANGED");

@Override
protected void onResume() {
    super.onResume();
    registerReceiver(mBroadcastReceiver, mIntentFilter);
}

@Override
protected void onPause() {
    unregisterReceiver(mBroadcastReceiver);
    super.onPause();
}
```

ソース:src/receiver/WifiChangeReceiver.java

```java
public class WifiChangeReceiver extends BroadcastReceiver {
    @Override
```

```
    public void onReceive(Context context, Intent intent) {
        String action = intent.getAction();

        if (action != null && action.equals(WifiManager.WIFI_STATE_CHANGED_ ↓
ACTION)) {
            int wifiState = intent.getIntExtra(WifiManager.EXTRA_WIFI_STATE, ↓
WifiManager.WIFI_STATE_UNKNOWN);
            switch (wifiState) {
                case WifiManager.WIFI_STATE_DISABLING:
                    Toast.makeText(context, "無効化中です。", Toast.LENGTH_ ↓
SHORT).show();
                    break;
                case WifiManager.WIFI_STATE_DISABLED:
                    Toast.makeText(context, "無効です。", Toast.LENGTH_ ↓
SHORT).show();
                    break;
                case WifiManager.WIFI_STATE_ENABLING:
                    Toast.makeText(context, "有効化中です。", Toast.LENGTH_ ↓
SHORT).show();
                    break;
                case WifiManager.WIFI_STATE_ENABLED:
                    Toast.makeText(context, "有効です。", Toast.LENGTH_ ↓
SHORT).show();
                    break;
                case WifiManager.WIFI_STATE_UNKNOWN:
                    Toast.makeText(context, "不明です。", Toast.LENGTH_ ↓
SHORT).show();
                    break;
            }
        }
    }
}
```

関連 「権限の許可をユーザに要求する」…… P.44

バッテリー

バッテリーの状態を取得する

➡ インテントフィルタ

● Action

android:name	android.intent.action.ACTION_BATTERY_CHANGED

➡ インテント Extra

≫ [android.os.BatteryManager]

Lv ❺	EXTRA_STATUS	充電状態
	EXTRA_PLUGGED	充電のプラグ種別
	EXTRA_LEVEL	バッテリー量
	EXTRA_SCALE	バッテリー量のスケール
	EXTRA_TEMPERATURE	温度

9

デバイス

➡ 定数

● EXTRA_STATUS

≫ [android.os.BatteryManager]

Lv ❶	BATTERY_STATUS_FULL	充電がフルの状態
	BATTERY_STATUS_CHARGING	充電中
	BATTERY_STATUS_DISCHARGING	充電切断
	BATTERY_STATUS_NOT_CHARGING	放電中
	BATTERY_STATUS_UNKNOWN	充電状態が不明

● EXTRA_PLUGGED

≫ [android.os.BatteryManager]

Lv ❶	BATTERY_PLUGGED_AC	ACアダプタから充電
	BATTERY_PLUGGED_USB	USBから充電

➡ サンプル

サンプルプロジェクト：device_Battery
ソース：src/MainActivity.java

```
private BatteryReceiver mBatteryReceiver = new BatteryReceiver();
```

409

```java
    private IntentFilter mIntentFilter = new IntentFilter();

    @Override
    protected void onCreate(Bundle savedInstanceState) {
        super.onCreate(savedInstanceState);
        setContentView(R.layout.activity_main);

        mIntentFilter.addAction(Intent.ACTION_BATTERY_CHANGED);
    }

    @Override
    protected void onResume() {
        super.onResume();
        registerReceiver(mBatteryReceiver, mIntentFilter);
    }

    @Override
    protected void onPause() {
        unregisterReceiver(mBatteryReceiver);
        super.onPause();
    }
```

ソース：**src/receiver/BatteryReceiver.java**

```java
public class BatteryReceiver extends BroadcastReceiver {
    @Override
    public void onReceive(Context context, Intent intent) {
        // バッテリーの変化の Intent をチェック
        String action = intent.getAction();
        if (action != null && action.equals(Intent.ACTION_BATTERY_CHANGED)) {
            Bundle bundle = intent.getExtras();
            int status = bundle != null ?
                bundle.getInt(BatteryManager.EXTRA_STATUS) : BatteryManager.
BATTERY_STATUS_UNKNOWN;
            switch (status) {
                case BatteryManager.BATTERY_STATUS_FULL:    // フル充電の状態
                    Toast.makeText(context, " フル充電状態 ", Toast.
LENGTH_SHORT).show();
                    break;
                case BatteryManager.BATTERY_STATUS_CHARGING:    // 充電中
                    Toast.makeText(context, " 充電中 ", Toast.LENGTH_SHORT).
show();
                    break;
                case BatteryManager.BATTERY_STATUS_DISCHARGING:    // 充電切断
                    Toast.makeText(context, " 充電切断 ", Toast.LENGTH_SHORT).
show();
                    break;
                case BatteryManager.BATTERY_STATUS_NOT_CHARGING:    // 放電中
                    Toast.makeText(context, " 放電中 ", Toast.LENGTH_SHORT).
```

```
show();
                    break;
                case BatteryManager.BATTERY_STATUS_UNKNOWN:        // 状態不明
                    Toast.makeText(context, "充電状態が不明", Toast.↵
LENGTH_SHORT).show();
                    break;
            }
        }
    }
}
```

電話

通話履歴を取得する

定数

● CallLog.Calls
≫ [android.provider.CallLog.Calls]

	DEFAULT_SORT_ORDER	日付(date)の降順に並べる指定
	CONTENT_URI	通話履歴のコンテンツURI
	NUMBER	電話番号
	CACHED_NAME	キャッシュされた通知者名
	TYPE	通話のタイプ
	DATE	通話時刻

パーミッション

Lv 1	android.permission.READ_CALL_LOG	通話履歴の読み込みを許可

解説

通話履歴を取得したい場合には、コンテンツプロバイダにアクセスして取得します。

コンテンツにアクセスするためのURIや項目はCallLog.Callsに定数として定義されています。

サンプル

サンプルプロジェクト:device_CallLog
ソース:src/AndroidManifest.xml

```xml
<uses-permission android:name="android.permission.READ_CALL_LOG" />
```

ソース:src/MainActivity.java

```java
private static final int PERMISSIONS_REQUEST = 758;
private static final String[] PERMISSIONS = {
    Manifest.permission.READ_CALL_LOG
};

private SimpleCursorAdapter mAdapter = null;
```

```java
@Override
protected void onCreate(Bundle savedInstanceState) {
    super.onCreate(savedInstanceState);
    setContentView(R.layout.activity_main);

    if (PermissionChecker.checkSelfPermission(this, Manifest.permission. ↴
READ_CALL_LOG) == PackageManager.PERMISSION_GRANTED) {
        initializeLoader();
    } else {
        ActivityCompat.requestPermissions(this, PERMISSIONS, PERMISSIONS_ ↴
REQUEST);
    }
}

@Override
public void onRequestPermissionsResult(int requestCode, @NonNull String[] ↴
permissions, @NonNull int[] grantResults) {
    if (requestCode == PERMISSIONS_REQUEST) {
        if (grantResults[0] == PackageManager.PERMISSION_GRANTED) {
            initializeLoader();
        } else {
            Toast.makeText(this, " 電話アクセスの権限がありません ", Toast. ↴
LENGTH_SHORT).show();
        }
    } else {
        super.onRequestPermissionsResult(requestCode, permissions, grantResults);
    }
}

@NonNull
@Override
public Loader<Cursor> onCreateLoader(int id, Bundle args) {
    // 通話履歴を CursorLoader で日付の降順で生成
    return new CursorLoader(this,
        CallLog.Calls.CONTENT_URI,
        null,
        null,
        null,
        CallLog.Calls.DEFAULT_SORT_ORDER);
}

@Override
public void onLoadFinished(@NonNull Loader<Cursor> loader, Cursor data) {
    mAdapter.swapCursor(data);
}

@Override
public void onLoaderReset(@NonNull Loader<Cursor> loader) {
```

```
        mAdapter.swapCursor(null);
    }

    private void initializeLoader() {
        // リストビューの設定
        mAdapter = new SimpleCursorAdapter(this,
            android.R.layout.simple_expandable_list_item_2,
            null,
            new String[]{CallLog.Calls.NUMBER, CallLog.Calls.CACHED_NAME},
            new int[]{android.R.id.text1, android.R.id.text2}, 0);
        ListView callLogView = findViewById(R.id.call_log_view);
        callLogView.setAdapter(mAdapter);

        // Loader の初期化
        getSupportLoaderManager().initLoader(0, null, this);
    }
```

関連　「ローダを利用してデータを読み込む」…… P.334
　　　　「権限の許可をユーザに要求する」…… P.44

電話

電話がかかってきたことを検知する

▶ 構文

≫ [android.telephony.TelephonyManager]

| Lv 1 | void listen(PhoneStateListener listener, int events) | 電話の着信通知のリスナー登録 |

≫ [android.telephony.PhoneStateListener]

| Lv 1 | void onCallStateChanged(int state, String number) | 電話がかかってきたことの通知 |

▶ 引数

listener	PhoneStateListener オブジェクトを指定する
events	受け取るイベントのタイプ
state	通話状態
number	かかってきた電話番号

▶ 定数

● events

≫ [android.telephony.PhoneStateListener]

| Lv 1 | LISTEN_CALL_STATE | 電話の着信通知 |
| | LISTEN_NONE | リスナーの解除 |

● state

≫ [android.telephony.TelephonyManager]

	CALL_STATE_RINGING	電話を着信
Lv 1	CALL_STATE_OFFHOOK	通話の開始
	CALL_STATE_IDLE	通話の終了

▶ パーミッション

| Lv 1 | android.permission.READ_PHONE_STATE | 電話の状態の読み込みを許可 |

9

デバイス

415

解説

通話が開始したことを検知したい場合には、listen メソッドで通話状態のコール
バック用のリスナーを登録することで受信することができます。

サンプル

サンプルプロジェクト：device_CallState
ソース：src/AndroidManifest.xml

```
<uses-permission android:name="android.permission.READ_PHONE_STATE" />
```

ソース：src/MainActivity.java

```java
PhoneStateListener mPhoneStateListener = new PhoneStateListener() {
    @Override
    public void onCallStateChanged(int state, String incomingNumber) {
        switch (state) {
            case TelephonyManager.CALL_STATE_RINGING:      // 電話着信
                Toast.makeText(getApplicationContext(),
                    incomingNumber + " から着信しました ",
                    Toast.LENGTH_SHORT).show();
                break;
            case TelephonyManager.CALL_STATE_OFFHOOK:       // 通話開始
                Toast.makeText(getApplicationContext(),
                    incomingNumber + " と通話を開始しました ",
                    Toast.LENGTH_SHORT).show();
                break;
            case TelephonyManager.CALL_STATE_IDLE:          // 着信待機
                Toast.makeText(getApplicationContext(),
                    " 着信を待機しています ",
                    Toast.LENGTH_SHORT).show();
                break;
        }
    }
};

@Override
protected void onCreate(Bundle savedInstanceState) {
    super.onCreate(savedInstanceState);
    setContentView(R.layout.activity_main);
}

@Override
protected void onResume() {
    super.onResume();

    // 電話情報の取得開始
    TelephonyManager telephonyManager = (TelephonyManager) getSystemService ⏎
(TELEPHONY_SERVICE);
    if (telephonyManager != null) {
```

```
        telephonyManager.listen(mPhoneStateListener, PhoneStateListener. ⤵
LISTEN_CALL_STATE);
    }
}

@Override
protected void onPause() {
    // 電話情報の取得停止
    TelephonyManager telephonyManager = (TelephonyManager) ⤵
getSystemService(TELEPHONY_SERVICE);
    if (telephonyManager != null) {
        telephonyManager.listen(mPhoneStateListener, PhoneStateListener. ⤵
LISTEN_NONE);
    }

    super.onPause();
}
```

電話

SMS を取得する

構文

「コンテンツプロバイダのデータを検索する」…… P.337

定数

"content://sms/"　　SMSへのコンテンツURI（プログラム上で定数として宣言）

パーミッション

 android.permission.READ_SMS　　　　　　SMSの読み込みを許可

解説

SMS上のデータを取得するには、SMSアクセス用のコンテンツURI"content://sms/"にアクセスし、データを取得する必要があります。

サンプル

サンプルプロジェクト：device_ReadSMS
ソース：src/AndroidManifest.xml

```
<uses-permission android:name="android.permission.READ_SMS" />
```

ソース：src/MainActivity.java

```java
// SMS の URI
private static final Uri SMS_URI = Uri.parse("content://sms/");
private static final int PERMISSIONS_REQUEST = 165;
private static final String[] PERMISSIONS = {
    Manifest.permission.READ_SMS
};

private SimpleCursorAdapter mAdapter = null;

@Override
protected void onCreate(Bundle savedInstanceState) {
    ……省略……

    if (PermissionChecker.checkSelfPermission(this, Manifest.permission.READ_SMS) == PackageManager.PERMISSION_GRANTED) {
        initializeSms();
    } else {
        ActivityCompat.requestPermissions(this, PERMISSIONS, PERMISSIONS_REQUEST);
```

```java
        }
    }

    @Override
    public void onRequestPermissionsResult(int requestCode, @NonNull String[] ↴
permissions, @NonNull int[] grantResults) {
        if (requestCode == PERMISSIONS_REQUEST) {
            if (grantResults[0] == PackageManager.PERMISSION_GRANTED) {
                initializeSms();
            } else {
                Toast.makeText(this, "SMS 読み込みの権限がありません ", Toast. ↴
LENGTH_SHORT).show();
            }
        } else {
            super.onRequestPermissionsResult(requestCode, permissions, grantResults);
        }
    }

    @NonNull
    @Override
    public Loader<Cursor> onCreateLoader(int id, Bundle args) {
        // 日付で降順に並べて SMS のデータを CursorLoader で生成
        return new CursorLoader(this, SMS_URI, null, null, null, "date desc");
    }

    @Override
    public void onLoadFinished(@NonNull Loader<Cursor> loader, Cursor data) {
        mAdapter.swapCursor(data);
    }

    @Override
    public void onLoaderReset(@NonNull Loader<Cursor> loader) {
        mAdapter.swapCursor(null);
    }

    private void initializeSms() {
        // リストビューの設定
        mAdapter = new SimpleCursorAdapter(this,……省略……);
        ListView lv_sms = findViewById(R.id.sms_view);
        lv_sms.setAdapter(mAdapter);

        // Loader の初期化
        getSupportLoaderManager().initLoader(0, null, this);
    }
```

関連 「権限の許可をユーザに要求する」…… P.44

電話

SMSを送信する

構文

» [android.telephony.SmsManager]

SmsManager getDefault()	SmsManagerのオブジェクトの取得
Lv 4 void sendTextMessage(String destinationAddress, String scAddress, String text, PendingIntent sentIntent, PendingIntent deliveryIntent)	SMSの送信

引数

destinationAddress	宛先の電話番号
scAddress	サービスセンターのアドレスを指定する。デフォルトを使用する場合はnullを指定
text	送信するメッセージ
sentIntent	SMSのメッセージに対するブロードキャスト（送信の成功／失敗）用Intentの指定
deliveryIntent	メッセージを受信者に配信するときのブロードキャスト用Intentの指定

パーミッション

Lv 4 android.permission.SEND_SMS	SMSの送信を許可

解説

SMSを送信したい場合には、sendTextMessageメソッドを利用します。必要な送信先の電話番号や送信するテキストの設定を事前にしてから呼び出すようにしてください。

サンプル

サンプルプロジェクト：device_SendSMS

ソース：src/AndroidManifest.xml

```
<uses-permission android:name="android.permission.SEND_SMS"/>
<uses-permission android:name="android.permission.READ_PHONE_STATE"/>
```

ソース：src/MainActivity.java

```
private static final int PERMISSIONS_REQUEST = 361;
```

```java
private static final String[] PERMISSIONS = {
    Manifest.permission.SEND_SMS,
    Manifest.permission.READ_PHONE_STATE
};

@Override
protected void onCreate(Bundle savedInstanceState) {
    super.onCreate(savedInstanceState);
    setContentView(R.layout.activity_main);
}

@Override
public void onRequestPermissionsResult(int requestCode, @NonNull String[] ⤵
permissions, @NonNull int[] grantResults) {
    if (requestCode == PERMISSIONS_REQUEST) {
        if (isGranted(grantResults)) {
            sendSms();
        } else {
            Toast.makeText(this, "SMS送信の権限が許可されていません", Toast. ⤵
LENGTH_SHORT).show();
        }
    } else {
        super.onRequestPermissionsResult(requestCode, permissions, grantResults);
    }
}

public void onClickEvent(View v) {
    if (PermissionChecker.checkSelfPermission(this, Manifest.permission.SEND_ ⤵
SMS) == PackageManager.PERMISSION_GRANTED &&
        PermissionChecker.checkSelfPermission(this, Manifest.permission.READ_ ⤵
PHONE_STATE) == PackageManager.PERMISSION_GRANTED) {
        sendSms();
    } else {
        ActivityCompat.requestPermissions(this, PERMISSIONS, PERMISSIONS_ ⤵
REQUEST);
    }
}

private boolean isGranted(int[] grantResults) {
    for (int result: grantResults) {
        if (result != PackageManager.PERMISSION_GRANTED) {
            return false;
        }
    }
    return true;
}

private void sendSms() {
    SmsManager smsManager = SmsManager.getDefault();
```

```java
    // 送信先の電話番号を設定する
    String destinationAddress = "0123456789";
    // 送信するテキストを設定する
    String text = "Hello, Android SDK ポケットリファレンス！";
    // 送信する
    smsManager.sendTextMessage(destinationAddress, null, text, null, null);
}
```

関連 「権限の許可をユーザに要求する」…… P.44

バイブレーション

バイブレーションを実行する

構文

≫ [android.os.Vibrator]

Lv ①	void vibrate(long milliseconds)	バイブレーションの実行(1回実行)
	void vibrate(long[] pattern, int repeat)	バイブレーションの実行(パターン実行)

引数

milliseconds	バイブレーションの実行時間。ミリ秒を指定する
pattern	再生パターンとして停止時間、バイブレーション時間を順々に指定する
repeat	パターンのリピート回数を指定する。-1を指定した場合、リピートしない

パーミッション

Lv ① android.permission.VIBRATE	バイブレーションの利用を許可

解説

バイブレーションを実行する場合、getSystemServiceメソッドでVibratorのオブジェクトを取得し、vibrateメソッドを呼び出すことで実行します。vibrateメソッドの呼び出しは1回のみの実行と、パターン実行が可能です。

サンプル

サンプルプロジェクト：device_Vibrator
ソース：src/AndroidManifest.xml

```
<uses-permission android:name="android.permission.VIBRATE"/>
```

ソース：src/MainActivity.java

```
public void onVibrate(View view) {
    // バイブレーションの実行
    Vibrator vibrator = (Vibrator) getSystemService(VIBRATOR_SERVICE);
    if (vibrator != null) {
        vibrator.vibrate(1000);    // 1秒実行
    }
```

```java
}

public void onVibratePattern(View view) {
    // バイブレーションのパターン実行
    Vibrator vibrator = (Vibrator) getSystemService(VIBRATOR_SERVICE);
    long[] pattern = {
        100, 500,    // 停止：100ミリ秒、バイブレーション500ミリ秒
        100, 500,    // 停止：100ミリ秒、バイブレーション500ミリ秒
        100, 500,    // 停止：100ミリ秒、バイブレーション500ミリ秒
        100, 2000    // 停止：100ミリ秒、バイブレーション2000ミリ秒
    };
    if (vibrator != null) {
        vibrator.vibrate(pattern, -1);
    }
}
```

通信

Web上からデータを取得する

構文

≫ [java.net.URL]

| Lv 1 | URLConnection openConnection() | HttpUrlConnectionの取得 |

≫ [java.net.HttpUrlConnection]

Lv 1	void setRequestMethod(String method)	HTTP要求のメソッドを指定する
void setInstanceFollowRedirects(boolean followRedirects)	リダイレクトを自動で許可するかどうか指定する
void setDoInput(boolean doinput)	URL接続先からデータを読み取るか指定する
void setDoOutput(boolean dooutput)	URL接続先にデータを書き込むか指定する
void connect()	HTTP接続する
int getResponseCode()	HTTPレスポンスコードを取得する
void disconnect()	HTTP接続を切断する

引数

method	HTTP要求したいメソッド
followRedirects	trueでリダイレクトを行う
doinput	trueでデータを読み込める
dooutput	trueでデータを書き込める

パーミッション

| Lv 1 | android.permission.INTERNET | インターネットへの接続を許可 |

解説

インターネット接続を行ってWeb上からデータを取得する方法として、HttpUrlConnectionが利用できます。

以前はapacheのクラスが利用できましたが、現在はdeprecatedになっていますので、こちらを利用してください。

OSSで公開されているライブラリにはOkHttpなどもあり、現在のデファクトスタンダードとなってきています。そちらも調べてみて、使いやすい方を利用するとよいでしょう。

また、ネットワークの取得処理はメインスレッド上で実行しようとすると、NetworkOnMainThreadExceptionが発生します。

必ずワーカースレッド上で実行するようにしてください。

▶ サンプル

サンプルプロジェクト：device_Network
ソース：src/network/NetworkTask.java

```java
HttpURLConnection connection = null;
URL url;
String urlString = "http://chart.apis.google.com/chart?chs=450x450&cht=qr&chl=↩
http://www.gihyo.co.jp/";
Bitmap bitmap = null;

try {
    url = new URL(urlString);
    connection = (HttpURLConnection) url.openConnection();
    connection.setRequestMethod("GET");
    connection.setInstanceFollowRedirects(false);
    connection.setDoInput(true);
    connection.setDoOutput(false);
    connection.connect();

    // データの取得
    int status = connection.getResponseCode();
    if (status == HttpURLConnection.HTTP_OK) {
        InputStream inputStream = connection.getInputStream();
        bitmap = BitmapFactory.decodeStream(inputStream);
        inputStream.close();
    }
} catch (IOException e) {
    e.printStackTrace();
} finally {
    if (connection != null) {
        connection.disconnect();
    }
}
```

関連　「AsyncTaskを利用する」……P.429

▶ 実行結果

マルチスレッド

Handler を利用する

構文

≫ [android.os.Handler]

	Handler()	Handlerのコンストラクタ
	Handler(Handler.Callback callback)	Handlerのコンストラクタ(コールバック付き)
	Handler(Looper looper)	Handlerのコンストラクタ
	Handler(Looper looper, Handler.Callback callback)	Handlerのコンストラクタ
Lv ❶	void handleMessage(Message msg)	Handlerで受け取ったMessageの処理
	boolean post(Runnable r)	スレッドからUIへの変更を行う
	boolean sendEmptyMessage(int what)	Handlerに対して空のメッセージを送信
	boolean sendEmptyMessageAtTime(int what, long uptimeMillis)	Handlerに対して空のメッセージを指定した時刻に送信
	boolean sendEmptyMessageDelayed(int what, long delayMillis)	Handlerに対して空のメッセージを指定した時間待った後に送信

引数

callback	Handlerのコールバック用クラス
looper	Looperオブジェクト
msg	Handlerで受け取ったメッセージ
r	別スレッドとして処理するためのRunnableインタフェース
what	Handlerで受け取ったメッセージを識別するためのID
uptimeMillis	空のメッセージを受け取る時間(ミリ秒)
delayMillis	空のメッセージを送信する待ち時間(ミリ秒)

解説

　マルチスレッド処理を行う場合に、スレッド上からUIに対して変更を行う場合、Handlerを介して操作を行う必要があります。

▶ サンプル

サンプルプロジェクト：device_Handler
ソース：src/dialog/CountDownDialog.java

```java
private static final int COUNT_MAX = 10;
private static Handler mHandler = new Handler(Looper.getMainLooper());


private int mCount = COUNT_MAX;


private Runnable mRunnable = new Runnable() {
    @Override
    public void run() {
        mCount--;

        if (0 <= mCount) {
            AlertDialog dialog = (AlertDialog) getDialog();
            dialog.setMessage(String.valueOf(mCount));

            // 500 ミリ秒後にメッセージの送信
            mHandler.postDelayed(mRunnable, 500);
        } else {
            // ダイアログの終了
            dismiss();
        }
    }
};


@NonNull
@Override
public Dialog onCreateDialog(Bundle savedInstanceState) {
    Activity targetActivity = getActivity();
    if (targetActivity == null) {
        throw new IllegalStateException("activity is null");
    }

    new Thread(new Runnable() {
        @Override
        public void run() {
            // スレッド内で UI 操作を行うために、Handler に処理を要求する
            mHandler.post(mRunnable);
        }
    }).start();

    return new AlertDialog.Builder(targetActivity)
        .setTitle(" カウントダウン ")
        .setMessage(String.valueOf(COUNT_MAX))
        .create();
}
```

マルチスレッド

AsyncTask を利用する

構文

≫ [android.os.AsyncTask<Params, Progress, Result>]

Lv ③	onPreExecute()	事前に実行前処理を行う
	Result doInBackground(Params... params)	ワーカースレッドで非同期処理を行う
	void onPostExecute(Result result)	doInBackground()の終了時に呼び出され、UIスレッドに反映する処理を行う
	void onProgressUpdate(Progress... values)	doInBackground()の進捗状況をUIスレッドで表示する処理
	void publishProgress(Progress... values)	doInBackground()内で呼び出すことで、進捗状況を通知する
	AsyncTask<Params, Progress, Result> execute(Params... params)	AsyncTaskの実行
Lv ⑪	void execute(Runnable runnable)	AsyncTaskの実行

引数

Params	ワーカースレッドにデータを渡すためのクラス
Progress	スレッド間の進捗情報のやり取りをするためのクラス
Result	ワーカースレッドでの処理結果をやり取りするクラス

解説

AndroidではHandlerよりも容易にマルチスレッド処理を実現するために、AsyncTaskが提供されています。大きなデータの処理を行ったり、インターネットとの通信処理を行うようなケースで利用されます。

サンプル

サンプルプロジェクト：device_AsyncTask
ソース：src/MainActivity.java

```java
private static class CountDownTask extends AsyncTask<Void, Integer, Long> {
    private AlertDialog mDialog = null;
    private int mCount = COUNT_MAX;

    CountDownTask(AlertDialog dialog) {
```

9

デバイス

```java
        mDialog = dialog;
    }

    @Override
    protected Long doInBackground(Void... params) {
        while (0 <= mCount) {
            if (isCancelled()) {
                // ダイアログ終了でキャンセルされたら処理を終了する
                Log.d(TAG, "CountDownTask の終了");
                break;
            }

            // 500 ミリ秒の待ち処理
            SystemClock.sleep(500);

            publishProgress(--mCount);
        }
        return 0L;
    }

    @Override
    protected void onCancelled() {
        super.onCancelled();
        mDialog.dismiss();
    }

    @Override
    protected void onPostExecute(Long result) {
        super.onPostExecute(result);

        mDialog.dismiss();
    }

    @Override
    protected void onProgressUpdate(Integer... values) {
        super.onProgressUpdate(values);

        mDialog.setMessage(String.valueOf(mCount));
    }
}
```

Chapter **10**

サービス間連携

Android SDK Pocket Reference

インテント

インテントの基礎

▶ インテントとは

Androidでは、Windowsなどで行う画面の生成方法とは異なる新しい仕組みとしてインテントを導入しています。インテントとは、呼び出し元となるアプリがやりたいアクションをメッセージパッシングでActivity間を受け渡しする仕組みです（図1）。

▼図1 インテントの画面呼び出し

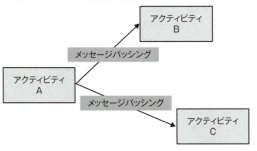

▶ 明示的な呼び出しと暗黙的な呼び出し

インテントには明示的な呼び出しと暗黙的な呼び出しの2種類があります。明示的なインテントは特定の画面や機能を指定して呼び出す方法で、アプリ内のActivity間を呼び出す画面遷移などで用いられます。もう1つの暗黙的なインテントは、"○○をやりたい"という、実施したいアクションとデータを指定することで、アクションの内容なデータの型から実行できるアプリケーションをシステム側が自動的に判別し、実行します。

明示的な呼び出し方法は次の項目を参照してください。

● 「画面遷移を行う（明示的な呼び出し）」 …… P.433

暗黙的な呼び出し方法は次の項目を参照してください。

● 「暗黙的なインテントを呼び出す」 …… P.436

インテント

画面遷移を行う（明示的な呼び出し）

→ 構文

≫ [android.content.Intent]

Lv ①	Intent(Context packageContext, Class<?> cls)	オリジナルで定義したActivityの呼び出し指定

≫ [android.app.Activity]

Lv ①	void startActivity(Intent intent)	Activityの呼び出し
	void startActivityForResult(Intent intent, int requestCode)	処理結果をコールバックするActivityの呼び出し
	void onActivityResult(int requestCode, int resultCode, Intent data)	呼び出したActivityから返された結果を受け取るコールバックメソッド
	void setResult(int resultCode)	結果として返す値の設定
	void setResult(int resultCode, Intent data)	結果として返す値とIntent情報の設定

→ 引数

packageContext	呼び出し元のコンテキストを指定する
cls	呼び出す対象のActivityを指定する
intent	Activityを呼び出す際に渡すIntent情報
requestCode	呼び出し処理を識別するコード
resultCode	呼び出したActivityから返されるコード
data	Activity間でやり取りするIntent情報

→ 解説

複数の画面間を遷移したい場合は、Intentを用いて呼び出し先のActivityを指定します。そして、startActivityメソッドでIntentを指定して呼び出すことで画面遷移を行うことができます。呼び出したActivityから結果を得たい場合には、startActivityForResultメソッドを呼び出します。

呼び出したActivityからの結果はonResultメソッドがコールバックメソッドとして呼び出されます。呼び出し先のActivityではsetResultメソッドで結果として返す値とIntent情報の設定を行います。

複数のActivityを指定する場合には、AndroidManifest.xmlに対象のActivityに関する定義を追記することを忘れないようにしてください。

10

サービス間連携

433

> **➜ サンプル**

サンプルプロジェクト：intent_Activity
ソース：AndroidManifest.xml

```
<activity android:name=".SubActivity"/>
<activity android:name=".ReturnActivity"/>
<activity android:name=".IntentActivity"/>
```

●結果を返さないActivityの呼び出し

ソース：src/MainActivity.java

```
Button activityButton = findViewById(R.id.activity_button);
activityButton.setOnClickListener(new View.OnClickListener() {
    @Override
    public void onClick(View view) {
        // 別Activityの呼び出し
        Intent intent = new Intent(getApplicationContext(), SubActivity.class);
        startActivity(intent);
    }
});
```

●結果として値を返すActivityの呼び出し

ソース：src/MainActivity.java

```
Button returnButton = findViewById(R.id.return_button);
returnButton.setOnClickListener(new View.OnClickListener() {
    @Override
    public void onClick(View view) {
        // 値を返すActivityの呼び出し
        Intent intent = new Intent(getApplicationContext(), ReturnActivity.
class);
        startActivityForResult(intent, SUB_REQUEST);
    }
});
```

●呼び出し先のActivityから返された結果のコールバック処理

ソース：src/MainActivity.java

```
@Override
protected void onActivityResult(int requestCode, int resultCode, Intent data) {
    switch (requestCode) {
        case SUB_REQUEST:
            Toast.makeText(this, "戻り値：" + resultCode, Toast.LENGTH_
SHORT).show();
            break;
        case INTENT_REQUEST:
            Toast.makeText(this, "戻り値：" + data.getStringExtra
("return_text"), Toast.LENGTH_SHORT).show();
            break;
        default:
```

10

サービス間連携

434

```
            super.onActivityResult(requestCode, resultCode, data);
    }
}
```

●呼び出し先のActivityでの結果の設定処理（値）

ソース：src/ReturnActivity.java

```
// 戻り値の設定
setResult(15);
```

●呼び出し先のActivityでの結果の設定処理（値、Intent）

ソース：src/IntentActivity.java

```
Intent intent = new Intent();
intent.putExtra("return_text", "テキストを返します");

// 戻り値の設定
setResult(RESULT_OK, intent);
```

インテント

暗黙的なインテントを呼び出す

> **構文**

» [android.net.Uri]

| Lv 1 | Uri parse(String uriString) | 渡されたUriの文字列をUriオブジェクトに変換する |

» [android.content.Intent]

Lv 1	Intent()	Intentの振る舞いの設定
	Intent(String action)	Intentの振る舞いの設定
	Intent(String action, Uri uri)	Intentの振る舞いの設定
	Intent setAction(String action)	アクションの設定
	Intent addCategory(String category)	カテゴリの追加

> **引数**

uriString	処理するUriのデータ
action	アクションを指定する
uri	parseメソッドで取得したUriオブジェクトを指定する
category	カテゴリを設定する

> **解説**

　暗黙的なインテントを呼び出したい場合には、振る舞いとなるアクションと、受け渡すデータを指定することでシステム側が適切なアプリケーションを呼び出してくれます。

　暗黙的なインテントではアクション、カテゴリ、メタデータなどで対象を指定してstartActivityメソッドで呼び出しを行います。値を返してほしい場合には、startActivityForResultメソッドを指定すればよいでしょう。

　インテントの組み合わせは無数にありますが、よく使われると思うものや便利な呼び出し方法について、次の表を参考にしてください。

436

動作	アクション	Uri
ブラウザの呼び出し	Intent.ACTION_VIEW	『http://XXXXX』形式の Web サイトアドレス
Google マップの呼び出し	Intent.ACTION_VIEW	『geo:[緯度],[経度]』形式のアドレス
Google マップナビの呼び出し	Intent.ACTION_VIEW	『google.navigation:q=[緯度],[経度]』形式のアドレス
Google ストリートビューの呼び出し	Intent.ACTION_VIEW	『google.streetview:cbll=[緯度],[経度]』形式のアドレス
コンタクトリストの呼び出し	Intent.ACTION_VIEW	『content:/contacts/people/[ID]』形式のアドレス
電話をかける	Intent.ACTION_CALL	『tel:[電話番号]』
ダイアル画面の呼び出し	Intent.ACTION_DIAL	『tel:[電話番号]』
Google Play のアプリページ呼び出し	Intent.ACTION_VIEW	アプリページ呼び出し： market://details?id=[パッケージ名] パッケージ名でアプリを検索する： market://search?q=[パッケージ名]
カメラアプリで写真を撮影する	MediaStore.ACTION_IMAGE_CAPTURE	android.media.action.IMAGE_CAPTURE
カメラアプリで動画を撮影する	MediaStore.ACTION_VIDEO_CAPTURE	android.media.action.VIDEO_CAPTURE
外部アプリで音声を録音する	MediaStore.Audio.Media.RECORD_SOUND_ACTION	android.provider.MediaStore.RECORD_SOUND

10

サービス間連携

▶ ブラウザを呼び出す

サンプル

サンプルプロジェクト：intent_Browser
ソース：src/MainActivity.java

```java
Button browserButton = findViewById(R.id.browser_button);
browserButton.setOnClickListener(new View.OnClickListener() {
    @Override
    public void onClick(View view) {
        // 技術評論社の Web サイトを呼び出す
        Uri uri = Uri.parse("http://www.gihyo.co.jp/");
        Intent intent = new Intent(Intent.ACTION_VIEW, uri);
        startActivity(intent);
    }
});
```

▶ Google マップを呼び出す

サンプル

サンプルプロジェクト：`intent_GoogleMaps`
ソース：`src/MainActivity.java`

```java
Button googleMapButton = findViewById(R.id.googlemap_button);
googleMapButton.setOnClickListener(new View.OnClickListener() {
    @Override
    public void onClick(View view) {
        // Google マップで東京スカイツリーを呼び出す
        // (Google Earth がインストールされていると、
        // アプリの選択画面が表示されます)
        Uri uri = Uri.parse("geo:35.710058, 139.810718");
        Intent intent = new Intent(Intent.ACTION_VIEW, uri);
        startActivity(intent);
    }
});
```

▶ Google マップナビを呼び出す

サンプル

サンプルプロジェクト：`intent_GoogleNavi`
ソース：`src/MainActivity.java`

```java
Button navigationButton = findViewById(R.id.navigation_button);
navigationButton.setOnClickListener(new View.OnClickListener() {
    @Override
    public void onClick(View view) {
        // Google マップナビで広島駅までのルート案内を呼び出す
        Uri uri = Uri.parse("google.navigation:q= 広島駅 ");
        Intent intent = new Intent(Intent.ACTION_VIEW, uri);
        startActivity(intent);
    }
});
```

▶ コンタクトリストを呼び出す

サンプル

サンプルプロジェクト：`intent_ContactList`
ソース：`src/MainActivity.java`

```java
Button contactListButton = findViewById(R.id.contact_list_button);
contactListButton.setOnClickListener(new View.OnClickListener() {
    @Override
    public void onClick(View view) {
        // コンタクトリストの呼び出し (ID 指定 )
        Uri uri = Uri.parse("content://contacts/people/10");
        Intent intent = new Intent(Intent.ACTION_VIEW, uri);
        startActivity(intent);
    }
});
```

● 電話をかける

パーミッション

 android.permission.CALL_PHONE　　アプリから電話をかけることを許可

サンプル

サンプルプロジェクト：intent_Tel
ソース：AndroidManifest.xml

```
<uses-permission android:name="android.permission.CALL_PHONE"/>
```

ソース：src/MainActivity.java

```java
public void onCall(View view) {
    if (ActivityCompat.checkSelfPermission(getApplicationContext(), Manifest.permission.CALL_PHONE)
        == PackageManager.PERMISSION_GRANTED) {
        // 電話をかける
        Uri uri = Uri.parse("tel:0123-45-6789");
        Intent intent = new Intent(Intent.ACTION_CALL, uri);
        startActivity(intent);
    } else {
        ActivityCompat.requestPermissions((Activity) view.getContext(), PERMISSIONS, PERMISSIONS_REQUEST);
    }
}
```

実行結果

関連　「権限の許可をユーザに要求する」……P.44

▶ ダイアル画面を呼び出す

➔ サンプル

サンプルプロジェクト：intent_Dial
ソース：src/MainActivity.java

```java
Button dialButton = findViewById(R.id.dial_button);
dialButton.setOnClickListener(new View.OnClickListener() {
    @Override
    public void onClick(View view) {
        // ダイアル画面を呼び出す
        Uri uri = Uri.parse("tel:0123-45-6789");
        Intent intent = new Intent(Intent.ACTION_DIAL, uri);
        startActivity(intent);
    }
});
```

➔ 実行結果

▶ Google Playのアプリページを呼び出す

➔ サンプル

サンプルプロジェクト：intent_GooglePlay
ソース：src/MainActivity.java

```java
Button appButton = findViewById(R.id.app_button);
appButton.setOnClickListener(new View.OnClickListener() {
    @Override
    public void onClick(View view) {
        // 「Google Play Console」のGoogle Playアプリページを呼び出す
        Uri uri = Uri.parse("market://details?id=com.google.android.apps.playconsole");
```

```java
        Intent intent = new Intent(Intent.ACTION_VIEW, uri);
        startActivity(intent);
    }
});

Button developerButton = findViewById(R.id.developer_button);
developerButton.setOnClickListener(new View.OnClickListener() {
    @Override
    public void onClick(View view) {
        // パッケージ名で Google のアプリを検索する
        Uri uri = Uri.parse("market://search?q=com.google.android.apps");
        Intent intent = new Intent(Intent.ACTION_VIEW, uri);
        startActivity(intent);
    }
});
```

● 設定アプリを呼び出す

サンプル

サンプルプロジェクト：intent_Settings
ソース：src/MainActivity.java

```java
public void callSettings(View v) {
    // 設定アプリの呼び出し
    Intent intent = new Intent();
    intent.setAction(android.provider.Settings.ACTION_SETTINGS);
    startActivity(intent);
}
```

```
// サンプルのソースコード上では、その他の細かい項目の設定呼び出しも
// サンプルとして掲載しています。
// 紙面の都合上、上記の1例のみの掲載とさせていただきます。
```

● ギャラリーを呼び出す

サンプル

サンプルプロジェクト：intent_Gallery
ソース：src/MainActivity.java

```java
private static final int GALLERY_REQUEST = 700;

@Override
protected void onCreate(Bundle savedInstanceState) {
    super.onCreate(savedInstanceState);
    setContentView(R.layout.activity_main);

    ImageButton galleryButton = findViewById(R.id.gallery_button);
    galleryButton.setOnClickListener(new View.OnClickListener() {
        @Override
        public void onClick(View view) {
```

10

サービス間連携

```java
            Intent intent = new Intent(Intent.ACTION_PICK);
            intent.setType("image/*");
            startActivityForResult(Intent.createChooser(intent, "画像選択"), ⮕
GALLERY_REQUEST);
        }
    });
}


@Override
protected void onActivityResult(int requestCode, int resultCode, Intent data) {
    super.onActivityResult(requestCode, resultCode, data);
    if (requestCode == GALLERY_REQUEST && resultCode == RESULT_OK && data ⮕
!= null && data.getData() != null) {
        try {
            InputStream inputStream = getContentResolver().openInputStream ⮕
(data.getData());
            if (inputStream != null) {
                Bitmap bmp = BitmapFactory.decodeStream(inputStream);

                inputStream.close();

                // 選択された画像の表示
                ImageView selectImageView = findViewById(R.id.select_image_ ⮕
view);
                selectImageView.setImageBitmap(bmp);
            }
        } catch (IOException e) {
            e.printStackTrace();
        }
    }
}
```

▶ カメラアプリで写真を撮影する

サンプル

サンプルプロジェクト：intent_ImageCapture
ソース：src/MainActivity.java

```java
private static final int IMAGE_CAPTURE_REQUEST = 743;


@Override
protected void onCreate(Bundle savedInstanceState) {
    super.onCreate(savedInstanceState);
    setContentView(R.layout.activity_main);

    Button imageCaptureButton = findViewById(R.id.image_capture_button);
    imageCaptureButton.setOnClickListener(new View.OnClickListener() {
        @Override
        public void onClick(View v) {
```

```java
            Intent intent = new Intent(MediaStore.ACTION_IMAGE_CAPTURE);
            startActivityForResult(intent, IMAGE_CAPTURE_REQUEST);
        }
    });
}

@Override
protected void onActivityResult(int requestCode, int resultCode, Intent data) {
    super.onActivityResult(requestCode, resultCode, data);
    if (requestCode == IMAGE_CAPTURE_REQUEST && resultCode == RESULT_OK) {
        if (data.getExtras() != null) {
            Bitmap bitmap = (Bitmap) data.getExtras().get("data");

            ImageView imageView = findViewById(R.id.image_view);
            imageView.setImageBitmap(bitmap);
        }
    }
}
```

▶実行結果

● カメラアプリで動画を撮影する

▶サンプル

サンプルプロジェクト：intent_VideoCapture
ソース：src/MainActivity.java

```java
private static final int VIDEO_CAPTURE_REQUEST = 536;

@Override
protected void onCreate(Bundle savedInstanceState) {
```

```java
    super.onCreate(savedInstanceState);
    setContentView(R.layout.activity_main);

    Button videoCaptureButton = findViewById(R.id.video_capture_button);
    videoCaptureButton.setOnClickListener(new View.OnClickListener() {
        @Override
        public void onClick(View v) {
            Intent intent = new Intent(MediaStore.ACTION_VIDEO_CAPTURE);
            startActivityForResult(intent, VIDEO_CAPTURE_REQUEST);
        }
    });
}

@Override
protected void onActivityResult(int requestCode, int resultCode, Intent data) {
    super.onActivityResult(requestCode, resultCode, data);

    if (requestCode == VIDEO_CAPTURE_REQUEST && resultCode == RESULT_OK) {
        Uri uri = data.getData();
        if (uri != null) {
            VideoView videoView = findViewById(R.id.video_view);
            videoView.setVideoURI(uri);
            videoView.setMediaController(new MediaController(this));
        }
    }
}
```

● 外部アプリで音声を録音する

➍ サンプル

サンプルプロジェクト：intent_RecordAudio
ソース：src/MainActivity.java

```java
private static final int RECORD_AUDIO_REQUEST = 134;

@Override
protected void onCreate(Bundle savedInstanceState) {
    super.onCreate(savedInstanceState);
    setContentView(R.layout.activity_main);

    Button recordAudioButton = findViewById(R.id.record_audio_button);
    recordAudioButton.setOnClickListener(new View.OnClickListener() {
        @Override
        public void onClick(View v) {
            Intent intent = new Intent(MediaStore.Audio.Media.RECORD_SOUND_ ↘
ACTION);
            startActivityForResult(intent, RECORD_AUDIO_REQUEST);
        }
    });
```

```java
}

@Override
protected void onActivityResult(int requestCode, int resultCode, Intent data) {
    super.onActivityResult(requestCode, resultCode, data);

    if (requestCode == RECORD_AUDIO_REQUEST && resultCode == RESULT_OK) {
        Uri uri = data.getData();
        if (uri != null) {
            VideoView videoView = findViewById(R.id.video_view);
            videoView.setVideoURI(uri);
            videoView.setMediaController(new MediaController(this));
        }
    }
}
```

アラーム

指定した時間に処理を行う

構文

≫ [android.app.AlarmManager]

Lv ❶	void set(int type, long triggerAtTime, PendingIntent operation)	指定した時間に処理を実行するアラームの登録
	void setRepeating(int type, long triggerAtMillis, ong intervalMillis, PendingIntent operation)	繰り返し一定間隔で処理を実行するアラームの登録
	void cancel(PendingIntent operation)	登録した処理のキャンセル
Lv ⑲	void setWindow(int type, long windowStartMillis, long windowLengthMillis, PendingIntent operation)	特定の時間帯に処理を実行するアラームの登録
	void setExact(int type, long triggerAtMillis, PendingIntent operation)	指定した時間に処理を実行するアラームの登録

引数

type	アラームタイプ
triggerAtMillis	トリガーとなるアラームを実行するまでの時間(ミリ秒)
operation	実行する処理を格納したPendingIntentオブジェクト
intervalMillis	一定間隔で処理を実行する場合の間隔(ミリ秒)
windowStartMillis	アラームを実行する時刻(ミリ秒)
windowLengthMillis	アラームを実行するまでの期間(ミリ秒)

定数

● type

≫ [android.app.AlarmManager]

Lv ❶	ELAPSED_REALTIME	電源がONされてからの経過時間
	ELAPSED_REALTIME_WAKEUP	電源がONされてからの経過時間の指定とスリープ状態の解除を行う
	RTC	UTC時刻で指定
	RTC_WAKEUP	UTC時刻で指定とスリープ状態の解除を行う

解説

AlarmManagerを利用すると、指定したタイミングでoperationに指定した処

理を実行することができます。AlarmManagerからの通知はブロードキャストで送られてくるため、受け取るアクティビティに対してブロードキャストレシーバの設定を行う必要があります。

　KitKat（API Level 19）以降からは、電力効率を改善するためにset／setRepeatingメソッドで作ったアラームは厳密な時刻に動かなくなりました。

　特定の時間帯（1～2時など多少幅を持たせた時間）にアラームの通知がほしい場合には、setWindowメソッドが利用できます。厳密な時間に実行したい場合には、setExactメソッドを利用してください。

▶ サンプル

サンプルプロジェクト：`app_AlarmManager`
ソース：`src/MainActivity.java`

```
// アラームで実行するブロードキャスト用 Intent の設定
Intent intent = new Intent(this, AlarmReceiver.class);
PendingIntent senderIntent = PendingIntent.getBroadcast(this, 0, intent, ⤵
PendingIntent.FLAG_UPDATE_CURRENT);

// 現時刻より 10 秒後を設定
Calendar calendar = Calendar.getInstance();
calendar.setTimeInMillis(System.currentTimeMillis());
calendar.add(Calendar.SECOND, 10);

// アラームの設定
AlarmManager alarmManager = (AlarmManager) getSystemService(ALARM_SERVICE);
if (alarmManager != null) {
    alarmManager.setExact(AlarmManager.RTC_WAKEUP, calendar. ⤵
getTimeInMillis(), senderIntent);
}
```

ソース：`src/receiver/AlarmReceiver.java`

```
public class AlarmReceiver extends BroadcastReceiver {
    @Override
    public void onReceive(Context context, Intent intent) {
        // 受信したらトーストを表示
        Toast.makeText(context, "AlarmManager の通知を受信しました ", Toast. ⤵
LENGTH_SHORT).show();
    }
}
```

10

サービス間連携

文字列の暗黙的インテントを送信する

ブラウザ

構文

≫ [android.provider.Browser]

| Lv 1 | static void sendString (Context context, String string) | 文字列の暗黙的インテントの送信 |

引数

| context | コンテキスト |
| string | 送信する文字列 |

解説

ブラウザからの共有と同様の暗黙的インテントを送信します。stringに設定された文字列はインテントのEXTRA_TEXTに設定されます。

サンプル

サンプルプロジェクト：browser_SendString
ソース：src/MainActivity.java

```
public void onTextShare(View view) {
    // 暗黙的 Intent で文字列の送信
    Browser.sendString(this, " 文字列の送信サンプルです ");
}
```

関連　「テキストの共有を処理する」…… P.454

テキスト読み上げ

テキストを読み上げる

構文

≫ [android.speech.tts.TextToSpeech]

Lv 4	`TextToSpeech(Context context, OnInitListener listener)`	TextToSpeechのコンストラクタ
	`boolean isSpeeking()`	読み上げの状態を取得する
	`int stop()`	テキスト読み上げを停止する
	`int setLanguage(Locale loc)`	読み上げ言語を設定する
Lv 21	`int speak(CharSequence text, int queueMode, Bundle params, String utteranceId)`	テキスト読み上げを開始する

引数

context	コンテキスト
listener	インタフェース TextToSpeech.OnInitListener のオブジェクトを指定する。一般的には Activity に implements することになるので、this を指定する
text	読み上げるテキスト
queueMode	イベントをキューに渡すモード
params	テキスト読み上げ時に渡すパラメータ
utteranceId	テキスト読み上げを識別する ID
loc	読み上げる言語

定数

● queueMode

≫ [android.speech.tts.TextToSpeech]

Lv 4	`QUEUE_ADD`	キューにエントリを追加
	`QUEUE_FLUSH`	待ち状態のエントリを破棄し、エントリを追加

● speak／stop メソッドの戻り値

≫ [android.speech.tts.TextToSpeech]

Lv 1	`SUCCESS`	成功したときに返す
	`ERROR`	失敗したときに返す

10

サービス間連携

449

→ サンプル

サンプルプロジェクト：**app_TextToSpeach**
ソース：**src/MainActivity.java**

```java
private static final String SPEECH_ID = "SAMPLE_ID";
private TextToSpeech mTextToSpeech = null;

@Override
protected void onCreate(Bundle savedInstanceState) {
    super.onCreate(savedInstanceState);
    setContentView(R.layout.activity_main);

    // TextToSpeech の初期化
    mTextToSpeech = new TextToSpeech(this, new TextToSpeech.OnInitListener() {
        @Override
        public void onInit(int status) {
            if (status != TextToSpeech.SUCCESS) {
                Toast.makeText(getApplicationContext(), " 音声読み上げが利用で ⬎
きません ", Toast.LENGTH_SHORT).show();
            }
        }
    });

    Button speechButton = findViewById(R.id.speech_button);
    speechButton.setOnClickListener(new View.OnClickListener() {
        @Override
        public void onClick(View view) {
            // 読み上げ中かどうかチェックし、読み上げ中の場合は停止する
            if (mTextToSpeech.isSpeaking()) {
                mTextToSpeech.stop();
            }

            // テキストの読み上げ
            EditText speechMessage = findViewById(R.id.speech_message);
            mTextToSpeech.speak(speechMessage.getText().toString(), ⬎
TextToSpeech.QUEUE_FLUSH, null, SPEECH_ID);
        }
    });
}
```

ダウンロード

ファイルをダウンロードする

構文

≫ [android.app.DownloadManager]

Lv ⑨	long enqueue(DownloadManager. Request request)	ダウンロードをリクエストする
	ParcelFileDescriptor openDownloadedFile(long id)	ダウンロードしたファイルを取得する
	Cursor query(DownloadManager. Query query)	ダウンロードしたファイルを検索する
	int remove(long... ids)	ダウンロードのリクエストのキャンセル

≫ [android.app.DownloadManager.Request]

Lv ⑨	DownloadManager.Request(Uri uri)	ダウンロードを行うRequestオブジェクトの生成用コンストラクタ
	DownloadManager.Request setDestinationInExternalFileDir(Context context, String dirType, String subPath)	ダウンロードしたファイルの保存先を設定
	DownloadManager.Request setTitle(CharSequence title)	ダウンロード中のタイトルを設定
	DownloadManager.Request setDescription(CharSequence description)	ダウンロードの概要の設定
	DownloadManager.Request setMimeType(String mimeType)	MIMEタイプの設定
	DownloadManager.Request setAllowedNetworkTypes(int flags)	ダウンロードを許可するネットワークタイプの設定

引数

request	ファイルのダウンロード情報を含んだDownloadManager.Requestオブジェクト
id	リクエストしたダウンロードのID
query	データを取得するクエリ条件
ids	ダウンロードをキャンセルするリクエスト時に取得したID
uri	ダウンロードを行うファイルへのUri
context	コンテキスト
dirType	ディレクトリのタイプ
subPath	ダウンロードしたファイルの保存先を示したパス

10

サービス間連携

title	ダウンロードに表示するタイトル
description	ダウンロード概要に表示するテキスト
mimeType	設定を行うMIMEタイプ
flags	許可するネットワークタイプのフラグ

定数

● flags

≫ [android.app.DownloadManager.Request]

Lv 9	NETWORK_MOBILE	モバイル通信
	NETWORK_WIFI	Wi-Fi通信

パーミッション

Lv 1	android.permission.WRITE_EXTERNAL_STORAGE	外部ストレージへの書き込みを許可
	android.permission.INTERNET	インターネットへの接続を許可

解説

ファイルをダウンロードしたい場合にはHTTP通信を使う以外に、Androidに実装されたDownloadManagerを利用できます。

データをリアルタイムに処理したい場合には向きませんが、一定の間隔でファイルをダウンロードしたり、ユーザの指示によってクラウド上のファイルをローカルにダウンロードするようなケースでは活用できるでしょう。

サンプル

サンプルプロジェクト:app_DownloadManager
ソース:src/MainActivity.java

```java
// PDFのダウンロード
DownloadManager.Request request = new DownloadManager.Request(Uri.parse
("http://www.jssec.org/dl/android_securecoding.pdf"));
request.setDestinationInExternalFilesDir(this, Environment.DIRECTORY_
DOWNLOADS, "/android.pdf");
request.setTitle("Android Secure Coding");
request.setAllowedNetworkTypes(DownloadManager.Request.NETWORK_WIFI);
request.setMimeType("application/pdf");

// ダウンロードの開始
DownloadManager downloadManager = (DownloadManager) getSystemService
(DOWNLOAD_SERVICE);
if (downloadManager != null) {
    downloadManager.enqueue(request);
}
```

➡ 実行結果

10 サービス間連携

共有

テキストの共有を処理する

➜ インテントフィルタ

● action

android:name	android.intent.action.SEND

● category

android:name	android.intent.category.DEFAULT

● data

android:name	text/plain

解説

テキストの共有を受け取るには、AndroidManifest.xmlで受け取る対象のActivity に上記のインテントフィルタを設定することで対応できます。

➜ サンプル

サンプルプロジェクト：app_TextShare
ソース：AndroidManifest.xml

```xml
<intent-filter>
    <action android:name="android.intent.action.SEND"/>
    <category android:name="android.intent.category.DEFAULT"/>
    <data android:mimeType="text/plain"/>
</intent-filter>
```

ソース：src/MainActivity.java

```java
// 受け取ったテキストをToastで表示する
Intent intent = getIntent();
if (intent != null) {
    Bundle bundle = intent.getExtras();
    String action = intent.getAction();
    if (bundle != null && action != null && action.equals(Intent.ACTION_SEND)) {
        String receiveText = bundle.getString(Intent.EXTRA_TEXT);
        Toast.makeText(this, "受け取ったテキスト：" + receiveText, Toast.↴
LENGTH_SHORT).show();
    }
}
```

共有

画像の共有を処理する

インテントフィルタ

● action

| android:name | android.intent.action.SEND |

● category

| android:name | android.intent.category.DEFAULT |

● data

| android:mimeType | image/*: すべて
image/gif: GIF画像
image/png: PNG画像
image/jpg: JPG画像
image/jpeg: JPEG画像 |

構文

≫ [android.app.Activity]

| Lv 1 | Intent getIntent() | Activityが呼び出されたときに引数として渡されてきたIntentを取得する |

≫ [android.content.Intent]

| Lv 1 | String getAction() | Intentに格納されたActionの取得 |
| | Bundle getExtras() | Bundleオブジェクトの取得 |

≫ [android.os.Bundle]

| Lv 1 | Object get(String key) | 指定されたkeyの値を取得 |

引数

| key | 取得するオブジェクトのキー |

サンプル

サンプルプロジェクト：app_ImageShare
ソース：AndroidManifest.xml

```xml
<intent-filter>
    <action android:name="android.intent.action.SEND"/>
    <category android:name="android.intent.category.DEFAULT"/>
```

```
        <data android:mimeType="image/*"/>
    </intent-filter>
```

ソース：src/MainActivity.java

// URI 形式での画像表示

```java
Intent intent = getIntent();
if (intent != null) {
    Bundle bundle = intent.getExtras();
    String action = intent.getAction();
    if (bundle != null && action != null && action.equals(Intent.ACTION_SEND)) {
        Object uriString = bundle.get(Intent.EXTRA_STREAM);
        if (uriString != null) {
            Uri uri = Uri.parse(uriString.toString());

            if (uri != null) {
                ImageView shareImageView = findViewById(R.id.share_image_view);
                shareImageView.setImageURI(uri);
            }
        }
    }
}
```

ソフトキーボード

アプリ起動時にソフトキーボードを表示する

構文
≫ [android.view.Window]

Lv3 void setSoftInputMode(int mode)　ソフトキーボードの状態を設定する

引数

mode　　　　　　　ソフトキーボードの状態

定数
● mode
≫ [android.view.WindowManager.LayoutParams]

Lv1	SOFT_INPUT_STATE_VISIBLE	ソフトキーボードを表示状態にする
	SOFT_INPUT_STATE_HIDDEN	ソフトキーボードを非表示にする

解説

ソフトキーボードの表示制御を行いたい場合には、setSoftInputModeメソッドで設定を変更することが可能です。

サンプル

サンプルプロジェクト：keyboard_ShowSoftInput
ソース：src/MainActivity.java

```
// アプリ起動時にソフトキーボードを表示する
getWindow().setSoftInputMode(WindowManager.LayoutParams.SOFT_INPUT_STATE_
ALWAYS_VISIBLE);
```

ソフトキーボード

入力完了後、ソフトキーボードを隠す

手順

① InputMethodManagerを取得する(P.23参照)。
② **ソフトキーボードを非表示に設定する。**

構文

≫ [android.view.inputmethod.InputMethodManager]

| Lv 3 | boolean hideSoftInputFromWindow (IBinder windowToken, int flags) | ソフトキーボードを非表示にする |

引数

| windowToken | View.getWindowToken()の戻り値を設定する |
| flags | 非表示設定のフラグ |

定数

● flags

| Lv 3 | HIDE_IMPLICIT_ONLY | 予測変換表示のみ非表示とする |
| | HIDE_NOT_ALWAYS | ソフトキーボードを非表示にする |

解説

入力完了後、任意の操作でソフトキーボードを非表示にしたいようなケースで使用します。

サンプル

サンプルプロジェクト:keyboard_CloseSoftInput
ソース:src/MainActivity.java

```java
// ソフトキーボードを非表示にする
EditText inputMessage = findViewById(R.id.input_message);
InputMethodManager inputMethodManager = (InputMethodManager) 
getSystemService(INPUT_METHOD_SERVICE);
if (inputMethodManager != null) {
    inputMethodManager.hideSoftInputFromWindow(inputMessage.getWindowToken(), 
InputMethodManager.HIDE_NOT_ALWAYS);
}
```

サービス

サービスを作成する

マニフェスト

`<service></service>`

属性

| android:name | Serivceのクラス名 |

構文

≫ [android.app.Service]

Lv ①	void onStart(Intent intent, int startId)	サービス開始時に呼び出される
	void onStop()	サービス終了時に呼び出される
	IBinder onBind(Intent intent)	バインドする際に呼び出される

≫ [android.content.Context]

| Lv ① | void startService(Intent intent) | サービスの開始 |
| | void stopService() | サービスの停止 |

引数

| intent | Intentオブジェクト |
| startId | サービスに割り当てられたID |

解説

画面上に表示せず、バックグラウンドでデータの取得をさせたいような場合に、Serviceを利用します。

サンプル

サンプルプロジェクト：Chapter03/ui_AppWidget
ソース：WidgetProvider.java

```java
@Override
public void onReceive(Context context, Intent intent) {
    // サービスの起動
    Intent serviceIntent = new Intent(context, CountService.class);
    context.startService(serviceIntent);

    super.onReceive(context, intent);
}
```

10

サービス間連携

459

```java
public static class CountService extends Service {
    private static final String ACTION_COUNT = "net.buildbox.pokeri. ↲
action.ACTION_COUNT";
    private static final int REQUEST_COUNT_UP = 1;

    @Override
    public int onStartCommand(Intent intent, int flags, int startId) {
        super.onStartCommand(intent, flags, startId);

        // AppWidget 上のボタンがクリックされた時の処理用 Intent
        Intent clickIntent = new Intent();
        clickIntent.setAction(ACTION_COUNT);
        PendingIntent pendingIntent = PendingIntent.getService(this, ↲
REQUEST_COUNT_UP, clickIntent, PendingIntent.FLAG_ONE_SHOT);
        RemoteViews remoteViews = new RemoteViews(getPackageName(), ↲
R.layout.appwidget_main);
        remoteViews.setOnClickPendingIntent(R.id.update_button, pendingIntent);

        // 受信した Intent の処理
        if (ACTION_COUNT.equals(intent.getAction())) {
            countUp();
            remoteViews.setTextViewText(R.id.count_view, "更新: " + getCount());
        }

        // AppWidget の画面更新
        ComponentName widget = new ComponentName(this, WidgetProvider.class);
        AppWidgetManager widgetManager = AppWidgetManager.getInstance(this);
        widgetManager.updateAppWidget(widget, remoteViews);

        return START_STICKY;
    }

    @Override
    public IBinder onBind(Intent intent) {
        return null;
    }

    private int getCount() {
        SharedPreferences pref = PreferenceManager.getDefaultSharedPreferences ↲
(this);
        return pref.getInt(KEY_COUNT, 0);
    }

    private void countUp() {
        PreferenceManager.getDefaultSharedPreferences(this).edit()
            .putInt(KEY_COUNT, getCount() + 1)
            .apply();
    }
}
```

Chapter **11**

システム

マニフェスト

アプリのバージョン情報を取得する

手順

① getPackageManager メソッドで PackageManager オブジェクトを取得する。
② getPackageInfo メソッドで PackageInfo オブジェクトを取得する。
③ PackageInfo のフィールドにある versionCode、versionName を取得する。

構文

≫ [android.app.Activity]

| Lv ❶ | PackageManager getPackageManager() | PackageManager のオブジェクトを取得する |
| | String getPackageName() | パッケージ名を取得する |

≫ [android.content.pm.PackageManager]

| Lv ❶ | PackageInfo getPackageInfo (String packageName, int flags) | PackageInfo オブジェクトを取得する |

フィールド

≫ [android.PackageInfo]

| Lv ❶ | versionCode | アプリケーションのバージョンを表す整数値(非表示項目) |
| | versionName | アプリケーションのバージョンを表す文字列(表示項目) |

引数

packageName　　　　　パッケージ名
flags　　　　　　　　取得する PackageInfo のフラグ

定数

● flags

Lv ❶	GET_ACTIVITYES, GET_DISABLED_COMPONENTS, GET_GIDS, GET_ INSTRUMENTATION, GET_INTENT_FILTERS, GET_META_DATA, GET_PERMISSIONS, GET_PROVIDERS, GET_RECEIVERS, GET_RESOLVED_FILTER, GET_SERVICES, GET_SHARED_LIBRARY_FILES, GET_SIGNATURES, GET_URI_PERMISSION_PATTERNS
Lv ❸	GET_CONFIGURATIONS, GET_UNINSTALLED_PACKAGES
Lv ⓲	GET_DISABLED_UNTIL_USED_COMPONENTS

11
システム

462

解説

アプリケーションのバージョン情報を取得したい場合には、PackageManagerを
用いて自身のパッケージを取得してバージョンコードとバージョン名を取得します。

サンプル

サンプルプロジェクト：`system_VersionCode`
ソース：`app/build.gradle`

```
……省略……
android {
    compileSdkVersion 27
    defaultConfig {
        applicationId "net.buildbox.pokeri.system_versioncode"
        minSdkVersion 21
        targetSdkVersion 27
        versionCode 32
        versionName "2.0.12932138"
        testInstrumentationRunner "android.support.test.runner.↴
AndroidJUnitRunner"
    }
    ……省略……
```

ソース：`src/MainActivity.java`

```
// バージョン情報の取得
PackageManager packageManager = getPackageManager();
try {
    PackageInfo packageInfo = packageManager.getPackageInfo(getPackageName(), ↴
PackageManager.GET_ACTIVITIES);
    Log.d(TAG, "バージョンコード： " + packageInfo.versionCode);
    Log.d(TAG, "バージョン名： " + packageInfo.versionName);
} catch (PackageManager.NameNotFoundException e) {
    e.printStackTrace();
}
}
```

パッケージ情報

インストール済みパッケージ一覧を取得する

構文

≫ [android.content.pm.PackageManager]

| List<ApplicationInfo> getInstalledApplications(int flags) | インストール済みアプリの情報を取得 |

フィールド

≫ [android.content.pm.ApplicationInfo]

| packageName | パッケージ名 |

引数

flags　インストール済みアプリの一覧を抽出するときのフィルタ用フラグ

定数

●flags

≫ [android.content.pm.PackageManager]

| GET_META_DATA | メタデータの取得 |

解説

インストール済みのパッケージ情報を取得するには、getInstalledApplicationsメソッドを用います。

サンプル

サンプルプロジェクト：system_ApplicationList
ソース：src/MainActivity.java

```java
// インストール済みのアプリケーション一覧の取得
ArrayList<String> applicationList = new ArrayList<>();
PackageManager packageMgr = getPackageManager();
List<ApplicationInfo> applicationInfo = packageMgr.getInstalledApplications
(PackageManager.GET_META_DATA);
for (ApplicationInfo info : applicationInfo) {
    applicationList.add(packageMgr.getApplicationLabel(info).toString());
}

// リスト表示
ArrayAdapter<String> adapter = new ArrayAdapter<>(this,
    android.R.layout.simple_list_item_1, applicationList);
ListView applicationListView = findViewById(R.id.application_list_view);
applicationListView.setAdapter(adapter);
```

パッケージ情報

ブート完了時の通知を検知する

マニフェスト定義

● <receiver>

| android:permission | android.permission.RECEIVE_BOOT_COMPLETED | ブート完了の通知受信を許可 |

インテントフィルタ

● action

 android:name　android.intent.action.BOOT_COMPLETED　ブート完了時の通知

● category

| adroid:name | android.intent.category.DEFAULT |

解説

端末がブート（電源ONで起動）したことの通知はブロードキャストレシーバで受信することができます。

Oreo（Android 8.0）からマニフェストファイルでブロードキャストを受け取ることが原則できなくなりましたが、ブート完了の通知はまだ利用可能です。

サンプル

サンプルプロジェクト：system_Boot
ソース：AndroidManifest.xml

```xml
<uses-permission android:name="android.permission.RECEIVE_BOOT_COMPLETED"/>

……省略……

<receiver
    android:name=".receiver.BootReceiver"
    android:permission="android.permission.RECEIVE_BOOT_COMPLETED">
    <intent-filter>
        <action android:name="android.intent.action.BOOT_COMPLETED" />
        <category android:name="android.intent.category.DEFAULT" />
    </intent-filter>
</receiver>

……省略……
```

ソース：src/receiver/BootReceiver.java

```java
public class BootReceiver extends BroadcastReceiver {
    // ブロードキャストの受信処理
    @Override
    public void onReceive(Context context, Intent intent) {
        Toast.makeText(context, "端末起動をトリガーに表示しました。", Toast.
LENGTH_LONG).show();
    }
}
```

パッケージ情報

カウントダウンタイマーを利用する

手順

① CountDownTimer を継承したクラスを作成する。

② インターバルごとに呼び出される onTick メソッド、カウントダウン完了時に呼び出される onFinish メソッドを実装する。

③ ボタン押下などをトリガーとしたカウントダウンの開始／終了を行う。

構文

≫ [android.os.CountDownTimer]

Lv ❶	CountDownTimer (long millisInFuture, long countDownInterval)	CountDownTimer のコンストラクタ
	void onTick(long millisUntilFinished)	インターバルごとに呼び出されるメソッド
	void onFinish()	カウントダウン完了時に呼び出されるメソッド
	synchronized final CountDownTimer start()	カウントダウンの開始
	final void cancel()	カウントダウンのキャンセル

引数

millisInFuture	カウントダウンの開始値(ミリ秒)
countDownInterval	カウントダウンのインターバル(ミリ秒)
millisUntilFinished	カウントダウン完了までの時間(ミリ秒)

解説

カウントダウンするような処理を実現するために、CountDownTimer が用意されています。

オブジェクトの生成時にカウントする時間と、インターバルで onTick メソッドが呼び出される時間をミリ秒で指定し、start メソッドで開始することでカウントダウンができます。

インターバルごとに呼び出される onTick メソッドで途中経過が取得でき、onFinish メソッドでカウントダウン終了を受け取ることができます。

11

システム

→ サンプル

サンプルプロジェクト：system_CountDownTimer
ソース：src/MainActivity.java

```java
private static final String TAG = MainActivity.class.getSimpleName();

// 10 秒のカウントダウンを実施（200 ミリ秒ごとにインターバルの通知）
private CountDownTimer mCountDownTimer = new CountDownTimer(10000, 200) {
    // カウントダウンの途中経過のコールバック処理
    @Override
    public void onTick(long millisUntilFinished) {
        Log.d(TAG, "あと、" + (millisUntilFinished / 1000) + "秒");
    }

    // カウントダウン終了のコールバック処理
    @Override
    public void onFinish() {
        Toast.makeText(getApplicationContext(), "カウント終了", Toast. ⤵
LENGTH_SHORT).show();
        ToggleButton countDownButton = findViewById(R.id.countdown_button);
        countDownButton.setChecked(false);
    }
};

@Override
protected void onCreate(Bundle savedInstanceState) {
    super.onCreate(savedInstanceState);
    setContentView(R.layout.activity_main);

    ToggleButton countDownButton = findViewById(R.id.countdown_button);
    countDownButton.setOnCheckedChangeListener(new CompoundButton. ⤵
OnCheckedChangeListener() {
        @Override
        public void onCheckedChanged(CompoundButton compoundButton, boolean ⤵
isChecked) {
            if (isChecked) {
                // カウントダウンの開始
                mCountDownTimer.start();
            } else {
                // カウントダウンのキャンセル
                mCountDownTimer.cancel();
            }
        }
    });
}
```

11

システム

パッケージ情報

Android のバージョン情報を取得する

➡ フィールド

≫ [android.os.Build]

Lv ①	Build.VERSION.INCREMENTAL	ソースのビルド情報
	Build.VERSION.RELEASE	バージョン情報
Lv ④	Build.VERSION.CODENAME	リリース番号の場合、"REL" が設定される
	Build.VERSION.SDK_INT	SDK のバージョン番号

➡ 定数

● Build.VERSION.SDK_INT

≫ [android.os.Build]

Lv ④	Build.VERSION_CODES.BASE	Androidの最初のバージョン
	Build.VERSION_CODES.BASE_1_1	最初のアップデート版
	Build.VERSION_CODES.CUPCAKE	Android 1.5
	Build.VERSION_CODES.DONUT	Android 1.6
Lv ⑤	Build.VERSION_CODES.ECLAIR	Android 2.0
Lv ⑥	Build.VERSION_CODES.ECLAIR_0_1	Android 2.0.1
Lv ⑦	Build.VERSION_CODES.ECLAIR_MR1	Android 2.1
Lv ⑧	Build.VERSION_CODES.FROYO	Android 2.2
Lv ⑨	Build.VERSION_CODES.GINGERBREAD	Android 2.3
Lv ⑩	Build.VERSION_CODES.GINGERBREAD_MR1	Android 2.3.3
Lv ⑪	Build.VERSION_CODES.HONEYCOMB	Android 3.0
Lv ⑫	Build.VERSION_CODES.HONEYCOMB_MR1	Android 3.1
Lv ⑬	Build.VERSION_CODES.HONEYCOMB_MR2	Android 3.2
Lv ⑭	Build.VERSION_CODES.ICE_CREAM_SANDWICH	Android 4.0
Lv ⑮	Build.VERSION_CODES.ICE_CREAM_SANDWICH_MR1	Android 4.0.3
Lv ⑯	Build.VERSION_CODES.JELLY_BEAN	Android 4.1

11

システム

Lv ⑰	`Build.VERSION_CODES.JELLY_BEAN_MR1`	Android 4.2
Lv ⑱	`Build.VERSION_CODES.JELLY_BEAN_MR2`	Android 4.3
Lv ⑲	`Build.VERSION_CODES.KITKAT`	Android 4.4
Lv ⑳	`Build.VERSION_CODES.KITKAT_WATCH`	Android 4.4 Watch
Lv ㉑	`Build.VERSION_CODES.LOLLIPOP`	Android 5.0
Lv ㉒	`Build.VERSION_CODES.LOLLIPOP_MR1`	Android 5.1 – 5.1.1
Lv ㉓	`Build.VERSION_CODES.M`	Android 6.0
Lv ㉔	`Build.VERSION_CODES.N`	Android 7.0
Lv ㉕	`Build.VERSION_CODES.N_MR1`	Android 7.1
Lv ㉖	`Build.VERSION_CODES.O`	Android 8.0
Lv ㉗	`Build.VERSION_CODES.O_MR1`	Android 8.1

11

システム

解説

　Build.VERSIONに属したプロパティ値を参照することで、Androidのバージョン情報を取得できます。バージョンによって呼び出すAPIを切り替える場合などにBuild.VERSION.SDK_INTを用います。定数として各コードネームに属した値が定義されているので、そちらを活用して条件分岐に利用してください。

▶ サンプル

サンプルプロジェクト：system_Version
ソース：src/MainActivity.java

```
// Androidのバージョン情報取得
TextView codeNameView = findViewById(R.id.code_name_view);
codeNameView.setText(String.format("CodeName: %s", Build.VERSION.CODENAME));
TextView incrementalView = findViewById(R.id.incremenrtal_view);
incrementalView.setText(String.format("Incremental: %s", Build.VERSION. ⤵
INCREMENTAL));
TextView releaseView = findViewById(R.id.release_view);
releaseView.setText(String.format("Release: %s", Build.VERSION.RELEASE));
TextView sdkView = findViewById(R.id.sdk_view);
sdkView.setText(String.format("SDK_INT: %s", Build.VERSION.SDK_INT));
```

➡ 実行結果

デバッグ用

ログを取得する

構文

≫ [android.util.Log]

Lv ❶	static int d(String tag, String msg)	デバッグログを出力する
	static int e(String tag, String msg)	エラーログを出力する
	static int i(String tag, String msg)	情報のログを出力する
	static int v(String tag, String msg)	詳細のログを出力する
	static int w(String tag, String msg)	ワーニングログを出力する
Lv ❽	static int wtf(String tag, String msg)	重大なエラーログを出力する

引数

tag	タグ
msg	ログウィンドウに出力するメッセージ

解説

ログウィンドウにデバッグなどの目的でログを出力したい場合は、Logを用います。ログ出力のためのメソッドはいずれもstaticで宣言されているため、サンプルにあるようにオブジェクトの生成をせずにクラス指定で呼び出しを行います。

サンプル

「アクティビティのライフサイクル」…… P.21

Chapter **12**

リソース

リソース

リソースを管理する情報を取得する

構文

≫ [android.content.ContextWrapper]

 Resources getResources()　　　　　リソースを管理するオブジェクトの取得

解説

リソース(resディレクトリ配下)のデータをプログラムソースから参照して利用したい場合、メソッドによっては引数にResourcesオブジェクトの指定が求められます。getResourcesメソッドでアプリケーションパッケージ内のResourcesオブジェクトを取得することができます。

サンプル

サンプルプロジェクト：Chapter05/graph_ImageBitmap
ソース：src/MainActivity.java

```
// ビットマップ形式で読み込み
Bitmap bitmap = BitmapFactory.decodeResource(getResources(), R.drawable.dog);
binding.imageTarget.setImageBitmap(bitmap);
```

リソース

文字列リソースを定義する

要素

`<string>`設定する文字列`</string>`

属性

name　　　　　　リソース名

親要素

`<resources>`

格納先

res/values配下

リソースID

●ソース参照

(android.)R.string.[リソース名]

●レイアウト参照

@(android:)string/[リソース名]

解説

文字列を利用する場合にはリソース定義するようにしましょう。

valuesのディレクトリ名をvalues-言語キーとして格納することで、日本語(ja)や英語(en)、ベトナム語(vi)などにローカライズできます。

サンプル

サンプルプロジェクト：Chapter03/ui_TextView
ソース：res/values/strings.xml

```
<resources>
    <string name="app_name">ui_TextView</string>
    <string name="hello_pokeri">Hello, Android SDK Pocket Reference</string>
</resources>
```

リソース

色リソースを定義する

> **要素**

`<color>`設定する色`</color>`

> **属性**

name　　　　　　　　リソース名

> **値**

```
#RGB (#RRGGBBの略式)
#ARGB (#AARRGGBBの略式)
#RRGGBB
#AARRGGBB
```

```
A：透過率
R：赤
G：緑
B：青
```

> **親要素**

`<resources>`

> **格納先**

`res/values`配下

> **リソースID**

●ソース参照

`(android.)R.color.[リソース名]`

●レイアウト参照

`@(android:)color/[リソース名]`

> **解説**

　色情報をリソースで定義する場合、`<color>`要素を利用します。色はRGBで、0から255までの数値で表現します。色情報は16進数表記で記述してください。

> **サンプル**

```xml
<?xml version="1.0" encoding="utf-8"?>
<resources>
    <color name="color_main_background">#00ff00</color>
</resources>
```

リソース

アニメーションリソースを定義する

要素

`<set></set>`	要素を格納するコンテナ
`<alpha></alpha>`	フェードイン／フェードアウトのアニメーション
`<scale></scale>`	拡大／縮小のアニメーション
`<translate></translate>`	垂直方向／水平方向の動きのアニメーション
`<rotate></rotate>`	回転のアニメーション

属性

● `<set>`

`android:interpolator`	Interpolator リソース
`android:shareInterpolator`	boolean値。 true で子要素に対して同様の Interpolator を適用する

● `<alpha>`

`android:fromAlpha`	アニメーション開始時の透明度の設定。 0.0が透明、 1.0が不透明
`Android:toAlpha`	アニメーション終了時の透明度の設定。 0.0が透明、 1.0が不透明

● `<scale>`

`android:fromXScale`	X座標のアニメーション開始時の倍率。 1.0が初期値
`android:toXScale`	X座標のアニメーション終了時の倍率。 1.0が初期値
`android:fromYScale`	Y座標のアニメーション開始時の倍率。 1.0が初期値
`android:toYScale`	Y座標のアニメーション終了時の倍率。 1.0が初期値
`android:pivotX`	オブジェクトが拡大縮小されたときに固定するX座標
`android:pivotY`	オブジェクトが拡大縮小されたときに固定するY座標

● `<translate>`

`android:fromXDelta`	アニメーション開始時のX軸方向の動き
`android:toXDelta`	アニメーション終了時のX軸方向の動き
`android:fromYDelta`	アニメーション開始時のY軸方向の動き
`android:toYDelta`	アニメーション終了時のY軸方向の動き

● `<rotate>`

`androiandroid:fromDegrees`	アニメーション開始時の角度
`android:toDegrees`	アニメーション終了時の角度

12

リソース

| android:pivotX | 回転の中心点となるＸ座標 |
| android:pivotY | 回転の中心点となるＹ座標 |

格納先

`res/values/anim`配下

リソースID

●ソース参照

`(android.)R.anim.[リソース名]`

●レイアウト参照

`@(android:)anim/[リソース名]`

サンプル

サンプルプロジェクト：`Chapter06/media_TweenAnimation`
ソース：`res/anim/sample.xml`

```xml
<?xml version="1.0" encoding="utf-8"?>
<set xmlns:android="http://schemas.android.com/apk/res/android">
    <translate
        android:duration="3000"
        android:toXDelta="100"
        android:toYDelta="170"/>
    <alpha
        android:duration="3000"
        android:fromAlpha="1.0"
        android:toAlpha="0.3"/>
</set>
```

関連 「Tweenアニメーションを行う」…… P.298

リソース

文字列の配列リソースを定義する

要素

```
<string-array>              文字列のリスト
    <item>文字列</item>      リストの各項目
</string-array>
```

属性

● string-array

name　　リソース名

親要素

`<resources>`

格納先

res/values配下

リソースID

● ソース参照

(android.)R.array.[リソース名]

● レイアウト参照

@(android:)array/[リソース名]

サンプル

```xml
<?xml version="1.0" encoding="utf-8"?>
<resources>
    <string-array name="array_number">
        <item>One</item>
        <item>Two</item>
        <item>Three</item>
    </string-array>
</resources>
```

12

リソース

479

リソース

数値リソースを定義する

要素

`<dimen>数値</dimen>`　　　　　　　数値および単位の指定

属性

`name`　　　　　　リソース名

親要素

`<resources>`

格納先

`res/values/filename.xml`

リソースID

●ソース参照

`(android.)R.dimen.[リソース名]`

●レイアウト参照

`@(android:)dimen/[リソース名]`

サンプル

```xml
<?xml version="1.0" encoding="utf-8"?>
<resources>
    <dimen name="text_size">20sp</dimen>
    <dimen name="button_size">160dp</dimen>
</resources>
```

リソース

レベル別画像リソースを定義する

要素

```
<level-list>                          レベル別画像リソースのリスト
  <item>リストの各項目</item>        リストの各項目
</level-list>
```

属性

●item

android:drawable　　　指定したレベルで表示する画像リソースID
android:maxLevel　　　itemに指定された画像が対象とする最大レベル
android:minLevel　　　itemに指定された画像が対象とする最小レベル

親要素

ルート要素

格納先

res/drawable/filename.xml

リソースID

●ソース参照

(android.)R.drawable.[リソース名]

●レイアウト参照

@(android:)drawable/[リソースID]

サンプル

```xml
<?xml version="1.0" encoding="utf-8"?>
<level-list
    xmlns:android="http://schemas.android.com/apk/res/android" >
    <item
        android:maxlevel="0"
        android:drawable="@drawable/level_normal" />
    <item
        android:maxlevel="1"
        android:drawable="@drawable/level_alert" />
</level-list>
```

関連 「画像リソースを変更する」…… P.251

リソース

ライブ壁紙用リソースを定義する

要素

`<wallpaper />`

属性

android:thumbnail	ライブ壁紙選択画面に表示するサムネイル画像
android:description	ライブ壁紙選択画面に表示する説明文
android:settingsActivity	ライブ壁紙の設定用Activityを指定する

親要素

ルート要素

格納先

`res/xml/[ファイル名].xml`

リソースID

`R.xml.[ファイル名]`
`@[パッケージ名:]xml/[ファイル名]`

解説

ライブ壁紙を設定します。

サンプル

サンプルプロジェクト：Chapter05/ui_LiveWallpaper
ソース：ソース：res/xml/wallpaper.xml

```xml
<?xml version="1.0" encoding="utf-8"?>
<wallpaper
    xmlns:android="http://schemas.android.com/apk/res/android"
    android:description="@string/description"
    android:settingsActivity="net.buildbox.pokeri.graph_livewallpaper.
activity.SettingsPreferenceActivity"
    android:thumbnail="@mipmap/ic_launcher"/>
```

関連 「プリファレンス画面を作成する」…… P.204
「ライブ壁紙を登録する」…… P.278

索引

〈凡例〉

⊗ …メソッド

⑦ …クラス・インタフェース

⑦ …ウィジェット

⑦ …リソース関連

⑫ …レイアウト関連

⑭ …サポートライブラリ

⑬ …パーミッション

⊜ …用語

A

ACCESS_COARSE_LOCATION ⑬

.... 364, 394

ACCESS_FINE_LOCATION ⑬ 364, 394

ACCESS_WIFI_STATE ⑬........................ 403

acquire ⊗.. 236

ActionBar ⑭ ⑦ 38

ActionBarDrawerToggle ⑭ ⑦................. 222

activate ⊗ ⑭ 373

activity ⑦...................................... 242, 244

add ⊗ ⑭.................................. 30, 183, 377

addAction ⊗ ⑭ 166

addAll ⊗ ⑭.. 375

addCallback ⊗ 274

addCategory ⊗..................................... 436

addFlags ⊗.. 235

addFooterView ⊗.................................... 98

addGroundOverlay ⊗ ⑭ 368

addHole ⊗ ⑭ 375

addItemDecoration ⊗ ⑭....................... 117

addLine ⊗ ⑭.. 161

addMarker ⊗ ⑭ 358

addPolygon ⊗ ⑭.................................... 375

addPolyline ⊗ ⑭ 377

addPreferencesFromResource ⊗.......... 204

addTileOverlay ⊗ ⑭.............................. 371

AlertDialog ⑦ 141

alpha ⑦... 298, 477

AnalogClock ⑦ 83

anchor ⊗ ⑭.. 369

android:autoAdvanceViewId ⑦ 196

android:checked ⑦ 76, 78, 79

android:checkedButton ⑦ 76

android:contentDescription ⑫ 250

android:defaultValue ⑫.................. 208, 209

android:dialogTitle ⑫..................... 210, 211

android:disableDependentsState ⑫...... 212

android:duration ⑦ 298

android:entries ⑦ ⑫................ 93, 210, 211

android:entryValues ⑫................... 210, 211

android:fromAlpha ⑦............................. 299

android:gravity ⑦.................................... 59

android:hint ⑦.. 68

android:id ⑦.. 25

android:initialLayout ⑦........................... 196

android:inputType ⑦............................... 68

android:key ⑫

.... 207, 208, 209, 210, 211, 212, 213

android:layout_above ⑫........................... 8

android:layout_alignRight ⑫...................... 8

android:layout_centerInParent ⑫.............. 8

android:layout_centerVertical ⑫............... 8

android:layout_column ⑫........................... 5

android:layout_gravity ⑦ 59

android:layout_height ⑦ 55

android:layout_margin ⑦ 56

android:layout_marginBottom ⑦.............. 56

android:layout_marginLeft ⑦ 56

android:layout_marginRight ⑦................. 56

android:layout_marginTop ⑦ 56

android:layout_span Ⓛ 5

android:layout_toLeftOf Ⓛ 8

android:layout_weight Ⓛ ⑦ 61

android:layout_width ⑦............................ 55

android:max ⑦.. 125

android:minHeight ⑩ 196

android:minWidth ⑩............................... 196

android:name ⑦ 25

android:numColumns ⑦ 118

android:numStars ⑦ 81

android:onClick ⑦............................. 53, 74

android:orientation Ⓛ................................. 4

android:padding ⑦ 58

android:paddingBottom ⑦....................... 58

android:paddingLeft ⑦ 58

android:paddingRight ⑦.......................... 58

android:paddingTop ⑦ 58

android:permission ⑬........................... 465

android:progress ⑦ 125

android:rating ⑦ 81

android:ringtoneType Ⓛ......................... 213

android:screenOrientation ⑩ 244

android:showDefault Ⓛ.......................... 213

android:showSilent Ⓛ 213

android:shrinkColumns Ⓛ......................... 5

android:src ⑦................................... 75, 250

android:stretchColumns Ⓛ 5

android:summary Ⓛ

.... 208, 209, 210, 211, 212, 213

android:summaryOff Ⓛ.......................... 212

android:summaryOn Ⓛ........................... 212

android:switchTextOff Ⓛ 212

android:switchTextOn Ⓛ 212

android:text ⑦............................. 62, 68, 74

android:textColor ⑦ 62

android:textOff ⑦ 78

android:textOn ⑦ 78

android:textSize ⑦................................... 63

android:textStyle ⑦ 65

android:timePickerMode ⑦.................... 136

android:title Ⓛ

... 181, 207, 208, 209, 210, 211, 212, 213

android:toAlpha ⑩ 299

android:toXDelta ⑩................................ 299

android:toYDelta ⑩ 299

android:typeface ⑦ 65

android:updatePeriodMillis ⑩................ 196

animateCamera ⊗ ⑦ 356

animation-list ⑩.................................... 301

app:columnCount Ⓛ 13

app:layout_column Ⓛ 13

app:layout_columnSpan Ⓛ...................... 13

app:layout_gravity Ⓛ 13

app:layout_row Ⓛ 13

app:layout_rowSpan Ⓛ 13

app:rowCount Ⓛ 13

Application ⑫.. 46

application ⑩... 242

apply ⊗.. 314

appwidget-provider ⑩ 196

ArrayAdapter ⊗ 94

assets ⊜ 67, 85, 316

B

bearing ⊗ ⑦... 356

beginTransaction ⊗ ⑦ 30, 327

bigPicture ⊗ ⊕ 157

bigText ⊗ ⊕ 159

BIND_WALLPAPER ⊘ 279

BLUETOOTH ⊘ 399, 401

BLUETOOTH_ADMIN ⊘ 401

BroadcastReceiver ⊘ 407, 410

build ⊗ ⊕ 150, 356

Builder ⊗ 141

Button ⊘ 74

C

CalendarView ⊘ 177

CALL_PHONE ⊘ 439

CameraPosition.Builder ⊕ ⊘ 356

CameraUpdateFactory ⊕ ⊘ 356, 368

cancel ⊗ 150, 467

Canvas ⊘ 173, 256

CHANGE_WIFI_STATE ⊘ 405

CheckBox ⊘ 79

CheckBoxPreference ⊘ 208

checkSelfPermission ⊗ ⊕ 42

Chronometer ⊘ 122

clear ⊗ 276

color ⊗ ⊕ ⊘ 377, 476

compress ⊗ 272

connect ⊗ 425

ConstraintLayout ⊘ 11

contains ⊗ 313

create ⊗ 141, 290

createBitmap ⊗ 267

createFromAsset ⊗ 67

createNotificationChannel ⊗ 148

createScaledBitmap ⊗ 269

D

data ⊘ 53

DatePicker ⊘ 133

DatePickerDialog ⊗ 144

decodeFile ⊗ 265

decodeResource ⊗ 266

decodeStream ⊗ 264

delete ⊗ 327, 339

DialogFragment ⊕ ⊘ 33, 34

DigitalClock ⊘ 26, 83

dimen ⊘ 480

disconnect ⊗ 425

dismiss ⊗ 168

dispatchKeyEvent ⊗ 385

dividerItemDecoration ⊗ ⊕ 117

doInBackground ⊗ 429

drawArc ⊗ 261

drawCircle ⊗ 259

DrawerLayout ⊕ ⊘ ⊘ 222

drawLine ⊗ 258

drawLines ⊗ 258

drawOval ⊗ 260

drawPoint ⊗ 257

drawPoints ⊗ 257

drawRect ⊗ 262

drawText ⊗ 263

E

edit ⊗ 314

EditText ⊘ 68

EditTextPreference ⊘ 209

elapsedRealtime ⊗ 123

enableLights ⊗ 148

enableVibration ⊗ 148

endTransaction ⊗ 327

enqueue ⊗ 451

execSQL ⊗ 327

execute ⊗ 429

ExpandableListView ⑦ 100

F

findViewById ⊗ 50
Fragment ⑦ 25, 28
fragment ⊕ ⑦................................. 25, 353
FragmentActivity ⊕ ⑦ 30, 334
FragmentManager ⊕ ⑦ 30
FragmentPagerAdapter ⊕ ⑦................. 218
FragmentTransaction ⊕ ⑦ 30
FrameLayout Ⓛ 7
fromResource ⊗ ⊕ 369

G

geodesic ⊗ ⊕.. 377
getAction ⊗ 173, 385, 455
getAll ⊗.. 313
getAssets ⊗ 316
getBackground ⊗.................................... 301
getBestProvider ⊗ 393
getBoolean ⊗ 313
getChildAdapterPosition ⊗ ⊕................. 115
getClipData ⊗.. 173
getClipDescription ⊗ 173
getColumnIndex ⊗ 337
getConfiguration ⊗ 243
getContentResolver ⊗ 337
getCount ⊗ ⊕ 97, 218
getDataDirectory ⊗ 310
getDefault ⊗ 420
getDefaultAdapter ⊗ 399
getDefaultSharedPreferences ⊗ 311
getDownloadCacheDirectory ⊗ 310
getExternalStorageDirectory ⊗ 310
getExternalStoragePublicDirectory ⊗ ... 310
getExternalStorageState ⊗.................... 310

getExtras ⊗... 455
getFloat ⊗.. 313
getFromLocation ⊗................................. 397
getFromLocationName ⊗ 397
getHeight ⊗ 271
getHolder ⊗.. 274
getInstalledApplications ⊗.................... 464
getInstance ⊗... 276
getInt ⊗... 313
getIntent ⊗.. 455
getItem ⊗ ⊕.. 218
getItemAt ⊗ 331
getItemCount ⊗ ⊕ 110
getItemId ⊗ 185
getKeyCode ⊗ 385
getLayoutInflater ⊗................................. 72
getLocalState ⊗...................................... 173
getLong ⊗ 313
getMapAsync ⊗ ⊕.................................. 356
getMenu ⊗.. 188
getMenuInflater ⊗.......................... 183, 188
getMetrics ⊗... 232
getPackageInfo ⊗ 462
getPackageManager ⊗................. 380, 462
getPackageName ⊗.............................. 462
getPageTitle ⊗ ⊕................................... 218
getPreferences ⊗ 311
getPrimaryClip ⊗ 331
getReadableDatabase ⊗ 327
getResources ⊗ 243, 474
getResponseCode ⊗............................. 425
getResult ⊗... 173
getRootDirectory ⊗................................. 310
getSensorList ⊗...................................... 388
getSettings ⊗.. 89
getSharedPreferences ⊗....................... 311

getStreamVolume ⊗ 287

getString ⊗ 234, 313, 337

getSupportFragmentManager ⊗ ⊕ 30

getSupportLoaderManager ⊗ ⊕ 334

getSystemService ⊗ 23

getText ⊗ 331

getTileUrl ⊗ ⊕ 371

getUiSettings ⊗ ⊕ 367

getVisibility ⊗ ⊕ 38

getWidth ⊗ 271

getWifiState ⊗ 403

getWindow ⊗ 238

getWindowManager ⊗ 232

getWritableDatabase ⊗ 327

getX ⊗ 173

getY ⊗ 173

goBack ⊗ 88

goBackOrForward ⊗ 88

goForward ⊗ 88

GoogleMap ⊕ ⊘ 356, 358, 360,
        362, 364, 367, 368, 371, 373, 375, 377

GoogleMap.OnCameraChangeListener ⊕ ⊘
        360

GoogleMap.OnInfoWindowClickListener ⊕ ⊘
        360

GoogleMap.OnMapClickListener ⊕ ⊘ .. 360

GridLayout ⊘ ⊕ 13

GridView ⊘ 118

GroundOverlayOptions ⊕ ⊘ 368

group ⊘ 181

H

handleMessage ⊗ 427

hasSystemFeature ⊗ 380

hide ⊗ ⊕ 30

hideSoftInputFromWindow ⊗ 458

I

image ⊗ ⊕ 369

ImageButton ⊘ 75

ImageView ⊘ 250

include ⊘ 16

inflate ⊗ 72, 183, 188

init ⊗ 134

initLoader ⊗ 334

insert ⊗ 327, 339

intent-filter ⊘ 198, 278

INTERNET ⊘ 85, 452

isCompassEnabled ⊗ ⊕ 367

isEnabled ⊗ 399

isPlaying ⊗ 290, 297

isWifiEnabled ⊗ 403

item ⊘ ⊘ 181, 240, 301, 479, 481

J

JavaScript ⊜ 89

K

keytool ⊜ 352

L

LatLng ⊗ ⊕ 358

layout ⊘ 16, 51

level-list ⊘ 481

LinearLayout ⊘ 4

list ⊗ 319

listen ⊗ 415

ListFragment ⊕ ⊘ 32

ListPopupWindow ⊘ 170

ListPreference ⊘ 210

ListView ⊘ 93

load ⊗ 290

loadAnimation ⊗ 298

loadData ⊗ 87

loadUrl ⊗ 85

LocationSource ⊕ ⊘ 373

LocationSource.

   OnLocationChangedListener ⊕ ⊘ 373

M

makeText ⊗ 70

MarkerOptions ⊕ ⊘ 358

menu ⊙ 181

meta-data ⊙ 198, 278

moveCamera ⊗ ⊕ 356

moveToFirst ⊗ 337

moveToNext ⊗ 337

MultiListPreference ⊙ 211

N

NavigationView ⊘ 222

newCameraPosition ⊗ ⊕ 357

newInstance ⊗ ⊕ 355

newLatLngZoom ⊗ ⊕ 368

newWakeLock ⊗ 236

NotificationChannel ⊗ 148

NotificationCompat ⊕ ⊘ 163, 166

NotificationCompat.BigPictureStyle ⊕ ⊘

.... 157

NotificationCompat.BigTextStyle ⊕ ⊘ 159

NotificationCompat.Builder ⊕ ⊘

.... 150, 153, 154, 155

NotificationCompat.InboxStyle ⊕ ⊘ 161

notify ⊗ 150

NumberPicker ⊘ 138

O

ofFloat ⊗ 303

onAccuracyChanged ⊗ 388

onActivityResult ⊗ 433

onAttach ⊗ ⊕ 28

onAttachedToRecyclerView ⊗ ⊕ 110

onBindViewHolder ⊗ ⊕ 110

onCallStateChanged ⊗ 415

onCheckedChanged ⊗ 77, 80, 180

onChildClick ⊗ 103

onClick ⊗ 141, 215

onConfigurationChanged ⊗ ⊕ 246

onContextItemSelected ⊗ 194

onCreate ⊗ 21, 28, 325

onCreateContextMenu ⊗ 192

onCreateDialog ⊗ ⊕ 34

onCreateEngine ⊗ 278

onCreateLoader ⊗ 334

onCreateOptionsMenu ⊗ 183

onCreateView ⊗ ⊕ 28

onCreateViewHolder ⊗ ⊕ 110

onDateChanged ⊗ 134

onDateSet ⊗ 144

onDetachedFromRecyclerView ⊗ ⊕ 110

onDrag ⊗ 173

onDragEvent ⊗ 173

onDragShadow ⊗ 173

onDraw ⊗ 256

onDrawerClosed ⊗ ⊕ 222

onDrawerOpened ⊗ ⊕ 222

onDrawerSlide ⊗ ⊕ 222

onDrawerStateChanged ⊗ ⊕ 222

onEnabled ⊗ 200

onFinish ⊗ 467

onGroupClick ⊗ 103

onItemSelected ⊗ 130

onListItemClick ⊗ 33

onLoadComplete ⊗ 291

onLoaderReset ⊗ 334

488

onLoadFinished ⊗ 334

onLocationChanged ⊗ ⊕ 373, 392

onLongClick ⊗ 216

onMapClick ⊗ ⊕ 360

onMapLongClick ⊗ ⊕ 360

onMenuItemClick ⊗ 190

onNavigationItemSelected ⊗ ⊕ 228

onOptionsItemSelected ⊗ 185

onPageFinished ⊗ 91

onPageStarted ⊗ 91

onPostExecute ⊗ 429

onPrepared ⊗ 290

onPrepareOptionsMenu ⊗ 183

onProgressChanged ⊗ 126

onRatingChanged ⊗ 82

onReceive ⊗ 200

onRefresh ⊗ ⊕ 106

onRequestPermissionsResult ⊗ ⊕ 44

onScanCompleted ⊗ 306

onScroll ⊗ 99

onScrollStateChanged ⊗ 99

onSelectedDayChange ⊗ 178

onSensorChanged ⊗ 388

onStart ⊗ 21, 459

onStartTrackingTouch ⊗ 126

onStop ⊗ 459

onStopTrackingTouch ⊗ 126

onSurfaceChanged ⊗ 278

onSurfaceCreated ⊗ 278

onSurfaceDestroyed ⊗ 278

onTick ⊗ 467

onTimeChanged ⊗ 137

onTimeSet ⊗ 146

onTouch ⊗ 217

onTouchEvent ⊗ 217

onUpdate ⊗ 200

onUpgrade ⊗ 325

onUserLeaveHint ⊗ 387

onValueChange ⊗ 140

onVisibilityChanged ⊗ 278

openConnection ⊗ 425

openDrawer ⊗ ⊕ 222

openFileInput ⊗ 320

openFileOutput ⊗ 322

overridePendingTranslation ⊗ 305

P

parse ⊗ 436

pause ⊗ 290

play ⊗ 291

PolylineOptions ⊕ ⊘ 377

PopupWindow ⊘ 168

position ⊗ ⊕ 358, 369

post ⊗ 427

postRotate ⊗ 267

Preference ⊙ 207

PreferenceCategory ⊙ 206

PreferenceScreen ⊙ 204

prepare ⊗ 294

publishProgress ⊗ 429

put ⊗ 339

putString ⊗ 314

Q

query ⊗ 327, 337

R

RadioButton ⊘ 76

RadioGroup ⊘ 76

RatingBar ⊘ 81

READ_CALENDAR ⊘ 342

READ_CALL_LOG ⊘ 412

READ_CONTACTS ⑦............................. 340	setAdapter ⊗ ⊕....... 94, 113, 128, 170, 218
READ_EXTERNAL_STORAGE ⑦........... 265	setAllowedNetworkTypes ⊗................... 451
READ_PHONE_STATE ⑦....................... 415	setAnchorView ⊗.................................... 170
READ_SMS ⑦.. 418	setAudioEncoder ⊗................................ 294
RECEIVE_BOOT_COMPLETED ⑦......... 465	setAudioSource ⊗.................................. 294
receiver ⑦... 198	setAutoCancel ⊗ ⊕............................... 154
RECORD_AUDIO ⑦................................ 295	setBackgroundResource ⊗.................... 301
RecyclerView ⑦ ⑦ ⊕..... 108, 110, 113, 115	setBase ⊗.. 123
registerForContextMenu ⊗.................... 192	setBigContentTitle ⊗ ⊕.......... 157, 159, 161
registerListener ⊗................................. 388	setBitmap ⊗... 276
RelativeLayout ⑫....................................... 8	setBuiltInZoomControls ⊗....................... 92
release ⊗........................ 236, 284, 290, 294	setCompassEnabled ⊗ ⊕...................... 367
RemoteViews ⊗..................................... 163	setContentInfo ⊗ ⊕............................... 154
removeFooterView ⊗............................... 98	setContentIntent ⊗ ⊕............................. 154
requestLocationUpdates ⊗.................... 393	setContentText ⊗ ⊕............................... 154
requestPermissions ⊗ ⊕.......................... 44	setContentTitle ⊗ ⊕.............................. 154
reset ⊗.. 294	setContentView ⊗........................... 51, 168
restartLoader ⊗.................................... 334	setDefaults ⊗ ⊕.................................... 155
RingtonePreference ⑫........................... 213	setDescription ⊗................................... 451
rotate ⑦.. 477	setDestinationInExternalFileDir ⊗.......... 451
	setDisplayHomeAsUpEnabled ⊗ ⊕........ 40
	setDoInput ⊗... 425
S	setDoOutput ⊗....................................... 425
	setDropDownViewResource ⊗.............. 128
scale ⑦... 477	setEmptyView ⊗...................................... 95
scanFile ⊗.. 306	setGravity ⊗.. 70
ScrollView ⑦... 131	setHasFixedSize ⊗ ⊕............................ 113
SeekBar ⑦.. 124	setHomeButtonEnabled ⊗ ⊕.................... 40
seekTo ⊗... 290	setIcon ⊗... 183
sendEmptyMessage ⊗........................... 427	setImageBitmap ⊗................................. 252
sendEmptyMessageDelayed ⊗ 427	setImageDrawable ⊗............................. 253
SEND_SMS ⑦.. 420	setImageResource ⊗............................. 251
sendString ⊗... 448	setImageURI ⊗...................................... 255
sendTextMessage ⊗.............................. 420	setImageViewResource ⊗..................... 163
service ⑦... 278	setInstanceFollowRedirects ⊗............... 425
set ⊗ ⑦.................................. 298, 446, 477	setJavaScriptEnabled ⊗......................... 89
setAccuracy ⊗....................................... 392	
setAction ⊗.. 436	

490

setLanguage ⊗.. 449

setLargeIcon ⊗ ⊕.................................. 154

setLayoutManager ⊗ ⊕.......................... 113

setLights ⊗ ⊕ 155

setListAdapter ⊗ ⊕.................................. 32

setLocationSource ⊗ ⊕.......................... 373

setMapType ⊗ ⊕.................................... 362

setMax ⊗ 125

setMaxValue ⊗ 139

setMessage ⊗ 141

setMimeType ⊗...................................... 451

setMinValue ⊗ 139

setMyLocationEnabled ⊗ ⊕ 364

setNavigationItemSelectedListener ⊗... 228

setNegativeButton ⊗ 141

setNeutralButton ⊗ 141

setOnCheckedChangeListener ⊗

.... 77, 80, 180

setOnChildClickListener ⊗ 103

setOnClickListener ⊗ 215

setOnDateChangeListener ⊗................. 178

setOnDragListener ⊗ 173

setOnGroupClickListener ⊗ 103

setOnItemClickListener ⊗ 96, 121, 170

setOnItemSelectedListener ⊗ 130

setOnLoadCompleteListener ⊗............. 291

setOnLongClickListener ⊗ 216

setOnMapClickListener ⊗ ⊕ 360

setOnMapLongClickListener ⊗ ⊕ 360

setOnMenuItemClickListener ⊗ 190

setOnPreparedListener ⊗...................... 290

setOnRatingBarChangeListener ⊗.......... 82

setOnRefreshListener ⊗ ⊕ 106

setOnScrollListener ⊗............................. 99

setOnSeekBarChangeListener ⊗.......... 126

setOnTimeChangedListener ⊗.............. 137

setOnValueChangedListener ⊗............. 140

setOutputFile ⊗ 294

setOutputFormat ⊗................................ 294

setPositiveButton ⊗ 141

setPrimaryClip ⊗ 332

setProgress ⊗.. 125

setPrompt ⊗ 128

setPromptId ⊗ 128

setRefreshing ⊗ ⊕................................. 106

setRequestedOrientation ⊗................... 244

setRequestMethod ⊗ 425

setResult ⊗.. 433

setSelection ⊗ 97, 128

setSelector ⊗... 120

setShowAsAction ⊗ ⊕............................ 186

setSmallIcon ⊗ ⊕ 153

setSoftInputMode ⊗ 457

setSound ⊗ ⊕... 155

setStreamVolume ⊗............................... 287

setSummaryText ⊗ ⊕ 157, 159, 161

setSupportActionBar ⊗ ⊕ 37

setText ⊗ ⊕..................................... 63, 332

setTextColor ⊗.. 63

setTextSize ⊗.. 63

setTextViewText ⊗................................. 163

setTextViewTextSize ⊗.......................... 163

setTicker ⊗ ⊕ 153

setTitle ⊗ 141, 451

setTrafficEnabled ⊗ ⊕............................ 364

setTransactionSuccessful ⊗.................. 327

setTypeface ⊗ 65

setVerticalScrollbarPosition ⊗ 132

setVibrate ⊗ ⊕....................................... 155

setVideoPath ⊗...................................... 297

setView ⊗ 72

setVisibility ⊗ ⊕...................................... 38

491

setVolumeControlStream ⊗ 289

SET_WALLPAPER ⟳ 276

setWebViewClient ⊗ 90

setWhen ⊗ ⊕ 150

setWifiEnabled ⊗ 405

setWindowLayoutMode ⊗ 168

show ⊗ ⊕ 30, 34, 70, 170

showAsDropDown ⊗ 168

Space ⟲ ⊕ 18

speak ⊗ 449

Spinner ⟲ 127

SQL ⊜ 338

start ⊗ 123, 290, 294, 297, 301, 467

startActivity ⊗ 433

startActivityForResult ⊗ 433

startAnimation ⊗ 298

startDrag ⊗ 173

startDragAndDrop ⊗ 173

startService ⊗ 459

startTone ⊗ 284

stop ⊗ 123, 290, 294, 449

stopService ⊗ 459

string ⟲ 475

string-array ⟲ 479

strokeColor ⊗ ⊕ 375

strokeWidth ⊗ ⊕ 375

style ⟲ 240

SupportMapFragment ⊕ ⟲ 355

surfaceChanged ⊗ 274

surfaceCreated ⊗ 274

surfaceDestroyed ⊗ 274

SwipeRefreshLayout ⟲ ⟲ 105

Switch ⟲ 179

SwitchCompat ⟲ 179

SwitchPreference ⟲ 212

syncState ⊗ ⊕ 222

T

TableLayout ⟲ 5

TableRow ⟲ 5

target ⊗ ⊕ 356

TextView ⟲ 62

TileOverlayOptions ⊕ ⟲ 371

tileProvider ⊗ ⊕ 371

tilt ⊗ ⊕ 356

TimePicker ⟲ 136

TimePickerDialog ⊗ 146

title ⊗ ⊕ 358

ToggleButton ⟲ 78

Toolbar ⊕ ⟲ 37, 223

translate ⟲ 298, 477

U

UiSettings ⊕ ⟲ 367

unload ⊗ 291

unregisterListener ⊗ 388

update ⊗ 327, 339

updateAppWidget ⊗ 202

V

variable ⟲ 53

VIBRATE ⟳ 155, 423

vibrate ⊗ 423

VideoView ⟲ 297

ViewPager ⟲ ⊕ 218

W

WAKE_LOCK ⟳ 236

wallpaper ⟲ 482

WebView ⟲ 84

width ⊗ ⊕ 377

Wi-Fi ⊜ 403

WRITE_CALENDAR ⓐ 342

WRITE_EXTERNAL_STORAGE ⓐ

.... 272, 295, 323, 452

Z

zoom ⓧ ⓗ 356

あ

アニメーション ⓢ.................................... 300

アノテーション ⓢ....................................... 89

い

インテント ⓢ 432

け

権限チェック ⓢ.. 42

こ

コンテンツプロバイダ ⓢ.......................... 337

た

単位 ⓢ 57

は

バインディング ⓢ....................................... 32

バックグラウンド ⓢ 459

バディング ⓢ 58

ふ

フィンガープリント ⓢ............................. 352

ま

マーカー ⓢ.. 358

マージン ⓢ.. 56

よ

余白 ⓢ 61

ら

ライフサイクル ⓢ............................... 21, 28

れ

レイアウト ⓢ 2

ろ

ローダ ⓢ.. 335

ログ ⓢ 29

■著者紹介

重村 浩二（しげむら こうじ）

ChatWork 株式会社勤務。業務で Android アプリケーションの開発に携わる傍ら、日本 Android の会にて運営委員、中国支部長としてコミュニティ活動に関わる。本書以外に「Software Design」（技術評論社より毎月刊行）にて不定期に記事を寄稿中。
[ブログ] http://buildbox.net/　[twitter] @shige0501

■Web ページ　※本書記載の情報の修正・訂正については当該 Web ページで行います。

https://gihyo.jp/book/2018/978-4-7741-9855-2

■お問い合わせについて

- ●ご質問は、本書に記載されている内容に関するものに限定させていただきます。本書の内容と関係のない質問には一切お答えできませんので、あらかじめご了承ください。
- ●電話でのご質問は一切受け付けておりません。弊社 Web サイト（http://gihyo.jp/）の書籍問い合わせフォーム、もしくは FAX か書面にて下記までお送りください。また、ご質問の際には、書名と該当ページ、返信先を明記してくださいますようお願いいたします。なお、ご質問の際に記載いただいた個人情報は質問の返答以外の目的には使用いたしません。質問の返答後は速やかに削除させていただきます。
- ●お送りいただいた質問には、できる限り迅速に回答できるよう努力しておりますが、お答えするまでに時間がかかる場合がございます。また、回答の期日を指定いただいた場合でも、ご希望にお応えできるとは限りませんので、あらかじめご了承ください。

●問い合わせ先
〒 162-0846　東京都新宿区市谷左内町 21-13
株式会社技術評論社　雑誌編集部
「Android SDK ポケットリファレンス」係
FAX　03-3513-6179

[改訂新版]
アンドロイド エスディーケー
Android SDK ポケットリファレンス

2014 年　4 月 5 日　初　版　第 1 刷発行
2018 年　8 月 3 日　第 2 版　第 1 刷発行

著　者	しげむら こうじ 重村 浩二	
発行者	片岡　巌	
発行所	株式会社技術評論社 東京都新宿区市谷左内町 21-13 電話　03-3513-6150　販売促進部 　　　03-3513-6170　雑誌編集部	
印刷・製本　日経印刷株式会社		

■Staff
本文設計・組版・編集
　●株式会社トップスタジオ
カバーデザイン
　●株式会社志岐デザイン事務所
　　（岡崎善保）
カバーイラスト
　●吉澤崇晴

定価はカバーに表示してあります

本書の一部または全部を著作権法の定める範囲を越え、無断で複写、複製、転載、あるいはファイルに落とすことを禁じます。

©2018　重村 浩二

造本には細心の注意を払っておりますが、万一、乱丁（ページの乱れ）や落丁（ページの抜け）がございましたら、小社販売促進部までお送りください。送料小社負担にてお取り替えいたします。

ISBN978-4-7741-9855-2 C3055
Printed in Japan